大学数学
ベーシックトレーニング

Basic Training for Learning
Modern Mathematics

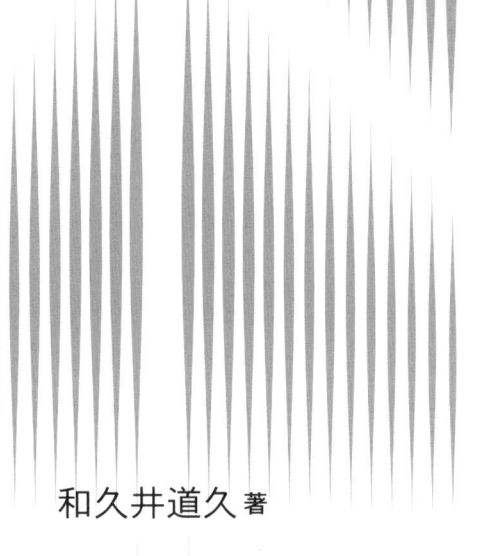

和久井道久 著

日本評論社

はじめに

　この本は，これから数学を専門に学ぼうとする大学新入生が，事前に知っておいた方がよいと思われる考え方や慣習，数学を学習していくうえで戸惑ったりつまずきそうな事柄を，じっくりかつスピーディに学んでもらうために書いたものです．取り上げた話題は，論理・集合・写像・実数の公理・整数です．大学新入生（おもに数学科生）の読者を念頭に書かれていますが，高校までの数学を一通り勉強したことがあり，専門的な数学に関心のある方や「数学の基礎」に興味を持つ方であれば，充分に読み進められると思います．

　高校までの数学では，概念を感覚的にしか説明することができず，「直感的に正しそう」な事柄を（証明せずに）使って計算したり，結果を導いたりすることが少なくありません．直感を働かせながら数学の問題を考えることは大切であり，本格的に数学を学んでいくにつれてその重要性はますます高まっていきますが，それだけでは真理を深く追求することはできません．また，直感のみに頼ると，しばしば思い込みによる勘違いが起きます．その危険を回避するために，現代数学は緻密な論証の積み重ねで構築されていて，数学的事象が正しいのかそうでないのかは「証明」を通してのみ判断されるようになっています．この本を通じて，"現代数学"特有の"文化"に触れ，数学を専門的に学ぶための基礎体力づくりをしていただけると嬉しく思います．

　この本のベースになっているのは，大阪大学で行われた1年生向けの授業「数学の楽しみ」のために，平成15年度，16年度，18年度の3年間にわたって筆者が作成したプリントです．この授業は基本的な数学の題材を少人数のゼミナール形式で学ぶ科目として平成15年度に開講されました．その後，現在私が所属する関西大学システム理工学部において，1年生向けの授業として「オリエンテーションゼミナール」と「フレッシュマンゼミナール」が平成23年度に開講されました．これを契機に，上記のプリントからテーマを絞り，かつ，大幅な修正を加えて，ほぼ本書の構成に近いものが完成しました．説明しすぎず，かつ，説明しなさすぎないことと，1回の授業でちょうどよい量となるように，各回の

分量にかなり気を配って作成したつもりです．

　実際のゼミにおいては，各自でプリントを読み，演習問題を解き，教員のチェックを受ける，という個別学習方式を採用しました．ただし，最初の数回は，数学から少し離れて，大学で学ぶことの意義や大学で学ぶための方法を考えるための時間を設けました．大学で学べることの素晴らしさを意識化させたい，という想いを込めてこのような時間を設けました．そこでは「考察」という答えのない問いかけを用意し，これを各自で考えたあと，意見を出し合ってもらいました．また，最後の数回は一人45分を持ち時間として，黒板の前で話をしてもらいました．ゼミナール形式を早い段階で経験しておくことは，4年次における本格的なゼミナールへの布石としてばかりでなく，将来就職活動をする際のプレゼンテーションの練習の場としても有意義であると考えたからです．演習問題には * 印のついているものとついていないものがありますが，* 印がついている問題はより基本的であることを意味しています．授業では，まず，* 印のついている演習問題の中から1問を指定し，それを先に解き，チェックを受けにくるように指示しました．

　大阪大学に在籍していた当時，同僚の方々から授業プリントの内容や授業の進め方についてさまざまな意見をいただけたのは，とてもありがたいことでした．「数学の楽しみ」「オリエンテーションゼミナール」「フレッシュマンゼミナール」で巡り会った学生たちが，熱心にプリントを読んでくれたことに大変勇気づけられました．この場を借りて彼らに御礼を申し上げます．そして，このたび，立教大学の佐藤信哉さんと日本評論社の飯野玲さんの勧めで，その授業プリントを本として世に出していただけることになりました．お二人からは，出版に至るまでの間，原稿に対してたくさんの有益な助言をいただきました．また，香川大学の佐竹郁夫さんには，特に，トレーニング1の内容と記述に関して相談にのっていただき，よい構成にするためのさまざまな示唆と助言をいただきました．佐藤信哉さん，飯野玲さん，佐竹郁夫さん，ありがとうございました．

　本書が多くの方々に末永く読まれることを願っています．

著者しるす
2013年2月

大学数学ベーシックトレーニング

Basic Training for Learning Modern Mathematics
[目次] CONTENTS

はじめに ………………………………………………………………………………… i

トレーニング 1 大学で学ぶということ …………………………………………… 1
大学で学ぶ動機／大学での授業形態／講義の聴き方／大学での単位とは／
大学教員の活動／大学教員への道

トレーニング 2 学ぶためのヒントと道具 …………………………………… 8
2.1 **学びのヒント**　　文献検索の方法／先生への質問と友達との議論
2.2 **ノート・メモをとることの重要性**
　　　　　　　ノートやメモをとったあとで行うこと／情報を整理するための道具の紹介
【コラム】電子メールを送るときのマナー

トレーニング 3 学術書の読み方・数学で使われる文字 ……………… 14
3.1 **学術書の読み方**
　　　　　　　学術的な文章とは／学術書の読み方の種類／学術書を精読するときの心構え
3.2 **数学の教科書や授業に出てくる文字**
　　　　　　　ギリシア文字／筆記体とボールド体／文字の装飾

トレーニング 4 定義・定理などの基本的な用語 ……………………… 20
命題と条件／証明／定理, 補題, 命題, 系／予想／定義／公理

トレーニング 5 集合の記法 ………………………………………………… 27
集合の定義／集合の記法／集合の書き表わし方のバリエーション／空集合／
部分集合／数の集合／区間

トレーニング 6 命題論理 ……………………………………………………… 33
否定／「かつ」と「または」／ならば

トレーニング 7 命題の同値・背理法 ………………………………………… 39
7.1 **命題の同値**　　仮定と結論／同値／恒真式（トートロジー）
7.2 **背理法**　　矛盾と背理法／$P \Rightarrow Q$に対する背理法による証明

トレーニング 8 習慣的に使われる記号や言葉 ………………………… 45
カンマによる「かつ」の省略／「⇒」という論理記号／「⇔」という論理記号／
特徴付けられる／等号「＝」／何かを定義したいときに使われる記号／
「存在」と「任意」を表わす論理記号／一意的／「ゆえに」と「なぜならば」／「…」という記号

トレーニング 9 集合の演算 ……………………………………………………… 52
集合の相等／ベン図／共通集合と和集合／集合の差と補集合／直積集合／べき集合／
集合族／集合族に対する共通集合と和集合

トレーニング 10 集合が等しいことの証明 ……………………………………… 59
集合の相等（復習）／∩と∪に関する性質／補集合の性質／ド・モルガンの法則／
集合族に対する共通集合と和集合およびド・モルガンの法則／同値変形による証明方法

トレーニング 11 述語論理 ……………………………………………………… 67
命題関数／全称命題と存在命題／「任意」と「存在」が混在する命題

トレーニング 12 定義と定理の構造 …………………………………………… 73
定義の構造／定理の構造／「～を持つ」「～できる」という型の定義や定理
【コラム】セミナーにおける板書の仕方

トレーニング 13 数の四則演算と大小関係に関する性質 …………………… 79
実数の性質(1)——四則演算に関する性質／実数の性質(2)——大小関係に関する性質／
絶対値／最大元と最小元／自然数の整列性

トレーニング 14 複素数の定義 ………………………………………………… 85
複素数の定義／共役複素数／実部と虚部／絶対値／複素数平面／極形式／
ド・モアブルの定理

トレーニング 15 3次方程式の解の公式 ………………………………………… 92
2次方程式の解の公式／1の3乗根／3次方程式の解の公式／1のn乗根／代数学の基本定理

トレーニング 16 数学的帰納法とその応用 …………………………………… 99
16.1 帰納法の原理　　数学的帰納法／累積的帰納法
16.2 素因数分解の可能性と一意性

トレーニング 17 結合法則と交換法則 ………………………………………… 106
二項演算／結合法則／交換法則

| トレーニング | 18 帰納的に定義される数・和と積の記号 | 113 |

累乗／階乗／数列とその漸化式／和の記号と積の記号／Σ記号・Π記号の意味と使い方／Σ記号とΠ記号の性質

| トレーニング | 19 命題の否定 | 121 |

「かつ」と「または」の否定／「ならば」の否定／逆と対偶／全称命題と存在命題の否定／反例

| トレーニング | 20 「任意」と「存在」を両方含む命題の否定 | 128 |

"∀"と"∃"を両方含む命題（復習）／"∀"と"∃"を両方含む命題の否定／付帯条件を伴う全称命題／論理と集合の演算の対応関係

| トレーニング | 21 アルキメデスの公理と数列の極限 | 134 |

アルキメデスの公理／稠密性／数列の極限／収束する数列の有界性／数列の和, 差, 積, 商

| トレーニング | 22 上限・下限の概念 | 143 |

上に有界・下に有界／数列の極限と上界・下界／上限と下限——定義と例／上限と下限の定義の言い換え

| トレーニング | 23 実数の連続性 | 150 |

カントールの公理／ワイエルストラスの定理（上限公理）／数列の単調性と収束／ネイピアの数／実数の連続性の公理の同値性

| トレーニング | 24 無限級数 | 159 |

正の無限大に発散する数列／無限級数／級数の収束と＋∞への発散／正項級数／実数の m 進小数表示／有限 m 進数

| トレーニング | 25 写像の概念 | 166 |

写像の定義／写像の相等／写像の合成／写像のグラフ

| トレーニング | 26 全単射と逆写像 | 172 |

単射と全射／逆写像／全単射の言い換え

| トレーニング | 27 置換 | 179 |

置換／あみだくじと置換との対応関係／置換の積／互換

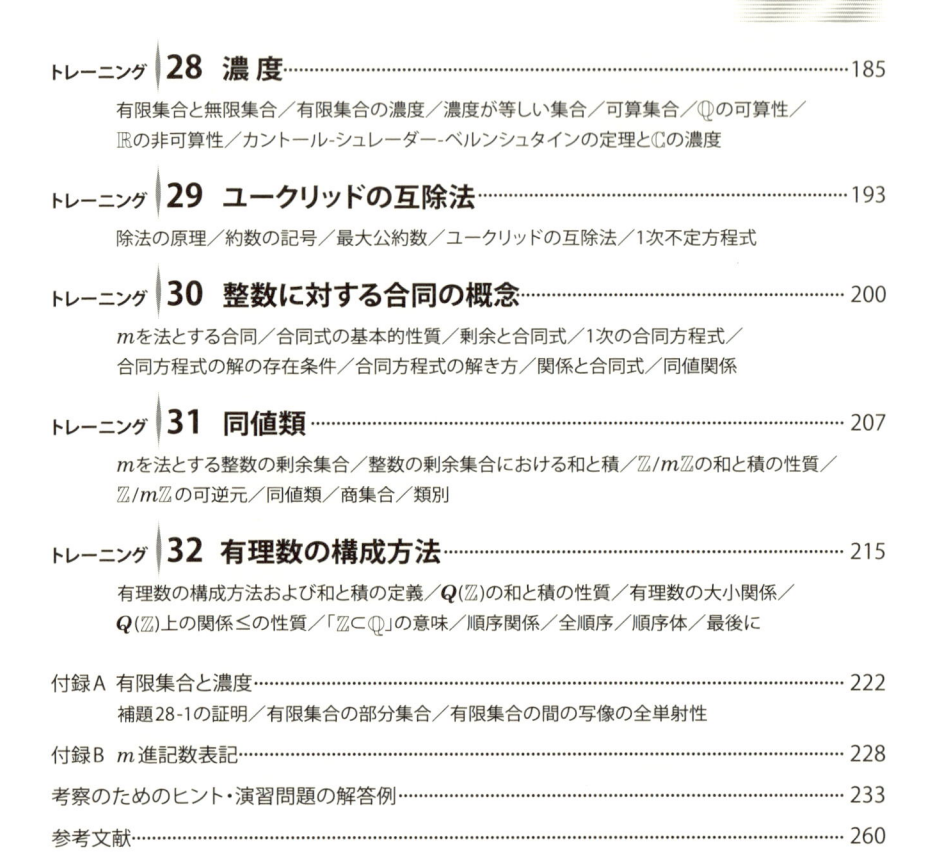

| トレーニング | **28 濃度** | 185 |

　　有限集合と無限集合／有限集合の濃度／濃度が等しい集合／可算集合／$\mathbb{Q}$ の可算性／
　　$\mathbb{R}$ の非可算性／カントール-シュレーダー-ベルンシュタインの定理と $\mathbb{C}$ の濃度

| トレーニング | **29 ユークリッドの互除法** | 193 |

　　除法の原理／約数の記号／最大公約数／ユークリッドの互除法／1次不定方程式

| トレーニング | **30 整数に対する合同の概念** | 200 |

　　m を法とする合同／合同式の基本的性質／剰余と合同式／1次の合同方程式／
　　合同方程式の解の存在条件／合同方程式の解き方／関係と合同式／同値関係

| トレーニング | **31 同値類** | 207 |

　　m を法とする整数の剰余集合／整数の剰余集合における和と積／$\mathbb{Z}/m\mathbb{Z}$ の和と積の性質／
　　$\mathbb{Z}/m\mathbb{Z}$ の可逆元／同値類／商集合／類別

| トレーニング | **32 有理数の構成方法** | 215 |

　　有理数の構成方法および和と積の定義／$\boldsymbol{Q}(\mathbb{Z})$ の和と積の性質／有理数の大小関係／
　　$\boldsymbol{Q}(\mathbb{Z})$ 上の関係 ≦ の性質／「$\mathbb{Z} \subset \boldsymbol{Q}$」の意味／順序関係／全順序／順序体／最後に

付録A　有限集合と濃度 222
　　補題28-1の証明／有限集合の部分集合／有限集合の間の写像の全単射性

付録B　m 進記数表記 228

考察のためのヒント・演習問題の解答例 233

参考文献 260

索　引 261

トレーニング 1
大学で学ぶということ

　この本では，大学で本格的に数学を学ぶために身につけておきたい基本的な考え方をトレーニングしていきます．そのトレーニングを始める前に，ここでは，高校での学びと大学での学びはどんなことが違うのかということや，そもそもなぜ大学で学ぶのかということについて考えたいと思います．

● **大学で学ぶ動機**

　ほとんどの大学は複数の学部を有し，各学部は複数の学科に分かれています．○○学部△△学科という呼び方から連想されるように，大学では特定の学問分野について基礎から最先端まで体系的に学んでいきます．この専門性が大学の大きな特徴であり，大学で学ぶ魅力といえるでしょう．

　一部の大学を除き，所属する学部や学科が入学時に決められています．そのため，大学を受験するときに，どんな分野を深く学びたいのかを選択しなければなりません．

考察 1-1 みなさんはどんな理由で，所属学科を選びましたか．

考察 1-2 大学で学ぶことに対して，どんなことを期待しますか．

　所属学科を選んだ動機や経緯はさまざまだと思いますが，数ある学部と学科の中から選んで入学してきたことでしょう．周りを見ると，あなたと同じ学問分野に興味を持つ仲間（同級生や上級生）が大勢いることに気がつきます．授業では，あなたが「学びたい」と思って選んだ学問分野のことを日々考え，研究している専門家から直接話を聴くことができます．このような環境の中にいることはとても幸せなことだと思いませんか．ぜひ，このことに思いを巡らせ，この大学のこの学科で学んでいけるということに誇りを持って，勉強に取り組んでください．

● 大学での授業形態

大学では，高校までとは比べものにならないくらいに，学生自らが主体的に学ぶことが求められます．それは時間割，授業形態，単位の出し方などに顕著に表われています．

大学の授業は次の表にあるような特徴を持っています．

時間割	● 必修科目以外は，自分で学びたい科目を選び，自分だけの時間割を組み立てる． ● 第1限から最終限まで毎日授業がびっしり詰まっているということはない[1]．
クラス	● 時限ごとにちがう教室に行き，授業を受ける． ● 固定されたクラスはない（他学部生や上級生と一緒に授業を受けることもある）．

大学における授業には，講義，演習，実験，ゼミなどの形式があります．その中でも講義形式で行われる授業が最も多いのですが，高校における授業との違いに戸惑う人も少なくないと思います．ここで両者を比較してみましょう．

高校の授業では，先生が黒板に丁寧に板書し，生徒が書き写す，というスタイルが標準的です．それに対して，大学での講義では，丁寧に板書するよりも，受講生に向かって語りかけることが中心になります．また，高校では，文部科学省の学習指導要領に従い，教科書にそって教えられますが，大学では，教科書にそって進まなかったり，教科書がない講義もあります．その他，右ページの表のような違いがあります．

なぜ，一見不親切とも思える講義形式が大学の多くの授業で採用されているのでしょうか．それは，講義形式が「ある一定のまとまった内容」を短時間に伝えることに適している方法だからではないかと思います（教科書を読んで学ぶことと比較するとわかりやすいかもしれません）．

● 講義の聴き方

大学の講義を上手に聴くにはどうしたらよいでしょうか．講義では，時間的制約から，扱うことのできる内容は精選されますが，それでも受け取る知識の量は

---

[1] これは，後で説明する「単位」の考え方と関係しています．空き時間は自主的に勉強したり，友人と議論するなど，有効に使いましょう．

	高校	大学
授業の進め方・受け方	「書く・写す」が中心	「話す・聴く」が中心
教える内容	文部科学省の学習指導要領に従って行われる．	先生が授業の構成を独自に考える．
使用される教科書	文部科学省の検定済み教科書が使用される．	先生が教科書を自由に指定できる．一般の書店で購入可能な学術書やその入門書が教科書として使われる．同じ科目でも先生によって教材が異なる．
教科書の内容	はじめて学ぶ人のために丁寧に説明が書かれている．	専門的事柄の説明や論証が中心に書かれている．
教科書の使い方	教科書にそって授業が行われる．	教科書にそって授業を行うとは限らない．教科書がない授業もある．
黒板の使い方	大事なポイントを先生が書いてくれる．	要点のみ，あるいは，図示するときにのみ用いることが多い．黒板を使わない先生もいる．ただし，数学の授業では板書の量は高校よりもむしろ多い．
出欠席	出欠をとる．	出欠席をとらない授業もある．

膨大です．そのため，話の「流れ」や「強弱」を捕まえながら聴くようにします．そうすると，重要なところや本質的なところを素早く吸収することができます．

　得た知識がバラバラになっていると，それがぴったり当てはまる特殊な状況のときにしか使えません．「本物の」知識に変えるために，講義を受け終わってから，得た知識を関連づける作業を行いましょう．例えば次の要領で，知識の「関連図」を描いてみるとよいと思います．

- まず，今回取った授業ノートの最初から順番に，学習内容を項目として書き出していきます．この書き出しの作業は，**A4 サイズ以上の用紙に**，ささっと書いていきます．
- 次に，書き出した各項目に標題あるいは小見出しをつける作業を行います．
- 次に，項目間の関連づけの作業を行います．強く関連しあうものどうしを線や（両）矢印で結び，その上にそれらがどのように関連づけられているのかを（例えば，例，一般化，○○を△△に置き換えた，～で表現すると，などの言葉を）書き添えます．基本的に項目は時系列で関連づけられていくので，関連づけの作業は隣り合う上下の項目を中心に行えばよいですが，途中で別の話をしたあと，再び元のテーマに戻ることもあるので，「つなぎの言葉」に注目し，そのあたりの変り目を見過ごさずにとらえることも重要です．
- 次に，関連図の大雑把なレイアウトを作ります．各項目が入るべき位置に○や□を置き，項目間の関連を示すための線や矢印，両矢印を大まかに描きます．
- 最後に，全体のバランスを考えながら，**得た知識が一望できる関連図を描き**ます．

　上記の方法は少しアレンジすると，雑多な情報や考えの中から自分が書きたいこと，伝えたいことを整理し，正確に表現したいときに使うことができます．将来，就職活動の際に志望動機を書いたり，卒業論文を書いたりするときなど，さまざまなことに役立つと思います．

　本書では，関連づけの仕方や関連図の描き方に詳しく触れる余裕がありません．アイデアを整理する方法や図化する方法を扱った本は近年多数出版されていますので，関連図の描き方に悩んだときには，図書館や書店でそのような本を探してみましょう．

　考察 1-3　講義の受け方をどのように工夫すると，どのような効果が期待できると思いますか．

● 大学での単位とは

　大学を卒業するには所定の単位数と科目を取得する必要があります．「単位」とは何なのでしょうか？　それは大学設置基準第 21 条に定められています．

　1 単位とは，45 時間分の学習をすることを意味します．多くの大学では，1 学

期間に1コマ90分の講義科目を履修すると2単位取得できることになっています．これは90時間の学習量に相当します．しかしながら，1学期間の授業回数は15なので，授業1回分を2時間とみなしても，$2 \times 15 = 30$時間にしかなりません．つまり，90時間のうち，60時間は授業以外の時間の学習量に相当するわけです．これは1回の授業につき4時間分の予習・復習が必要になることを意味しており，このことを前提に大学の単位は作られているということです．

　講義の予習や復習はどのようにすればよいでしょうか．予習については，教員からの指示が特にない限り，シラバスの授業計画などを眺めて，次に学ぶ予定の内容を簡単にチェックする程度で充分でしょう（教科書が指定されていれば，該当する箇所にざっと目を通しておくと効果的です）．復習については，講義で得た知識を関連づける作業をしたり，わからない言葉を図書館などで調べたり，オフィスアワーを利用して先生に質問しにいくなど，じっくり時間をかける必要があるでしょう．予習・復習の具体的な方法については，トレーニング2と3でも説明します．

● **大学教員の活動**

　大学の先生とは，最初のうちは講義を通じて接するだけなので，大学教員の仕事は授業で学生に教えることだけのように思ってしまうかもしれません．実際には，大学教員はそのような教育活動を行うと同時に，自分の専門分野に関する研究や学習（勉強）を行い，さらに，大学運営（各委員会や会議で方針や計画を提案したり，決定したりする仕事）に携わっています．そして，各種公開講座で講演したり，地域の中・高校生を対象とした各種セミナーで講師を務めたり，ホームページ上で研究成果を公表したり，教材を提供するなどの社会貢献活動を行っています．このように大学教員は多岐にわたって活動していますが，研究者や学習者としての側面を知っていると大学の先生とのコミュニケーションがとりやすくなることがあると思います．そこで，以下では，教育活動に加えて研究活動と学習活動について説明します．

（1）教育活動

　大学の先生は担当する授業やゼミにおいて，既存の知識を学生に伝えます．授業の場合であれば，学ぶべき事柄を体系立てて伝えるため，教える順番を吟味し，15回分の授業計画を作成します（シラバスの作成）．学期が始まると，授業

をよりよく理解してもらうために，資料を作成したり，演習問題を出題したりします．演習問題の添削や解説をし，適宜，質問に答えます．最後に，学習理解度を確認するために，試験を行ったりレポート課題を出して，それらを採点し，成績をつけます．

ゼミでは，考え方や発表の仕方，論文の書き方などについて専門的見地から助言や研究指導を行います．

（2） 研究活動

大学の先生は専門とする学問領域をそれぞれ持っており，その領域を詳しく研究しています．そして，その研究成果を所属する専門分野の学会で発表したり，学術論文にまとめたりします．

書いた学術論文は学術雑誌に投稿します．投稿された論文は，その内容に詳しい専門家によって審査され，その雑誌が求めている話題と質に達していれば，掲載が決まります．最近は学術雑誌へ投稿する前に，大学機関が運営している「ウェブ・アーカイブ」に投稿することが主流になっており，そこに投稿された論文はインターネットを経由して自由に見ることができます．

（3） 学習活動

大学の先生が行っている学習活動は，教育活動や研究活動を支える最も日常的な内的活動です．

今まで授業で教えたことがない科目を担当するときには，むかし受けた授業のノートがあればそれを勉強し直したり，それがないときには新たに教科書や専門書を読んで勉強します．その際，これまでの勉強や研究で知っている知識と結びつけながら，独自に構成した講義準備ノートを作っていきます．ときには親しい先生に意見を求めたり，議論したりすることもあります．

大学の先生はまた，自分の研究課題を解決するために，それに関連する過去の成果や最新の動向を常に調べています．そして，さまざまな文献に目を通し，新しい知見を学びます．研究結果について電子メールで問い合わせたり，国内外の研究集会に出かけていって，たくさんの研究者の話を聴き，研究者と交流したりします．このように，大学の先生は日々学び続けています．

● 大学教員への道

　高等学校までの学校の先生になるには教員免許状を取得する必要がありますが，大学教員になるための資格というのはありません．しかしながら，ほとんどの大学教員は，学位（博士号），あるいは，それに準じた研究業績を持っており，これが大学教員の基礎資格に相当します．専門学位は，学位論文を学位授与資格を持つ大学へ提出し，論文の内容に関連する分野の研究者から認められると授与されます．数学の分野で学位を取るには，大学を卒業後，大学院の修士課程（博士前期課程）へ進み，さらに，大学院の博士課程（博士後期課程）へ進む，というコースをたどります．

　大学院を修了することと学位を取得することは別です．学位をとるには，大学院に在籍している間に，研究発表を何度か行い，学術雑誌に掲載される論文を書く必要があります．学位を取ってもすぐに大学の教育職や研究職[2]につけるわけではありません．最近では，学位取得後，主要な大学でポスドクや研究員を勤めながら，大学教員の公募に応募して，ようやく就職できるというケースが多いようです．

　このように，（数学の分野で）大学教員になる道は険しいですが，大学院の修士課程に進学し，そこで高度な専門性と研究力を身につけてから，一般企業に就職したり，高校の先生になる院生はたくさんいます．（むかしは大学院へ行くとその先には研究者の道しか残されていませんでしたが，今は違います！）　数学の場合，学部4年間では基礎的な知識を身につけることで精一杯で，研究するところまではなかなかたどりつけません．3年次のやや専門的な講義や4年次のゼミを受けて，数学の面白さを少し感じ始めたら，大学院への進学を検討するとよいでしょう．大学院で，自分の研究テーマを定めて，主体的に調べ，考え，その結果何か新しいことを発見する——こういったことを体験することは，研究者になる・ならないにかかわらず，人生の宝物になることでしょう．

---

[2] 大学教員には，教授，准教授，（専任）講師，助教などの職位があります．

トレーニング 2
TRAINING　学ぶためのヒントと道具

　大学では，高校までとは比較にならないくらいの早いスピードで授業が進行します．各科目を半年間（15回）で学びますが，1コマの授業時間は90分ですから，講義を聴く時間は，1科目について合計22時間30分程度（1日にも満たない！）しかありません．教科書の膨大な内容をわずか1日で理解することは不可能ですから，単に講義を聴くだけではなく，各自でわからないことを調べたり勉強したりする必要があります．ここでは，その手助けとなりそうなヒントや道具を紹介します．

2.1　学びのヒント

● 文献検索の方法

　授業の中でわからない単語や概念に出会ったときには，その意味を調べましょう．ここでは，文献検索の方法をいくつか紹介します．

（1）教科書や参考書を見る

　まず最初にやってみるべき方法です．たいていの教科書や参考書には後ろの方に**索引**（index）がついています．索引はその本で扱われている大切な用語が参照ページと一緒に記された一覧表です．そこに調べたい用語が載っているかもしれません．索引に載っていなくても本文中に説明されていることもありますし，授業で習った記号や概念がその本では違う記号や言葉で表わされていることもあります．すぐにあきらめず，関連する単語やよく似た単語を索引で引いたり，目次を眺めたりして，捜してみましょう．

（2）図書館を利用する

　調べたい事柄が教科書に載っていなかったり，教科書には載っているものの満足のいく説明でなかったりする場合には，**大学の附属図書館**を活用しましょう．

そうは言っても，図書館に所蔵されている文献の量は膨大なので，いったいどの本を参照すればよいのか，見当がつかないかもしれません．そのようなときには，どのような文献を見るとよいのか，先生に相談したり先輩や友達に尋ねたりするとよいでしょう．

（3） 書店に行く

数学書のコーナーを設けている書店に行って，調べることも方法の1つです．大学の中に生協や購買部があり，その中に書籍売り場があれば，一番身近に利用できます．

（4） インターネットを利用する

インターネットを使える環境があれば，GoogleやYahoo!などの検索エンジンにキーワードを入力して，調べることができます．キーワードをうまく絞り込まないと検索結果が大量になり，知りたいところになかなかたどりつけないこともあります．そのようなときには，検索をかける際に複数のキーワードを（キーワードとキーワードの間に半角または全角のスペースを入れて）入力すると，検索件数を絞り込むことができます．

各教員が作成しているホームページから有益な情報が得られる場合もあります．過去の大学院の入試問題が入手できたりもします．

● 先生への質問と友達との議論

先生に質問したり，学生どうしで議論をすることは，数学の理解を深めていくうえで，とても大切なことです．一人ではどうにもならなかったことであっても，他人とコミュニケーションをとることにより，よいアイデアが浮かび，解決の糸口が見つかることがあります．大いに質問をし，議論しましょう．

自主的に学ぼうとする意欲にあふれた学生から質問を受けることは，先生にとって嬉しいことです．先生への質問は先生と対話する絶好の機会を与えます．だからこそ，上手な質問の仕方をしたいものです．例えば，教科書やノートを開いて，いきなり「ここがわからないので教えてください」という聞き方をすることは避けましょう．その教科書は質問を受けた先生が読んだことのない本の可能性がありますし，仮に読んだことがあったとしても，本の内容をすべて記憶しているわけではないので，その部分を見てもすぐに内容を理解できないことが

あります．質問するときにはまず，どんなことについて聞きたいのかを簡単に伝えたうえで，聞きたい事柄の前後の状況や記号について一通り説明するようにしましょう．そして，「ここまでは理解できるのですが，このあとになぜこう書いてあるのかわかりませんでした」のように，質問は具体的にするようにしましょう．

2.2　ノート・メモをとることの重要性

トレーニング1で触れましたが，大学の授業スタイルは高校までのものと大きく異なります．そのため，大学の講義でノートをとることは，高校までと比べて，以下のような難しさがあります．

- 授業で扱われる内容が高校までと比べて格段に難しい．
- 1回の授業で進む量が多い．
- 丁寧に板書してくれるとは限らない．
- 大事なことがしばしば口頭でのみ説明される．
- 教科書どおりではない．教科書を使わない講義もある．

考察 2-1　ノートやメモを取りながら大学の講義を聴くことの重要性を考えてみましょう．

話を聞きながら，流れを理解し，ポイントをメモする習慣が身についていないと，将来，社会に出たときに困ることになります．なぜなら，相手がいつも自分の理解度に合わせて，丁寧に説明してくれるとは限らないからです．わからなければ聞き返せばよいと思うかもしれませんが，それにも限度があります．話している相手の意図を理解し，思考を整理するには，ノートやメモをとることが不可欠です．

考察 2-2　ノートやメモをとることの効用を挙げてみましょう．

注意　先生の中には，人の話を聞く際に，メモをとるべきでないという人もいます．メモをとることに気を取られて話を集中して聴くことができないからという理由です．しかし，耳から入れた情報は忘れやすいものです．メモが

ないとどのような内容の話だったのか，思い出すことも難しいでしょう．よほど記憶力に自信のある人は別ですが，ノートやメモはとっておくべきだと思います．

　考察 2-3　よいノートの取り方をするには，どのようなことに気をつけるとよいと思いますか？

● ノートやメモをとったあとで行うこと

　深い理解を得るために，講義でとったノートやメモをあとでまとめ直しましょう．次のような作業をして自分のためのノートを作成するとよいでしょう．

- 情報を整理し，話の流れや組み立てを理解する．そのために，得た知識の関連図を作成する（方法はトレーニング1などを参照）．
- 何がわからないのかをはっきりさせる．調べたり，質問したりする．

　数学の講義の場合には，次の点も心がけるとよいでしょう．いくつかの項目については次のトレーニング以降で詳しく学びます．

- 定理の主張を正確に読み取る（前提条件とそこから得られる結論を明確に把握する）．
- 補題を作ったり，補題，命題，定理，系を使い分けたりする．
- 定義をきちんと書く．また，その意味を考える．
- 例や反例を作る．
- 定理の逆が成り立つかどうかを考えてみる．
- 証明のアイデアやあらすじを書いておく（長い証明の場合に有効）．
- 定理の主張だけを書いて，自分で証明をつけるように努力する．
- 長々と文章を書かず，適度に記号化する．
- 大切と思われる式や主張は行変えをして，中央に置く．

● 情報を整理するための道具の紹介

　授業で受け取った情報を有効に活用するには，それらを上手に整理する作業が必要になります．ここでは，情報整理の手助けとなる道具を2点ほど紹介します．

（1） もらったプリントを綴じましょう．

　授業によっては，毎回プリントが配られ，だんだんと増えていきます．プリントをばらばらのままにしておくと，紛失しやすいですし，探したいところがすぐに見つかりません．クリアファイルにいれておくのは一時的な保管方法としてはよいと思いますが，落としたときにばらばらになりやすく，見たい部分をすぐに見つけることが大変です．

　プリントをもらったら，できるだけすぐにスライド式バインダーやクリップなどで綴じる習慣をつけましょう．

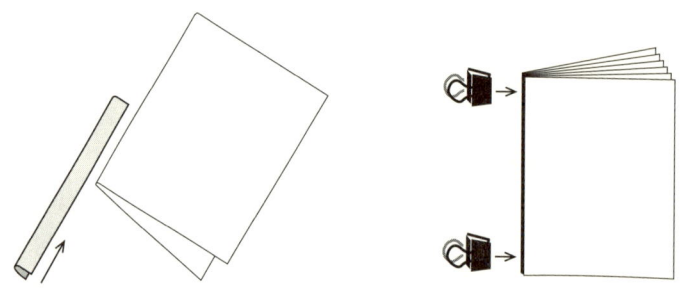

（2） 付箋を使いましょう．

　ノートや教科書の中にすぐに参照したいページがあれば，それらの箇所に目印として付箋を張っておくと便利です．用がなくなったら簡単にはがすこともできます．付箋はまた，一時的なメモ用紙としても使えます．

　この他，ノートやプリントなどをスキャナーで読み込んで，電子化し，ノートパソコンやタブレット型端末などに入れていつでも見ることができるようにしておくことも1つの情報整理の方法でしょう．この場合にも，すぐにデータがあふれてくるので，デジタルならではの整理方法（検索がすぐにできるような索引の付け方など）を考えておく必要はあるでしょう．

【コラム】 電子メールを送るときのマナー

ときには先生に電子メールで連絡を取る必要が生じることがあるかもしれません．特に，4年生になり，特別研究（ゼミナール，ゼミ，セミナー）を行うようになると，そのような機会は多くなります．このような場合，友達どうしや両親に連絡する場合と違って，次の点に気をつけましょう．

（1） まず，**用件が一目でわかるような件名を入れます**．

件名の書かれていないメールは迷惑メールとみなされ，先生が内容を確認する前に，削除されてしまう可能性があります．また，受け取る側への気配りの面でも，適切な件名を書くことは大切です．先生は学内の用件や学外からの論文の問い合わせなど，1日に何通ものメールを送受信しています．そのため，件名を頼りにメールを開くことも少なくないからです．

（2） **「○○先生」のように最初の第1行に相手の名前を書きます**．

いきなり，本題に入るのは良い印象を持たれません．相手の名前を書いたあとに改行して，どのような用件でメールを打っているのか，手短に説明します．もし，送り先の先生に初めて電子メールを打つ場合には，「○○学部△△学科×年生の□□です」のように自己紹介してから，用件を述べます．

（3） **最後に署名の代わりとなる氏名を書きます**．

上で述べた点は，将来，社会人として電子メールを打つ際にも当てはまります．ぜひ，このようなマナーも身につけて大学を卒業していってほしいと思います．

トレーニング 3
TRAINING 学術書の読み方・数学で使われる文字

ここでは2つの内容を学びます．1つは学術書の読み方に関することであり，もう1つは数学の教科書や授業に出てくる文字の読み方・書き方についてです．

3.1 学術書の読み方

大学の教科書として指定される専門書やその入門書は，学術的な文章で書かれており，随筆や小説を読むようにスラスラと読むことはできません．ここでは学術的な文章を読むためのヒントを披露したいと思います．

その前にまず，本を読むことの重要性について考察しましょう．

考察 3-1 本を読むことのメリットを考えてみましょう．

● 学術的な文章とは

学術書や学術論文に見られる学術的な文章は，著者の「主張」とそれを裏づける「論証」と「根拠の提示」からなります．学術論文の場合，最初に，「問い」としてその論文で扱う問題の説明や背景が述べられます．次に，その問いに対する著者の結論が述べられます．そして，どのようにしてその結論を導いたのか，その根拠となる事柄を提示し，論証を重ねて，最後に「結論」と「まとめ」が述べられます．

注意しなければならないことは，学術的な文章は，著者の研究の経過や成果を記したものであり，一研究者の一意見にすぎない，ということです．大学の授業で使う教科書も，著者の一意見であるということをよく理解しておく必要があります．

● 学術書の読み方の種類

目的に応じて，学術書の読み方を変える必要があります．その読み方には，おおよそ次の3種類があります．

（a） 調べものをするときには，必要なところだけを探しながら読みます．索引に知りたい言葉がないかどうかを調べるのもよい方法です．欲しい情報が見つかったら，それをピックアップして，(後で)じっくり読みます．欲しい情報が書かれているページに，付箋を貼っておくのも1つの方法です．

（b） 講義の予習をするときは，さっと目を通し，だいたいのイメージをつかみます．全体として，何を主張しているのかをとらえます．

（c） 講義の復習をするときは，じっくり読みます．ひとつひとつ内容を確認して，理解しながら読んでいきます．特に，文章と文章を繋いでいる言葉（おもに，接続詞）に着目しながら読んでいくとよいでしょう．

よく使われる「つなぎの言葉」には次のようなものがあります．
(1) 「したがって」「よって」「ゆえに」「以上より」
(2) 「しかし」「ところが」「…だが」
(3) 「つまり」「すなわち」
(4) 「なぜならば」「というのは」
(5) 「一方」「他方」「逆に」
(6) 「…のとき」「このとき」「…と仮定すると」「…ならば」
(7) 「…より」「…なので」
(8) 「また」
(9) 「ここで」「ただし」
(10) 「さて」「今」

このうち，(7)のつなぎの言葉は結論の根拠を示したい場合，(8)は前文とのつながりはそれほどなく，並列的な内容を述べたい場合，(9)は補足説明したい場合，(10)はいったん，文の流れを断ち切って，視点を別の内容に向けたい場合に使います．

考察 3-2 (1)～(6)の各つなぎの言葉はどんなときに使いますか．

● 学術書を精読するときの心構え

大学の教科書は研究者の一意見ですから，その内容が正しいかどうかを疑いながら読むことが求められます．これは講義を聴く場合にも当てはまります．では，

考察 3-3 学術的な文章を検証しながら読むにはどんな作業をする必要があると思いますか．

特に，数学の教科書や講義では定理の証明の細部が省略されている場合があります．これは，
- 容易に説明はできるけれども，実際に書くとなると少し面倒である，
- この程度のことはお互い既知としておきたい，
- 実際に説明しようとすると，読者や聴講者の知識を大幅に超える事柄が必要である，
- それをいちいち書くと，証明の本質的な部分が見えなくなってしまう，

などさまざまな理由によります．まれに，著者の勘違いや思い込みにより省略されてしまっていて，そのために証明が間違っていることもあります．このような箇所は「明らかに」「容易に」「～を証明すれば十分である」「したがって」などと書かれている部分に多くみられます．勉強の初期段階では，このような箇所を簡単に通り過ぎず，著者はこう書いているが「なんでだろう？」と立ち止まって考えることが重要です．そして，自分自身が納得できる説明をつける努力をしましょう．逆に，自分が証明を書くときも，安易に「明らかに」や「自明」という言葉を使わないようにしましょう．こういった作業を繰り返し行っていくと，より深く数学の内容を理解することができ，興味も増していくのではないかと思います[3]．

3.2 数学の教科書や授業に出てくる文字

数学の教科書には，英語のアルファベットや演算記号 $+, -, \times$ などの他にさまざまな記号や文字が登場します．ここではその中の代表的なものを紹介します．

● ギリシア文字

右ページにギリシア文字の一覧を載せました．表の空欄はそのギリシア文字に対応するアルファベットが存在しないことを意味します．

読み方の欄のカタカナ表記は1つの目安と考えてください（2通りの読み方が

---

[3] トレーニング1からここまでの内容について，もっと詳しく知りたい・学びたい方は [1], [2], [3] などを読まれるとよいと思います．

大文字	小文字	対応する アルファベット	読み方	英語のつづり
A	α	a	アルファ	alpha
B	β	b	ベータ	beta
Γ	γ	c	ガンマ	gamma
Δ	δ	d	デルタ	delta
E	ϵ (あるいは ε)	e	イプシロン,エプシロン	epsilon
Z	ζ	z	ゼータ	zeta
H	η	h	エータ,イータ	eta
Θ	θ (あるいは ϑ)		シータ,テータ	theta
I	ι	i	イオタ	iota
K	κ	k	カッパ	kappa
Λ	λ	l	ラムダ	lambda
M	μ	m	ミュー	mu
N	ν	n	ニュー,ヌー	nu
Ξ	ξ	x	クシー,グザイ	xi
O	o	o	オミクロン	omicron
Π	π (あるいは ϖ)	p	パイ	pi
P	ρ (あるいは ϱ)	r	ロー	rho
Σ	σ (あるいは ς)	s	シグマ	sigma
T	τ	t	タウ	tau
Υ	υ	u	ウプシロン	upsilon
Φ	ϕ (あるいは φ)		ファイ,フィー	phi
X	χ		カイ	chi
Ψ	ψ		プサイ,プシー	psi
Ω	ω		オメガ	omega

ギリシア文字

斜体		A	B	C	D	E	F	G	H	I	J	K	L	M
筆記体		$\mathcal{A}$	$\mathcal{B}$	$\mathcal{C}$	$\mathcal{D}$	$\mathcal{E}$	$\mathcal{F}$	$\mathcal{G}$	$\mathcal{H}$	$\mathcal{I}$	$\mathcal{J}$	$\mathcal{K}$	$\mathcal{L}$	$\mathcal{M}$
ボールド体		$\mathbf{A}$	$\mathbf{B}$	$\mathbf{C}$	$\mathbf{D}$	$\mathbf{E}$	$\mathbf{F}$	$\mathbf{G}$	$\mathbf{H}$	$\mathbf{I}$	$\mathbf{J}$	$\mathbf{K}$	$\mathbf{L}$	$\mathbf{M}$
板書ボールド体		$\mathbb{A}$	$\mathbb{B}$	$\mathbb{C}$	$\mathbb{D}$	$\mathbb{E}$	$\mathbb{F}$	$\mathbb{G}$	$\mathbb{H}$	$\mathbb{I}$	$\mathbb{J}$	$\mathbb{K}$	$\mathbb{L}$	$\mathbb{M}$

斜体		N	O	P	Q	R	S	T	U	V	W	X	Y	Z
筆記体		$\mathcal{N}$	$\mathcal{O}$	$\mathcal{P}$	$\mathcal{Q}$	$\mathcal{R}$	$\mathcal{S}$	$\mathcal{T}$	$\mathcal{U}$	$\mathcal{V}$	$\mathcal{W}$	$\mathcal{X}$	$\mathcal{Y}$	$\mathcal{Z}$
ボールド体		$\mathbf{N}$	$\mathbf{O}$	$\mathbf{P}$	$\mathbf{Q}$	$\mathbf{R}$	$\mathbf{S}$	$\mathbf{T}$	$\mathbf{U}$	$\mathbf{V}$	$\mathbf{W}$	$\mathbf{X}$	$\mathbf{Y}$	$\mathbf{Z}$
板書ボールド体		$\mathbb{N}$	$\mathbb{O}$	$\mathbb{P}$	$\mathbb{Q}$	$\mathbb{R}$	$\mathbb{S}$	$\mathbb{T}$	$\mathbb{U}$	$\mathbb{V}$	$\mathbb{W}$	$\mathbb{X}$	$\mathbb{Y}$	$\mathbb{Z}$

筆記体とボールド体

記載されているものについては，そのどちらでも構いません）．

ϕ と φ のように，小文字のギリシア文字の中には2種類の字体を持つものがありますが，これらを記号として数学で使う場合には，原則として区別して扱います．ϵ と ε など，似た字体については，どちらか一方に統一して書きます．

演習 3-1[*] 小文字のギリシア文字を（小声で読みながら）すべて書きなさい．

● 筆記体とボールド体

アルファベットの大文字は通常の斜体（イタリック体）の他に筆記体，ボールド体，板書ボールド体が使われます．書体の違いについては前ページの下の表を見てください．数学では，これらの書体を，どれも違う対象を表わす記号として扱います（同じ A という文字を使っていても，A, $\mathcal{A}$, $\boldsymbol{A}$, $\mathbb{A}$ が表わしている「もの」は全部違うという意味です）．

注意 （1） 筆記体については，特に，板書では個性が強く出るため，上記の表にある表示と一致しない場合があります．

（2） $\boldsymbol{a}, \boldsymbol{b}, \boldsymbol{x}, \boldsymbol{y}$ など，小文字のボールド体もよく使われます．最近はあまり見かけなくなりましたが，$\mathfrak{A}, \mathfrak{B}, \mathfrak{S}$ などのドイツ文字も使われることがあります．これらのドイツ文字は順に，アルファベットでは A, B, S に対応しています．

（3） 教科書に印刷されているボールド体を手書きするときは，下記のように，原則として文字の左側を2重にします．以下は大文字の R, S, Z と小文字の u, v, w のボールド体を手書きした例です．

R   S   Z   u   v   w

演習 3-2[*] 上の例にならって，C, N, Q, R, Z および a, b, x, y のボールド体を書きなさい．

注意 先に，ボールド体と板書ボールド体が表わしている「もの」は違うと書きましたが，例えば，$\boldsymbol{A}$ と $\mathbb{A}$ は手書きだと同じになってしまいます．では，教科書にこの2つの書体が同じ箇所に出てきたら，手書きではどうすればよいでしょうか．少し困りますが，心配する必要はありません．かなり専門的な数学書や研究論文でなければ，同じ大文字あるいは同じ小文字のボールド体と板書ボー

ルド体が同時に登場することはまずないからです．しかし，もし登場した場合には，一方の文字に，次に述べるような装飾を施すなどの工夫をして乗り切ることになると思います．

● 文字の装飾

英語のアルファベットやギリシア文字に，次のような装飾を加えた記号もよく使われます．

装飾	名称	用例	読み方
$'$	プライム（prime）	a'	エイ プライム
$-$	バー（bar）	$\bar{a}$	エイ バー
$*$	アスタリスク（asterisk）	a^*	エイ スター
$\wedge$	ハット（hat）	$\hat{a}$	エイ ハット
$\sim$	ティルダ（tilde）	$\tilde{a}$	エイ ティルダ

文字に装飾を施す場合，次の2通りの用法があります．第1の用法は，同じ種類の数学的対象を表わすために使う用法です．例えば，実数を a, a' と書き表わしたりします．この場合，a と a' の間には何の関係もありません．第2の用法は，その対象がある数学的対象にある操作を施して得られたものであることを表現したいときに使う用法です．関数 f に微分を施して得られる関数（導関数）を f' で表わしたりしますが，この場合の $'$ の使い方は第2の用法です．どちらの用法で文字に装飾がついているのかは文脈で判断します．

トレーニング 4
定義・定理などの基本的な用語

数学の教科書を見ると,「定義」「定理」「補題」「命題」「証明」といった言葉が太字で何度も登場します．数学の授業の中でも,これらの言葉が繰り返し出てきます．ここでそれらの意味を確認しておきましょう．

● 命題と条件

数学で使われる「命題」は 2 通りの意味を持ちます．1 つは論理学における用語と同じものであり,もう 1 つはあとで説明する定理の別名です．どちらの意味で使っているのかは文脈で判断します．ここでは,前者の意味を数学での使用に限定して説明します．

（数学的）**主張**（claim）とは,数や図形などの数学的対象について,いくつかの基本的な接続詞と述語,演算記号,文字を用いて記述される曖昧さのない文章のことをいいます．基本的な接続詞と述語とは,「ならば」「または」「かつ」「である」「ではない」「存在する」などの論理的な文章でよく使われる言葉を指します．演算記号とは「＝」「≠」「＜」「＋」などの数学でよく使われる記号を指します．

数学的主張が **命題**（proposition）であるとは,その主張が正しいのかそうでないのかがはっきりと定まっているときをいいます．

例 4-1 次の 3 つの主張のうち,(1),(2)は命題であるが,(3),(4)は命題ではない．(3)は曖昧なのでそもそも主張でなく,(4)は n が特定されていないので正しいか正しくないか決まらないからである．
(1) 二等辺三角形は正三角形である．
(2) n が奇数ならば, $n^2 - 1$ は 8 の倍数である．
(3) 10000 はとても大きい．
(4) n は偶数であり,かつ, 100 より小さい．

命題 P が正しい主張であるとき，すなわち，P が成り立つとき，P は**真**(true) であるといい，P が正しくない主張であるとき，すなわち，P が成り立たないとき，P は**偽**（false）であるといいます．

命題と呼ばれる主張には，真であるか偽であるかのどちらか一方のみが定まっていなければなりません．しかし，世の中には「$x^3 + y^3 = z^3$ を満たす自然数の組 (x, y, z) は存在しない」のように，真偽をただちに判定することのできない主張もあります．この本では，この主張のように，真であるか偽であるかのどちらか一方のみが成り立つはずであると推察される数学的主張も命題と呼ぶことにします．

演習 4-1* 次の主張は命題と呼べますか？ 判定しなさい．
（1） $1 + 1 = 3$ である．
（2） 数学科の生徒は数学が得意である．
（3） $13579x + 24568y = 1$ を満たす整数 x と y が存在する．

次に，条件について説明します．例 4-1（4）の主張を考えてみましょう．この主張は，n の値に応じて真になったり偽になったりするので，命題とは呼べません．しかしながら，n に具体的な値を代入すると，命題になります．例えば，n に 3 を代入すると「3 は偶数であり，かつ，100 より小さい．」という主張になり，これは真偽がはっきりつく（今の場合は偽の）命題です．このように，(何を表わすのかが特定されていない) 文字を含む数学的主張であって，その文字に具体的な値を代入すると命題になるものを，その文字に関する**条件**（condition）または述語と呼びます．文字 x に関する条件 $P(x)$ において，x を具体的な値 x_0 に置き換えたものを $P(x_0)$ で表わします．$P(x_0)$ が真の命題となるとき，x_0 は条件 $P(x)$ を**満たす**といい，$P(x_0)$ が偽の命題となるとき，x_0 は条件 $P(x)$ を**満たさない**といいます．

● 証明

証明（proof）とは，真の命題が与えられたとき，それが成り立つことを他者および自分に納得させるためになされる，客観的な説明のことをいいます．その説明の中には，論理展開の飛躍している箇所があったり，2 通りの意味に解釈可能な記述があってはいけません．

証明の構成要素は命題と推論です．**推論**（inference）とは，いくつかの命題を「…と仮定すれば」「したがって」などでつなぐことによって新しい命題を導き出す方法のことをいいます．推論の仕方としては**三段論法**（syllogism）や**背理法**（reductio ad absurdum）などがあります．これらを使って[4]，いくつかの命題を積み重ねることにより，証明が完成されます．

三段論法とは，3つの命題 P, Q, R について，「P ならば Q」が成り立ち，「Q ならば R」が成り立つときに，「P ならば R」が成り立つと結論づける推論のことをいいます．

背理法とは，命題 P が成り立つことを証明するのに，P が成り立たないと仮定して，**矛盾**（contradiction）を導く推論のことをいいます．ここで，矛盾とは，「Q であって，かつ Q ではない」という形の命題のことを意味します．背理法については後のトレーニング 7 で具体的に説明します．

演習 4-2* x, y がともに有理数のとき，$x + y$ も有理数であることを証明しなさい（有理数の定義は後述の例 4-7（1）を参照）．

● 定理，補題，命題，系

成り立つことが誰かによってすでに証明されている命題のことを**定理**といいます．したがって，「定理」と見出しがついている命題は真の命題です．状況により，定理のかわりに命題，補題，系という言葉も使われます．これらには次のようなニュアンスの違いがあります．

定理（theorem）．成り立つことがすでに証明されている命題の中で，特に重要であると認識されるものに使われます．

命題（proposition，狭い意味での命題）．定理と呼ぶほどではないけれども，1つのまとまった主張が成り立つ場合に使われます．したがって，この場合の命題とは，すでに証明されている真の命題を指します．

補題（lemma）．定理や（狭い意味での）命題の証明の際，その証明の見通しをよくするために設けられる補助的な定理のことをいいます．補助定理と呼ば

---

[4] 通常の数学では，排中律「任意の命題 P について，P であるかまたは P ではないかのどちらかである，という主張は常に成り立つ」を含む論理体系で推論を行うので，背理法を証明に用いることができます．しかし，排中律を認めない数学の論理（直観主義論理）もあり，そのような場合には背理法の使用に制限がつきます．

れることもあります．

系（corollary）．定理や（狭い意味での）命題，補題から，ただちに，成り立つことが証明される命題のことをいいます．「定理の副産物」と思ってよいでしょう．

定理，（狭い意味での）命題，補題，系のどれを使って呼ぶのかは主観的です．教科書の著者や授業の担当教員によってさまざまです．同じ著者であっても，ある本で定理と呼んでいたものを別の本では補題と呼んでいたりする場合があります．

例 4-2
定理 平面上の 2 つのベクトル $\vec{a}, \vec{b}$ に対して，
$$|\vec{a} \cdot \vec{b}| \leq |\vec{a}||\vec{b}|$$
である．ここで，$\vec{a} \cdot \vec{b}$ はベクトルの内積，$|\vec{a}|$ はベクトル $\vec{a}$ の大きさを表わす．

系 平面上の 2 つのベクトル $\vec{a}, \vec{b}$ に対して，
$$|\vec{a} + \vec{b}| \leq |\vec{a}| + |\vec{b}|$$
である．

注意 記号 $\leq$ は不等号 $\leqq$ と同じ意味を表わします．同様に，$\geq$ とは不等号 $\geqq$ のことです．

演習 4-3 例 4-2 で述べられている系をその上にある定理から導きなさい．

定理の証明を開始するときには，（証明）または（Proof）などと宣言してから書き始めます．そして，定理の証明の最後には「ここで証明が完了した」ということを宣言するための印を置きます．その主な印として，

□，■，（Q.E.D.），（q.e.d.），（証明終），//

があります．"Q.E.D." とは，ラテン語の "quod erat demonstrandum"（これが証明されるべきことであった）の略です．

● 予想

今現在，真であるかどうかはわからない（= 証明がない）けれども，状況証拠などにより，おそらく真であろうと期待される命題を**予想**（conjecture）と呼びます．予想の中には数十年・数百年を経て証明が見つかり，定理と呼べるようになったものもありますが，いまだに証明が見つかっていないものもたくさんあります．また，「予想」はあくまでも予想なので，否定的に解決される（= 偽であることが証明される）可能性も残されています．

次の定理は，長い間フェルマー予想と呼ばれていましたが，20 世紀末に数学者ワイルズにより肯定的に解決され，定理と呼べるようになったものです．

例 4-3（定理（フェルマー予想）） 3 以上の整数 n に対して，$x^n + y^n = z^n$ を満たす 0 より大きな整数 x, y, z は存在しない．

一方で，次の予想はいまだに未解決です．

例 4-4（ゴールドバッハ予想） 3 以上のすべての偶数は 2 つの素数の和で表わされる．

例 4-5（リーマン予想） リーマン・ゼータ関数[5] $\zeta(s)$ の零点は，自明な零点 $s = -2, -4, -6, \cdots$ を除くと，$\mathrm{Re}(s) = \dfrac{1}{2}$ 上にある．

● 定義

定義（definition）とは，新たに導入しようとする述語や単語に，すでに意味が確立されている（性質，もの，量，状態などに関する）述語や単語を使って，正確な意味を与えることをいいます．したがって，定義とされた文には，定理と違い，証明をつける必要はありません．

例 4-6

定義 正の実数 a に対して，$a = x^2$ を満たす正の実数 x を a の正の**平方根**といい，それを $\sqrt{a}$ で表わす．

---

[5] リーマン・ゼータ関数 $\zeta(s)$ の変数 s は複素数を動く変数で，$\mathrm{Re}(s) > 1$ においては $\zeta(s) = \sum_{n=1}^{\infty} \dfrac{1}{n^s}$ と表わされます．本書ではリーマン・ゼータ関数は扱わないので，これ以上深くわからなくて構いません．興味のある方は複素関数論の教科書を参照してください．

定義は，上記のように「定義」と宣言してからその内容を書く表現形式の他に，本文中にさりげなく書かれている場合もあります．

例 4-7（1） **有理数**とは，正の整数 s と整数 r を使って，$\dfrac{r}{s}$ のように分数として表わされる数のことをいう．
（2） $f(x) = x - \sin x$ とおく．（これは，関数 $f(x)$ を $x - \sin x$ と定義する，ということを意味しています．）

● 公理

公理（axiom）とは，これから考えようとする理論の土台となる約束ごと・前提のことです．

例 4-8（アルキメデスの公理） 2つの正の実数 a, b に対して，$a < nb$ となる自然数 n が存在する．

1つの理論を形成するために必要な公理は，通常，複数の"原始的な命題"からなります．公理に掲げられている命題は無条件にすべて正しいと認めます．したがって，それらを証明する必要はありません．

数学では，原則として，次のような手順で理論が構築されていきます．まず最初に，公理とすべき命題を決めます（すでに確立されている理論の場合，歴史的な経緯などから，何を公理として採用するかはもう決まっています）．次に，その公理から，三段論法や背理法などの定められた推論を通して証明された命題のみを定理と認めていきます．得られた定理を集大成することにより，1つの理論が形成されていくのです．次ページの上の図を参考にしてください．

通常の教科書では，公理から述べ始めることはほとんどありませんが，"はじめに"などに，「この本では○○○については既知とする」のように書かれている部分が，公理に該当する箇所であるとみなしてよいでしょう[6]．

演習 4-4* 公理，定義，補題，（論理学における意味での）命題，（狭い意味の）命題，条件，定理，系，予想のうちで，証明された真の命題にしかつけることができないものをすべて挙げなさい．

---

[6] 公理についての興味深い叙述が，彌永昌吉著『数の体系（上）』（岩波新書，1972年），65ページの前後や寺坂英孝著『初等幾何学（第2版）』（岩波全書，1973年），1-8ページにあります．一読をお勧めします．

26　トレーニング 4　定理・定義などの基本的な用語

（図：公理から定理への証明関係を示す図）

いくつかの原始的命題からなる

公理へとつながる道(証明)があれば、定理と呼ぶことができる

命題

　これまで説明してきた用語の英語表記とその省略形を、教科書や講義でよく使われる「注意」などの用語も含めて、表にまとめておきます。省略形は講義の板書でしばしば使われます。

日本語	英語	省略形
公理	Axiom	
定義	Definition	Def.
定理	Theorem	Th. , Thm.
補題	Lemma	Lem.
命題	Proposition	Prop.
系	Corollary	Cor.
証明	Proof	Pf.
注意	Remark	Rem.
例	Example	Ex.
演習	Exercise	Ex.
予想	Conjecture	Conj.

トレーニング 5
集合の記法

　現代数学のほとんどすべての定義や定理は集合を用いて記述されます．したがって，現代数学を理解するには集合の記法を正しく使える必要があります．ここでは，その訓練を行います．集合の書き表わし方やそれにまつわる基本的な概念（元，空集合，部分集合など）を学びます．最後に，頻繁に使われる数の集合を表わす記号を紹介します．

●集合の定義

　集合（set）とは，"もの"の集まりであって，その集まりがどのような"もの"からなるかが「客観的に規定されているもの」をいいます．集合 A に対して，それを構成している個々の"もの"を A の**元**（element）または**要素**といいます．

　例 5-1　次はいずれも集合である．
　（1）　数 $1, 2, 3, 4$ からなる集まり
　（2）　3 で割って 2 余る自然数の集まり
　（3）　ひらがなの集まり
これに対して，次はどちらも集合でない．
　（4）　歌が上手な日本人の集まり
　（5）　大きな数の集まり

●集合の記法

　集合は中括弧 { } を使って書き表わします．その書き表わし方には以下の 2 通りの方法があります．

　（1）　元を書き並べる方法（**外延的記法**と呼ばれます）
　この記法は，集合を構成している元の個数が有限個である場合に可能です．例えば，数 $1, 2, 3, 4$ からなる集合は $\{1, 2, 3, 4\}$ のように書き表わします．

元を書き並べる順番は気にしません．$\{2,3,1,4\}$, $\{4,1,3,2\}$, $\{1,2,4,3\}$ はすべて $1,2,3,4$ からなる集合を表わします．また，同じ元を 2 回以上書いても構いません．例えば，$\{2,3,1,4,4\}$ も $1,2,3,4$ からなる集合を表わしています．

（２） 条件を書き記す方法（**内包的記法**と呼ばれます）

正の偶数全体からなる集合は，$\{x \mid x$ は正の偶数である$\}$ のように書き表わします．一般に，○○○を満たすもの全部からなる集合を書き表わしたいとき，

$$\{x \mid x \text{ は○○○を満たす}\} \quad \text{あるいは} \quad \{x \mid x \text{ は○○○である}\}$$

という書き方をします．" $\mid$ " よりも " $:$ " を好む人は，

$$\{x : x \text{ は○○○を満たす}\} \quad \text{あるいは} \quad \{x : x \text{ は○○○である}\}$$

という書き方をします．" $\mid$ " や " $:$ " の他に " $;$ " もよく使われます．

演習 5-1[*] 次の各集合を 2 通りの方法（元を書き並べる方法と条件を書き記す方法）で表わしなさい．

（１） サイコロの目の数からなる集合
（２） 母音を表わすアルファベットからなる集合

x が集合 A の元であることを x は A に**属する**（x belongs to A）または A は x を（元として）**含む**といい，$x \in A$ または $A \ni x$ と書き表わします．逆に，x が集合 A の元でないことを $x \notin A$ または $A \not\ni x$ のように書き表わします．

例 5-2 A を偶数全体からなる集合としたとき，$2 \in A$ であるが $1 \notin A$ である．

x と y がともに集合 A の元であることを，記号で，$x \in A, y \in A$ や $A \ni x, A \ni y$ のように表わしますが，これを $x, y \in A$ または $A \ni x, y$ と略記します．同様に，x, y, z がともに集合 A の元であることを $x, y, z \in A$ や $A \ni x, y, z$ と略記します．もっと個数が増えた場合も同様の略記の仕方をします．

●**集合の書き表わし方のバリエーション**

（１） 集合 A が与えられているときに，A の元であって，○○○という条件を満たすもの全体からなる集合を考えたい場合があります．このようなときには，

$$\{x \in A \mid x \text{ は○○○を満たす}\}$$

という書き方をよくします．これは，もともとの書き方で，
$$\{x \mid x \in A, \text{かつ}, x \text{は○○○を満たす}\}$$
と書いていたものと同じ集合を表わします．例えば，集合 A を偶数全体からなる集合としたとき，A の元であって，3 で割り切れるものだけを集めて作った集合は，
$$\{x \in A \mid x \text{ は 3 で割り切れる}\}$$
のように書き表わされます．

（2） 例えば，奇数をすべて集めた集合を書き表わしたい場合には，$\{x \mid x \text{ は奇数である}\}$ と書くのが正式ですが，これを
$$\{2n+1 \mid n \text{ は整数}\}$$
と書いたりします．もっと大胆に，$\{$奇数の全体$\}$ のように書いてしまうこともあります[7]．

（3） 0 以上 1000 以下の整数からなる集合を $\{0, 1, 2, \cdots, 1000\}$ のように書くことがあります．また，1 以上の整数全体からなる集合を $\{1, 2, 3, \cdots\cdots\}$ のように書くことがあります．この記法は，前後の記述から「$\cdots$」に入るべきものが明確な場合に限り，使うことができます．

演習 5-2 $\{2m + 3n \mid m \text{ と } n \text{ は整数}\}$ と表わされる集合に 1 が属するかどうかを調べなさい．

● 空集合

$\{x \mid x \text{ は } x^2 = -1 \text{ を満たす実数}\}$ のように，元をまったく持たない集合を**空集合** (empty set) といい，$\emptyset$（本によっては $\emptyset$）という記号で書き表わします．記号 $\emptyset$ はギリシア文字の ϕ と区別して使われますが，授業で板書するときは ϕ で代用することもあるようです．

空集合でない集合（すなわち，少なくとも 1 つは元を持つ集合）のことを**空でない** (non-empty) 集合とも呼びます．

注意 空集合 $\emptyset$ を $\{\emptyset\}$ のように書いてはいけません．集合 $\{\emptyset\}$ は $\emptyset$ という元を持っている集合であり，空集合とは異なります．$\emptyset$ はそれ自体で 1 つも元を持たない集合を表わしています．

---

7) この書き方は，「奇数の全体」を 1 つの元とみて，その 1 つだけを元に持つ集合を表わしているとも解釈することができるため，誤解が生じうる状況では使えません．

● 部分集合

集合 B が集合 A の **部分集合** (subset) であるとは，B に属するどの元も A の元になっているときをいいます．「集合 B に属するどの元も集合 A の元である」という主張を，論理記号の「$\Rightarrow$」を借用して，

$$"x \in B \;\Rightarrow\; x \in A"$$

と書き表わすことがあります．B が A の部分集合であるとは，条件 "$x \in B \Rightarrow x \in A$" が成り立つときである，と言い換えることができます．

集合 B が集合 A の部分集合であることを，$B \subset A$ あるいは $A \supset B$ のように書き表わし，「B は A に **含まれる**（B is contained in A）」または「A は B を **含む**」と読みます．また，B が A の部分集合でないことを $B \not\subset A$ あるいは $A \not\supset B$ と書き表わします．

例 5-3 3つの集合 $A = \{1,3,6\}$，$B = \{1,2,4,6\}$，$C = \{1,2,3,6\}$ を考える．

（1） A は C の部分集合である（記号を使って書くと，$A \subset C$ である）．なぜならば，A に属するどの元（つまり，1, 3, 6 のいずれについて）もすべて C の元になっているからである．

（2） B は C の部分集合ではない（記号を使って書くと，$B \not\subset C$ である）．なぜならば，B に属する元 4 は C に属さないからである．

注意 「$\subset$」「$\supset$」のことを「包む」「包まれる」と呼ぶ本もあります．また，「$\subset$」「$\supset$」の代わりに「$\subseteq$」「$\supseteq$」や「$\subseqq$」「$\supseqq$」を使う本もあります．これらの記号を用いる本においては，「$\subset$」「$\supset$」はそれぞれ「$\subseteq$ かつ $\neq$」「$\supseteq$ かつ $\neq$」の意味で使われるので注意しましょう．

部分集合に関しては次の 2 つの事実が基本的です．

（1） どのような集合 A に対しても，空集合 $\emptyset$ は A の部分集合である（と約束する）．

（2） どのような集合 A に対しても，A は A 自身を部分集合として含む，すなわち，$A \subset A$ である．

(2)が成立することは部分集合の定義から疑う余地のないことですが，(1)に

関しては疑問に思う人もいるのではないでしょうか．このように約束する理由（正当性・妥当性）を簡単に説明します．

仮に $B = \emptyset$（空集合）が集合 A の部分集合でなかったとすると，どのようなことが起こるのかを考察してみましょう．部分集合の定義により，$B \subset A$ は B に属するどのような元も A の元であることを意味するのでしたから，その否定 $B \not\subset A$ は，B の元の中には A の元でないものがある，ということになります．このことを $B = \emptyset$ の場合に当てはめると，空集合 B の中に（A に属さない）元があることが結論されます．これは空集合の定義に矛盾します．このような理由から，「空集合はどんな集合の部分集合にもなっている」（と約束しておく）のです．

演習 5-3 集合 $\{1, 2, 3\}$ の部分集合をすべて書きなさい．

演習 5-4* 集合
$$A = \{1, 4, 7\},$$
$$B = \{x \mid x \text{ は 3 で割ると 1 余る整数}\},$$
$$C = \{x \mid x \text{ は } x^2 = 4 \text{ を満たす奇数}\},$$
$$D = \{1, \{4\}\}$$
について次が成り立つかどうかを，簡単な理由をつけて答えなさい．

（1） $A \subset B$ 　　（2） $A \supset C$ 　　（3） $A \supset D$
（4） $\{1, 7\} \in A$ 　　（5） $4 \in D$ 　　（6） $\{4\} \subset D$

● **数の集合**

数の集合に関しては，習慣的に次の記号を用います．

$\mathbb{N} = \{$自然数（natural number）の全体$\} = \{1, 2, 3, \cdots\cdots\}$
$\mathbb{Z} = \{$整数（integer）の全体$\} = \{\cdots\cdots -3, -2, -1, 0, 1, 2, 3, \cdots\cdots\}$
$\mathbb{Q} = \{$有理数（rational number）の全体$\} = \left\{\dfrac{r}{s} \mid r, s \in \mathbb{Z} \text{ かつ } s \neq 0\right\}$
$\mathbb{R} = \{$実数（real number）の全体$\}$
$\mathbb{C} = \{$複素数（complex number）の全体$\}$
$\phantom{\mathbb{C}} = \{a + ib \mid a, b \in \mathbb{R}\}$ 　　（ただし，i は虚数単位）

整数全体からなる集合を $\mathbb{Z}$ で表わし，有理数全体からなる集合を $\mathbb{Q}$ で表わす

のは，それぞれ，数を意味するドイツ語 Zahl と商を意味する英語 quotient の頭文字に由来します．

注意（1） $\mathbb{N} \subset \mathbb{Z} \subset \mathbb{Q} \subset \mathbb{R} \subset \mathbb{C}$ が成り立っています．

（2） 教科書によっては，$\mathbb{N}, \mathbb{Z}, \mathbb{Q}, \mathbb{R}, \mathbb{C}$ の代わりに $\boldsymbol{N}, \boldsymbol{Z}, \boldsymbol{Q}, \boldsymbol{R}, \boldsymbol{C}$ が使われます．

（3） この本では自然数に 0 を含めていませんが，自然数に 0 を含める流儀もあります．

● 区間

$\mathbb{R}$ の部分集合 I は，次の 2 つの条件を満たすとき，**区間**（interval）と呼ばれます．

（ⅰ） I は相異なる実数を少なくとも 2 つ含む．
（ⅱ） $a, b \in I$, $a < b$ ならば，I は $a \leq x \leq b$ を満たすすべての実数 x を含む．

$a < b$ を満たす実数 a, b に対して，$\mathbb{R}$ の次の部分集合はすべて区間です．

（1） $\{x \in \mathbb{R} \mid a \leq x \leq b\}$ （2） $\{x \in \mathbb{R} \mid a < x < b\}$
（3） $\{x \in \mathbb{R} \mid a < x \leq b\}$ （4） $\{x \in \mathbb{R} \mid a \leq x < b\}$
（5） $\{x \in \mathbb{R} \mid x < a\}$ （6） $\{x \in \mathbb{R} \mid a < x\}$
（7） $\{x \in \mathbb{R} \mid x \leq a\}$ （8） $\{x \in \mathbb{R} \mid a \leq x\}$

これらを順に $[a, b]$, (a, b), $(a, b]$, $[a, b)$, $(-\infty, a)$, (a, ∞), $(-\infty, a]$, $[a, \infty)$ という記号で表わします．特に，(1)の形の区間を**有界閉区間**，または単に，**閉区間**（closed interval）といい，(2), (5), (6)の形の区間を**開区間**（open interval）といいます．

トレーニング 6
命題論理

与えられた命題と命題の間に,「ではない」「または」「かつ」「ならば」という言葉をつなげて,新しい命題を作ることができます.ここでは,それらの定義と用例を見ていきます.

● 否定

主張 P に対して「P ではない (not P)」という主張を作ることができます.この主張を本書では $\overline{P}$ と書き表わすことにします[8].$\overline{P}$ を P の**否定** (negation) と呼びます.主張 $\overline{P}$ は「P（が成り立つ),ということではない」ということを意味しています.

P が命題のとき,つまり,真か偽のいずれか一方のみが定まっている数学的主張であるとき,否定 $\overline{P}$ は命題であり,

P が真のとき,$\overline{P}$ は偽となり,P が偽のとき,$\overline{P}$ は真となります.

(これが命題 $\overline{P}$ の真偽の定義です.) この事実を右表のように表わします.右表を $\overline{P}$ の**真理表** (truth table) といいます（表は各行ごとに左から右へ読みます.縦棒は「…のとき」を意味します.T と F はそれぞれ真と偽であることを意味する英語 true と false の頭文字に由来しています).

P	$\overline{P}$
T	F
F	T

$\overline{P}$ の真理表

定理を証明する際に,命題の否定を考える必要がしばしば生じます.「～ではない」という表現のままでは考えにくいので,しばしば,内容を変えずに肯定的な文に言い換える作業を行う必要があります.

例 6-1 次の命題の否定を,それと同じ内容を持つわかりやすい命題に書き換えなさい.

---

8) 論理学においては,通常,否定命題を $\neg P$ または $\sim P$ と記します.

（1） $\sqrt{5}$ は有理数である．

（2） 二等辺三角形は正三角形である．

解 （1） 与えられた命題の否定は

「"$\sqrt{5}$（という実数）は有理数である"ということではない」

である．有理数でない実数は無理数であるから，「$\sqrt{5}$ は無理数である」と書き換えることができる．

（2） 与えられた命題の否定は

「"二等辺三角形は（必ず）正三角形である"ということではない」

である．これを

「"どんな二等辺三角形も正三角形である"ということではない」

と書き換えても，内容は変わらない．さらに，これを

「二等辺三角形の中には正三角形でないものがある」

と書き換えても同じ内容を持つ命題である． □

注意 （1）の命題の否定の言い換えを作る際に，暗黙のうちに数を実数の範囲に限りました．有理数という概念は実数の中で意味づけられることから，想定している数は実数であろうという推察し，否定の言い換えを作ったことになります．もし，考えている数を複素数とするならば，（1）の命題の否定の言い換えは「$\sqrt{5}$ は無理数であるか，または，虚数である」となります．このように，命題の否定は，どんな集合の中で考えるのかということをはっきりさせなければ，実は，正しく言い換えられないのです．

演習 6-1[*]

（1） 命題「7 は 3 で割ると 1 余るような整数である」の否定を，それと同じ内容を持つわかりやすい命題に書き換えなさい．

（2） $f(x)$ を実数全体上で定義された関数とします．A 君は，命題「関数 $f(x)$ は単調増加関数である」の否定は，要するに，「関数 $f(x)$ は単調減少関数である」ということだと言いました．A 君の主張は正しいでしょうか？

命題の否定については，トレーニング 19 で詳しく学びます．

● 「かつ」と「または」

2つの主張 P と Q に対して「P かつ Q（P and Q）」という主張を作ることができます．これは「P であって，かつ，Q である」という意味の主張です．これを P と Q の**論理積**（logical product）といい，$P \wedge Q$ という記号で書き表わします．P, Q が命題のとき，$P \wedge Q$ も命題になります．$P \wedge Q$ が真であるのは，P も Q も共に真であるときであり，かつ，そのときに限ります（このように $P \wedge Q$ の真偽を定義します）．

2つの主張 P と Q に対して「P または Q（P or Q）」という主張を作ることができます．これは「P であるか，または，Q である」という意味の主張です．これを P と Q の**論理和**（logical sum）といい，$P \vee Q$ という記号で書き表わします．P, Q が命題のとき，$P \vee Q$ も命題になります．$P \vee Q$ が真であるのは，P と Q の少なくとも一方が真であるときであり，かつ，そのときに限ります（このように $P \vee Q$ の真偽を定義します）．

上で述べた事実を真理表にまとめておきましょう．

P	Q	$P \wedge Q$
T	T	T
T	F	F
F	T	F
F	F	F

$P \wedge Q$ の真理表

P	Q	$P \vee Q$
T	T	T
T	F	T
F	T	T
F	F	F

$P \vee Q$ の真理表

例 6-2 n を1つの自然数とします．次の各命題の否定を，それと同じ内容を持つわかりやすい命題に書き換えなさい．

(1) n は2の倍数であり，かつ，100 より小さい．
(2) $n = 2$ または $n = -2$ である．

解 (1) 与えられた命題を P とおくと，その否定 $\overline{P}$ は，

「"n は2の倍数であり，かつ，100 より小さい" ということではない」

となる．これは，命題「n は2の倍数である」と命題「n は 100 より小さい」が同時には成り立たないことを意味するから，$\overline{P}$ を

「n は2の倍数ではないか，または，100 より小さくはない」

と内容を変えずに書き換えることができる．ここで，自然数が「2の倍数ではな

い」とは「奇数である」ことと同じであり，「100 より小さくはない」とは「100 以上である」ことと同じであるから，結局，$\overline{P}$ は，

「n は奇数であるか，または，100 以上である」

と書き換えることができる．

（2） 与えられた命題を P とおくと，その否定 $\overline{P}$ は，

「"$n = 2$ または $n = -2$ である" ということではない」

となる．これは，「$n = 2$ である」と「$n = -2$ である」のどちらでもないことを意味する．よって，$\overline{P}$ は，

「$n \neq 2$ かつ $n \neq -2$ である」

と書き換えることができる． □

演習 6-2* x を 1 つの実数，△ABC を 1 つの三角形とするとき，次の各命題の否定を，それと同じ内容を持つわかりやすい命題に書き換えなさい．

（1） x は $x < -5$ または $x \geq 2$ を満たす．

（2） △ABC は 2 辺の長さが等しく，かつ，1 つの角が 90° である．

● ならば

2 つの主張 P と Q に対して「P ならば Q (P implies Q)」という主張を作ることができます．これは「P が成り立てば Q が成り立つ」という意味の主張です．この主張を「$P \Rightarrow Q$」あるいは「$Q \Leftarrow P$」と書き表わします．P, Q が命題のとき，「$P \Rightarrow Q$」は命題となり，その真理表は次で与えられます（このように「$P \Rightarrow Q$」の真偽を定義します）．

P	Q	$P \Rightarrow Q$
T	T	T
T	F	F
F	T	T
F	F	T

$P \Rightarrow Q$ の真理表

この表から，

　P が偽であれば，Q の真偽にかかわらず，命題「$P \Rightarrow Q$」は真となる

ことがわかります．このことに違和感を覚える人もいるかもしれないので，ここで，なぜ「$P \Rightarrow Q$」の真偽をこのように定めるのか，納得するための材料を提

供しましょう[9]．

例 6-3 ある科目を受講していた A 君は，期末試験が近づいてきたある日，その科目の担当教員に成績の相談に行きました．そして，「君が期末試験で 80 点以上をとれば，この科目の成績として優を受け取ることができる」と言われたとします．その後 A 君は期末試験を受け，1 か月後に成績を受け取りました．成績を見た A 君は先生の言ったことを正しかったと思うでしょうか，思わないでしょうか？

この問題を考えるために，P, Q を

P：A 君が期末試験で 80 点以上をとる

Q：A 君がこの科目で優の成績を受け取る

と設定し，先生の言ったことを「$P \Rightarrow Q$」という命題とみなしてみましょう．P, Q の真偽に応じて，以下の 4 つの場合が考えられます．それぞれの場合に，上述の問題を考えていきましょう．

（1） P と Q がともに真の場合：

この場合，A 君は期末試験で 80 点以上をとり，この科目で優の成績を受け取ることができたことになります．先生は言った通りのことを実行したのですから，疑うことなく，A 君は先生の言ったことは正しかったと思うでしょう．

（2） P が真で，Q が偽の場合：

この場合，A 君は期末試験で 80 点以上をとったのに，この科目の成績が優でなかったことになります．先生は明らかに嘘を言ったことになるので，A 君は先生が言ったことは正しくなかったと思うでしょう．

（3） P が偽で，Q が真の場合：

この場合，A 君は期末試験で 80 点に満たなかったにもかかわらず，この科目の成績に優を受け取ったことになります．先生は「期末試験で 80 点以上をとったとしたら，優を受け取ることができる」ということを言ったのであり，期末試験で 80 点をとれなかった場合については何も言っていません．したがって，80 点に満たなかったとしても，なんらかの理由で（例えば，期末試験以外の部

---

9) この題材は [6; 例 2.1] をアレンジして作りました．

分の評価がよかったために）優をとることができたと考えられるので，A 君は先生の発言に間違っているところはなかった，つまり正しかった，と思うでしょう．

（4） P と Q がともに偽の場合：
この場合，A 君は期末試験で 80 点に満たず，この科目の成績が優でなかったことになります．A 君は期末試験で 80 点に満たなかったので，優が取れなかったのは仕方がないと納得し，先生の言ったことは正しかったと思うでしょう．

P	Q	$P \Rightarrow Q$
80 点以上をとった	優を受け取った	先生の言ったことは正しかった
80 点以上をとった	優を受け取らなかった	先生の言ったことは正しくなかった
80 点未満だった	優を受け取った	先生の言ったことは正しかった
80 点未満だった	優を受け取らなかった	先生の言ったことは正しかった

さて，A 君が「先生は正しいことを言った」と思ったときを真，そう思えなかったときを偽と考えます．すると，先生の言ったことの真偽は，P, Q の真偽がいずれであっても，「$P \Rightarrow Q$」の真理表にある結果と一致することがわかります．□

演習 6-3* n を 1 つの自然数として，命題

$$\text{「}n\text{ が偶数ならば } \frac{n^2}{4} \text{ は偶数である」}$$

について考えます．$n=1$ のとき，$n=2$ のとき，$n=3$ のとき，$n=4$ のときの各場合について，上の命題の真偽を判定しなさい．

演習 6-4 2 つの命題 P と Q に対して，$\overline{P} \vee Q$ の真理表を作成し，$\overline{P} \vee Q$ の真偽と $P \Rightarrow Q$ の真偽が一致することを確かめなさい．（ヒント：$\overline{P} \vee Q$ の真理表を書くときは，$P, Q, \overline{P}, \overline{P} \vee Q$ と最上行に書くことから始めるとよい．）

命題 P と Q の間に何も関係がなくても「P ならば Q」という命題をいつでも作ることができるので，論理の形式面から言えば，命題「P ならば Q」において P が「原因」で Q がその「結果」を表わしているわけではありません．しかしながら，数学の証明や説明において接続詞「ならば」が用いられる場合，"P という命題や条件から Q という命題や条件が導かれる" というニュアンスが含まれることがしばしばあります．

トレーニング 7
命題の同値・背理法

ここではまず命題の同値について考察します．命題の同値は形式的には命題論理の範疇(はんちゅう)に属するので，その扱いはトレーニング6で学んだように真理表を作成することに帰着されます．次に背理法と呼ばれる証明方法を学びます．

7.1 命題の同値

2つの命題 P, Q について，それらの文章表現は違っていても，"論理的な内容が同じ"であるとき，P と Q は同値であるといいます．私たちが，トレーニング6の例や演習において考察したことは，命題の否定を意味のわかりやすい同値な命題に書き換えるということだったのです．

● 仮定と結論

定理を述べるときに，
- 「もし，○○○（という条件や命題）が成り立つならば，このとき，△△△（という条件や命題）が成り立つ」

とか
- 「○○○と仮定すると，△△△が成り立つ（あるいは，△△△となる）」

という言い方がよく使われます．これは，命題「○○○ ⇒ △△△」が真である，ということを意味しています．「○○○」を定理の**仮定**（assumption）または**前提**といい，「△△△」を定理の**結論**（conclusion）といいます．

この言い方にならって，2つの命題 P, Q について，命題「$P \Rightarrow Q$」が真であるとき，"P という仮定から Q という結論が導かれる"ということがあります．

● 同値

2つの命題 P, Q について，命題「$(P \Rightarrow Q) \wedge (Q \Rightarrow P)$」が真であるとき，$P$ と Q は**同値**（equivalent）である，あるいは，P が成り立つことと Q が

成り立つこととは同値である，あるいは，P は Q であるための**必要十分条件**（necessary and sufficient condition）であるといいます．P が Q と同値であることを

$$(P \text{ と } Q \text{ の間に}) \quad P \Longleftrightarrow Q \quad (\text{という関係}) \text{ が成り立つ}$$

と書き表わします．

同値の定義により，P が Q と同値であるのは，P と Q の真偽が一致するとき（つまり，真理表が右表のようになるとき），かつ，そのときに限ります．真理表を書くことにより，次を証明することができます．

P	Q
T	T
F	F

定理 7-1（1）命題 P に対して，$P \Longleftrightarrow P$ が成り立つ．
（2）2つの命題 P, Q の間に，$P \Longleftrightarrow Q$ が成り立つならば，
  （a）$Q \Longleftrightarrow P$ も成り立つ．
  （b）$\overline{P} \Longleftrightarrow \overline{Q}$ も成り立つ．
  （c）どのような命題 R に対しても，$P \wedge R \Longleftrightarrow Q \wedge R$ が成り立つ．
  （d）どのような命題 R に対しても，$P \vee R \Longleftrightarrow Q \vee R$ が成り立つ．
（3）3つの命題 P, Q, R の間に，$P \Longleftrightarrow Q$ が成り立ち，$Q \Longleftrightarrow R$ が成り立つならば，$P \Longleftrightarrow R$ も成り立つ．

例 7-2 命題 P, Q について次が成り立つ．
（1）（ド・モルガンの法則）
  $\overline{P \wedge Q} \Longleftrightarrow \overline{P} \vee \overline{Q}, \quad \overline{P \vee Q} \Longleftrightarrow \overline{P} \wedge \overline{Q}.$
（2）$P \Rightarrow Q \Longleftrightarrow \overline{P} \vee Q.$

証明（1）$\overline{P \wedge Q}$ と $\overline{P} \vee \overline{Q}$ の真理表が下のように一致するので，「$\overline{P \wedge Q} \Longleftrightarrow \overline{P} \vee \overline{Q}$」が成り立つことがわかる．

P	Q	$P \wedge Q$	$\overline{P \wedge Q}$
T	T	T	F
T	F	F	T
F	T	F	T
F	F	F	T

P	Q	$\overline{P}$	$\overline{Q}$	$\overline{P} \vee \overline{Q}$
T	T	F	F	F
T	F	F	T	T
F	T	T	F	T
F	F	T	T	T

同様に，$\overline{P \vee Q}$ と $\overline{P} \wedge \overline{Q}$ の真理表を比較して「$\overline{P \vee Q} \iff \overline{P} \wedge \overline{Q}$」が成り立つことがわかる．

(2)が成り立つことは演習 6-4 ですでに確かめられている． □

演習 7-1[*] 命題 P, Q について

$$\overline{P \vee Q} \iff \overline{P} \wedge \overline{Q}$$

が成り立つことを示しなさい．

上の例のように真理表を書くことにより，次の定理を証明することができます．

定理 7-3 命題 P, Q, R に対して次が成り立つ．
 (1)（二重否定の除去）
  $\overline{\overline{P}} \iff P$.
 (2)（べき等律）
  $P \wedge P \iff P$,
  $P \vee P \iff P$.
 (3)（交換律）
  $P \wedge Q \iff Q \wedge P$,
  $P \vee Q \iff Q \vee P$.
 (4)（結合律）
  $(P \wedge Q) \wedge R \iff P \wedge (Q \wedge R)$,
  $(P \vee Q) \vee R \iff P \vee (Q \vee R)$.
 (5)（分配律）
  $P \wedge (Q \vee R) \iff (P \wedge Q) \vee (P \wedge R)$,
  $P \vee (Q \wedge R) \iff (P \vee Q) \wedge (P \vee R)$.

演習 7-2 命題 P, Q について，次が成り立つことを示しなさい．
(1) $\overline{P \Rightarrow Q} \iff P \wedge \overline{Q}$.
(2) $P \Rightarrow Q \iff \overline{Q} \Rightarrow \overline{P}$.

注意 上の演習問題の(1)は背理法と，(2)は対偶による証明法と関連があり

ます．(1)についてはこのトレーニングの最後で，(2)についてはトレーニング13で詳しく説明します．

● 恒真式（トートロジー）

文字 P, Q, R に関する次の 3 つの "式" を考えてみましょう．
$$f(P, Q) = (\overline{P} \Rightarrow (Q \wedge \overline{Q})) \Rightarrow P,$$
$$g(P, Q) = (P \wedge (P \Rightarrow Q)) \Rightarrow Q,$$
$$h(P, Q, R) = ((P \Rightarrow Q) \wedge (Q \Rightarrow R)) \Rightarrow (P \Rightarrow R).$$

$f(P, Q)$, $g(P, Q)$, $h(P, Q, R)$ は，P, Q, R に具体的な命題を代入するごとに 1 つの命題を与える式になっています．一般に，いくつかの文字と論理記号からなるこのような式を**論理式**（formula）といいます．真理表を作成することにより，$f(P, Q)$, $g(P, Q)$, $h(P, Q, R)$ は，どのような命題 P, Q, R についても常に真であることがわかります．このような論理式を**恒真式**（tautology）と呼びます．

$f(P, Q)$ は「P ではないという仮定から Q かつ $\overline{Q}$ という結論が導かれたとしたら，P が成り立つ」ということを意味している論理式であると解釈できます．つまり，恒真式 $f(P, Q)$ は背理法を論理式で表わしたものと思うことができます．同様の解釈により，恒真式 $h(P, Q, R)$ は三段論法を論理式で表わしたものと思うことができます．

演習 7-3 上で与えた 3 つの論理式 $f(P, Q)$, $g(P, Q)$, $h(P, Q, R)$ がいずれも恒真式になっていることを確かめなさい．

7.2　背理法

ここではさまざまな例を通して背理法の使い方を学びます．

● 矛盾と背理法

矛盾と背理法はトレーニング 4 で簡単に説明されていますが，ここで本格的に使い方を練習するので，今度はもう少し詳しく説明します．

矛盾とは，Q を命題として，「Q かつ $\overline{Q}$」という形をした命題のことをいいます．矛盾は常に偽の命題です．

背理法とは，命題 P が成り立たないと仮定して矛盾を導くことにより，命題 P が成り立つと結論づける推論のことをいいます．命題 P が成り立つと仮定し

て矛盾を導くことにより，命題 P が成り立たないと結論づける推論も背理法といいます．

背理法は「きわめて自明」と思われる主張を証明する際によく利用されます．背理法の仮定により使える条件が1つ増えるので，それをもとに証明を展開することができるようになるからです．

例 7-4 最小の正の実数は存在しない．

証明 背理法で証明する．
最小の正の実数が存在したと仮定し，その実数を m とおく．m の最小性により，

(7a) $\qquad$ 任意の正の実数 x に対して $m \leq x$ となる．

ところが，$x_0 = \dfrac{m}{2}$ という正の実数を考えると，$x_0 = \dfrac{m}{2} < m$ となる．これは，(7a) に矛盾する． $\square$

例 7-5 素数は無限個存在する．

証明 ユークリッド（Euclid, B.C.330?～B.C.275?）による有名な証明を紹介する．背理法で証明する．

素数は有限個しか存在しなかったと仮定する．$2, 3, 5, \cdots, p$ を素数のすべてであるとする．このとき，これらの積に 1 を加えた数

$$n = 2 \cdot 3 \cdot 5 \cdot \cdots \cdot p + 1$$

を考える．すると，この n は $2, 3, 5, \cdots, p$ のどれによっても割り切れない，すなわち，どんな素数でも割り切れない．

一方，n は 2 以上の自然数なので，ある素数を約数として持つ（実際，n の約数は有限個しかないので，その中の 1 でない最小の数を q とおけば，これが条件を満たす素数となる）．ここに，矛盾が生じた．よって，仮定「素数は有限個しか存在しない」は誤りであり，「素数は無限個存在する」ことが証明された． $\square$

演習 7-4* $\sqrt{2}$ は無理数であることを証明しなさい．（ヒント：$\sqrt{2}$ が有理数であったと仮定すると，$\sqrt{2} = \dfrac{m}{n}$（m と $n\,(\neq 0)$ は互いに素な整数）のように書くことができます．）

● $P \Rightarrow Q$ に対する背理法による証明

定理は多くの場合「$P \Rightarrow Q$」という形で与えられます．この主張を背理法で示すときには，「$P \Rightarrow Q$」ではないと仮定して矛盾を導くことになります．そのためには，演習 7-2 (1) より「$\overline{P \Rightarrow Q} \iff P \wedge \overline{Q}$」なので，$P$ と $\overline{Q}$ が同時に成り立つと仮定して，矛盾を導けばよいことがわかります．つまり，定理が「P ならば Q」という形で与えられているとき，これを背理法によって証明する場合には，$P \wedge \overline{Q}$ から出発して，最終的に $R \wedge \overline{R}$ が真となる命題 R が生じてしまうことを示せばよいのです．

例 7-6 有理数と無理数の和は無理数である．

証明 背理法で証明する．
a は有理数，b は無理数であるのに，$a+b$ は有理数であると仮定する．$x = a+b$ とおく．このとき，$b = x-a$ となる．有理数どうしの差はまた有理数であるから，$x-a$ は有理数，すなわち，b は有理数となる．これは b が無理数であることに矛盾する．したがって，$a+b$ は無理数である． □

演習 7-5 a, b, c が $a^2 + b^2 = c^2$ を満たす互いに素な自然数ならば，a, b, c のうちのちょうど 2 つが奇数であることを証明しなさい．

背理法による証明の弱点は，最終的には偽と判断される主張を真であると仮定して証明を始めるために，証明の途中で導かれる結果は真なのかどうかわからない，ということです．直接的証明であれば，証明の途中で導かれる結果はすべて真なので，必要ならばそれらを他の命題の証明に用いることができます．この意味で，背理法は使わないで証明できるのであれば，その方が望ましいと言えます．

トレーニング 8
習慣的に使われる記号や言葉

数学の教科書や授業はたくさんの記号であふれています．記号を上手に使うと，書く時間の節約になるばかりでなく，命題や推論を明快に表現でき，思考の整理に役立ちます．ここでは，よく使われる記号や言葉の意味と使い方を説明します．

● カンマによる「かつ」の省略

「カンマ」は，一般に（数学に限らず），ものを列挙する場合に前後の区切りを明確にするために使われます．数学においても方程式の解を書き並べたり，数列を書くときなど，その意味で使うこともあります．しかし，2つ以上の条件や命題がカンマ「，」で区切られている場合には，カンマ「，」は「かつ」の意味で使われます．逆に言えば，カンマを使って「かつ」を省略することができます．しかし，「または」を省略することはできません．

例 8-1 $0 < |x-1| < 2, x \geq 0$ を満たす実数 x を考える，と書いてあれば，それは，「$0 < |x-1| < 2$ かつ $x \geq 0$」を満たす実数 x を考える，ということを意味します．

● 「$\Longrightarrow$」という論理記号

数学の授業で使われる記号「$\Longrightarrow$」[10]は，トレーニング 6 で説明した命題論理における「ならば」として使われるよりも，

 「○○○という条件や命題から△△△という条件や命題が得られる」

---

[10] 本書では，「ならば」を意味する記号として，長い矢印 $\Longrightarrow$ と短い矢印 $\Rightarrow$ の両方を使用しています．意味は同じです．厳格な使い分けのルールはありませんが，長い矢印は定理や条件を記述する際に，どこまでが前提でどこからが結論なのかを明確にさせたいときに使っています．例えば，「$P, Q \Longrightarrow R$」と書けば，P かつ「Q ならば R」ではなく，「P かつ Q」ならば R であるということを意味しています．

という意味を暗示的に含んで使われることが多いようです（トレーニング7における仮定と結論の説明を参照）．このような「$\Longrightarrow$」の使い方は，証明の記述の中に顕著に見られます．

● 「$\Longleftrightarrow$」という論理記号

記号「$\Longleftrightarrow$」は，トレーニング7で説明したように，2つの命題が同値であることを表わすときに使います．必要十分であることを強調したいときには，$\underset{\text{iff}}{\Longleftrightarrow}$ や $\overset{\text{iff}}{\Longleftrightarrow}$ という記号を使うこともあります．「iff」は「if and only if」の略です．

例 8-2（ピタゴラスの定理） △ABC について，
$$\angle A = 90° \iff AB^2 + AC^2 = BC^2$$
が成り立つ．

意味 △ABC について，$\angle A = 90°$ であるための必要十分条件は，$AB^2 + AC^2 = BC^2$ が成り立つことである．

コメント 数学の教科書や授業では "が成り立つ" という部分はしばしば省略されます．

● 特徴付けられる

考えたい数学的対象を，ある集合 X の中のある特定の条件 $P(x)$ を満たす元 x のこととしてとらえたいとき，その数学的対象は集合 X の中の条件 $P(x)$ を満たす元として**特徴付けられる**（characterized）という言い方をします．これは，A を考えたい数学的対象の全体からなる集合とするとき，集合 X の中で条件 $P(x)$ を満たす元 x はすべて A の元であり，逆に，任意の $a \in A$ はその条件 $P(x)$ を満たしているということ，すなわち，$x \in X$ に対して
$$x \in A \iff P(x) \text{ が成り立つ}$$
が真であるということを意味します．

例 8-3
(1) 奇数は 2 で割ると 1 余る整数として特徴付けられる．
(2) 1 は，すべての実数 a に対して $ae = a$ を満たす実数 e として特徴付けられる．

●等号「=」

等号 = には 2 つの用法があります．1 つは，$1+2=2+1$ のように，2 つのものが等しいということを言うための用法です．多くの場合，この使い方をします．もう 1 つは，新たに記号を導入するための用法です．この場合，単に等号 = を書くだけでなく，$A := B$ または $A \underset{\text{def}}{=} B$ または $A \stackrel{\text{def}}{=} B$ のように書くのが一般的です．いずれも，B を A（という記号）で表わす，B を A とおく，ということを意味します．

例 8-4 $S := \{x \in \mathbb{R} \mid x^2 + ax + b > 0\}$

意味 右辺の集合（$x^2 + ax + b > 0$ を満たす実数 x 全体からなる集合）を S という記号で表わす．

●何かを定義したいときに使われる記号

上で説明した，$:=$，$\underset{\text{def}}{=}$，$\stackrel{\text{def}}{=}$ の他に，次のような記号がよく使われます．

$$\underset{\text{def}}{\Longleftrightarrow}, \quad \stackrel{\text{def}}{\Longleftrightarrow}$$

$A \underset{\text{def}}{\Longleftrightarrow} B$ または $A \stackrel{\text{def}}{\Longleftrightarrow} B$ の形で使います．A の方にこれから定めようとする量，もの，性質に対する新しい名前を含む文をおき，B の方にその新しい名前の意味を既知の量，もの，性質を用いて規定した文をおきます．これによって「A を B によって定義する」ということを表わします．定義を書いていることが前後の文脈から明確な場合，単に，$A \Longleftrightarrow B$ と書く場合もあります．

例 8-5 $n, q \in \mathbb{Z}, q \neq 0$ とする．このとき，

$$q : n \text{ の約数}[11] \stackrel{\text{def}}{\Longleftrightarrow} n = pq \text{ となる整数 } p \text{ が存在する}$$

意味 q が n の約数であるとは，$n = pq$ となる整数 p が存在するときをいう．

演習 8-1 次の文をできるだけ記号を用いて表現しなさい．

---

[11] 英語のコロン「:」には「それというのは，つまり」という意味があり，コロンの前に書かれている事柄の内容を詳しく説明したいときに使われます．数学の授業においてコロンは「（記号）：（記号の説明）」という形で多用されることが多く，そのような表現方法に慣れるため，ここで使いました．

2つの整数 m, n の間に，$n = km$ となる整数 k が存在するとき，n は m の倍数であるという．

● 「存在」と「任意」を表わす論理記号

2つの記号「∃」と「∀」について説明します．記号「∃」は「○○○が存在する」ということを意味する記号です．「∃」という記号は，"exist" の頭文字の大文字 E を左右反転して作られています．一方，記号「∀」は「すべての○○○について……」ということを意味する記号です．「∀」という記号は，"all" の頭文字の大文字 A を上下反転して作られています．

例 8-6

（1） $\forall \alpha \in \mathbb{R}, \ \exists n \in \mathbb{Z}$ s.t. $n \leq \alpha < n+1$.

英文　For all $\alpha \in \mathbb{R}$ there exists an element $n \in \mathbb{Z}$ such that $n \leq \alpha < n+1$.

読み　すべての実数 α に対して，整数 n が存在して，$n \leq \alpha < n+1$ である．

意味　すべての実数 α に対して，$n \leq \alpha < n+1$ を満たす整数 n が存在する．

（2） $0 \neq z \in \mathbb{C} \implies \exists r, \theta \in \mathbb{R}$ s.t. $z = r(\cos\theta + i\sin\theta), \ r > 0$.

英文　If a complex number z is not zero, then there exist real numbers r and θ such that $z = r(\cos\theta + i\sin\theta)$ and $r > 0$.

読み　複素数 z が 0 でないならば，実数 r と実数 θ が存在して，$z = r(\cos\theta + i\sin\theta)$ であり，かつ，$r > 0$ である．

意味　複素数 z が 0 でなければ，$z = r(\cos\theta + i\sin\theta)$ を満たす正の実数 r と実数 θ が存在する．

コメント　（1）「∀」は「すべての」と読むよりはむしろ，「任意の」と読むことのほうが多いかもしれません．任意 (any, arbitrary) とは，作為性がないという意味です．

　"$\forall s \in S$"
　　= "集合 S に属するすべての元 s について"
　　= "集合 S から任意に取った（つまり，無作為に選んだ）s について"

（2）文脈によっては,「∃」を「適当な～を見つけて」「うまく～をとると」などと読むこともあります.「適当な」という言葉は, 世間では「（何も考えず）いい加減な」と同義で使われたりしますが, 数学で使うときには「きちんと当てはまっている」という本来の意味で使われます.

（3）"s.t." は "such that" の略です. "～ such that ―" は "― であるような ～" という意味を持っています.

演習 8-2* 次の記号化された文の意味を書きなさい.

（1）平面上の 3 点 A, B, C に対して,

$$\text{A, B, C が同一直線上にある} \overset{\text{iff}}{\iff} \exists k \in \mathbb{R} \text{ s.t. } \overrightarrow{AC} = k\overrightarrow{BC}$$

（2）$f(x)$ を $\mathbb{R}$ 上で定義された関数とする. このとき,

$$f(x) : \text{奇関数} \overset{\text{def}}{\iff} \forall x \in \mathbb{R}, \ f(-x) = -f(x)$$

演習 8-3* 次の文を, $\forall, \exists, \in$ などの記号をできるだけ使って書き直しなさい.

どんな自然数 n に対しても, $|\sqrt{2} - r| < \dfrac{1}{n}$ となる有理数 r が存在する.

演習 8-4* 次の論理記号で表わされた文を, 論理記号のない文に書き直しなさい.

$$(a, b \in \mathbb{Z}, \ b > 0) \implies (\exists q, r \in \mathbb{Z} \text{ s.t. } a = qb + r, \ 0 \le r < b)$$

記号 $\forall$ と $\exists$ は微分積分学でよく使われます. そこでは

(8a) $\qquad\qquad \forall \varepsilon > 0, \ \exists N \in \mathbb{N} \text{ s.t. } \cdots\cdots$

というような使われ方をします. ここで,「$\forall \varepsilon > 0$」は ε が任意の正の数であるということだけしか言っていないので, それが任意の正の整数なのか, 有理数なのか, 実数なのか, はっきりさせなくてよいのだろうか, と思うかもしれません. 確かにその通りであり, もし,「任意の正の実数に対して」という意味で書いたのであれば, 正の実数全体からなる集合を, 例えば $\mathbb{R}^+$ とおいて

$$\forall \varepsilon \in \mathbb{R}^+, \ \exists N \in \mathbb{N} \text{ s.t. } \cdots\cdots$$

と書く必要があるでしょう. しかしながら, 前後の文脈から, $\varepsilon > 0$ と書いたときの ε が正の実数を表わすことが明白な場合には, (8a) のような書き方も許されます（実数列や実数値関数を扱う微分積分学で単に「数」と言えば実数を指すことは暗黙の了解であるからです）. 今後, 本書ではときどき,「$\forall \varepsilon > 0$」や

「$\exists \varepsilon > 0$」というような表現を使いますが，このときの ε は正の実数を表わすものと約束します．

● 一意的

数学では，条件△△△を満たすものがただ一つしかないことを，

「条件△△△を満たすものは**一意的**（unique）である」

と表現します．例えば，例 8-6 (1) において，実数 α に対して条件 $n \leq \alpha < n+1$ を満たす整数 n はただ一つですから，このことを "$n \leq \alpha < n+1$ を満たす整数 n は一意的である" と表現します．

1つ注意してほしいことは，「一意的である」とは，「もし，その条件を満たすものがあれば，それはただ一つである」ということであって，実際にその条件を満たすものが存在するかどうかは問わないということです．

「条件△△△を満たす○○○が存在して，かつ，その条件を満たす○○○がただ一つしかない」ことを言い表わしたいときには，

「△△△を満たす○○○は一意的に存在する」

と表現します．「一意的に存在する」ことを意味する記号としては「$\exists !$」や「$\exists 1$」が用いられます．例えば，

$$\forall \alpha \in \mathbb{R},\ \exists !\ n \in \mathbb{Z}\ \text{s.t.}\ n \leq \alpha < n+1$$

のように書きます．なお，「一意的である」ことのみを意味する記号はありません．

● 「ゆえに」と「なぜならば」

「$\therefore$」は「ゆえに（therefore）」，「$\because$」は「なぜならば（because）」と読みます．記号の意味は，その読み方の通りです．大学の授業では，「$\therefore$」よりも「$\because$」という記号の方が多く用いられます．最初に，証明したい命題を提示し，次に，「$\because$」と書いて，それを証明していきます．したがって，「$\because$」は定理の証明開始の合図として使うことができますが，実用としては，定理の証明の中に出てくる「小さな」命題に対する証明や，定理と書くまでもない簡単な主張に対する理由を書きたいときによく使われます．

例 8-7 $a, b, c \in \mathbb{R}$ に対して，

$$a^2 + b^2 + c^2 \geq ab + bc + ca$$

が成り立つ.

$\odot$ $\quad a^2 + b^2 + c^2 - (ab + bc + ca)$
$\quad\quad = \dfrac{1}{2}(a^2 - 2ab + b^2 + b^2 - 2bc + c^2 + c^2 - 2ca + a^2)$
$\quad\quad = \dfrac{1}{2}\bigl((a-b)^2 + (b-c)^2 + (c-a)^2\bigr)$
$\quad\quad \geq 0$
$\quad\therefore\ a^2 + b^2 + c^2 \geq ab + bc + ca$ $\quad\square$

● 「$\cdots$」という記号

「$\cdots$」という記号は便利なのでよく使われます.すでに例 7-5 でも使っていますが,この記号を使うことができるのは,前後の記述から「$\cdots$」に入るべきものが明確な場合に限られます(集合の書き方のバリエーション(28 ページ)の第(3)項を参照).例えば,自然数 n に対して,「$a_1, \cdots, a_n$ を実数とする」あるいは「$a_1, \cdots, a_n \in \mathbb{R}$ とする」あるいは「$a_i \in \mathbb{R}$($i = 1, \cdots, n$)とする」のような記述は,1 から n までの各自然数 i について a_i と名付けられた実数が 1 つずつ定められている,ということを表わしています.

トレーニング 9
集合の演算

ここでは,集合が等しいことの定義と集合に対する代表的な演算($\cap$, $\cup$, $-$, $\times$)の定義と性質およびべき集合について学びます.上記の演算記号の意味を正しく理解し,それを使いこなせるようになることがここでの目標です.

● 集合の相等

トレーニング 5 で述べた部分集合の定義を思い出しましょう.集合 B が集合 A の部分集合であるとは,B に属するどの元も A の元になっているときをいい,このことを,$B \subset A$ あるいは $A \supset B$ のように書き表わすのでした.

2 つの集合 A と B がお互いに「含む・含まれるの関係」にあるとき,つまり,$A \subset B$ かつ $B \subset A$ が成り立つとき,2 つの集合 A と B は等しいといい,このことを $A = B$ と書き表わします.また,2 つの集合 A と B が等しくないことを $A \neq B$ と書き表わします.

例 9-1

(1) 2 つの集合 $A = \{1, 2, 3, 4\}$ と $B = \{x \mid x \text{ は } 1 \text{ 以上 } 4 \text{ 以下の整数}\}$ は等しい,すなわち,$A = B$ である.

(2) 2 つの集合

$A = \{x \mid x \text{ は単語 osaka に使われているアルファベット}\}$,
$B = \{x \mid x \text{ は単語 tokyo に使われているアルファベット}\}$

は等しくない,すなわち,$A \neq B$ である.なぜならば,s $\in A$ であるのに,s $\notin B$ であるからである.

演習 9-1* 4 つの集合

$A = \{1, 2, 3, 4\}$, $B = \{1, 3, 4, 2, 3\}$,
$C = \{1, \{2, 3\}, 4\}$, $D = \{x \in \mathbb{Z} \mid |x| < 5,\ x \geq 0\}$

を等しい集合どうしに分けなさい(簡単な理由をつけること).

● ベン図

集合の間の関係をわかりやすく図で表現したものに，**ベン図**（Venn diagram）というものがあります．ベン図では，集合を楕円や長方形で表現し，その内側にその集合の元があると考えます．次のベン図のうち左図は B が A の部分集合である状態を表わしていて，右図は A は B の部分集合でもなく，かつ，B は A の部分集合でもない，一般の状態を表わしています[12]．

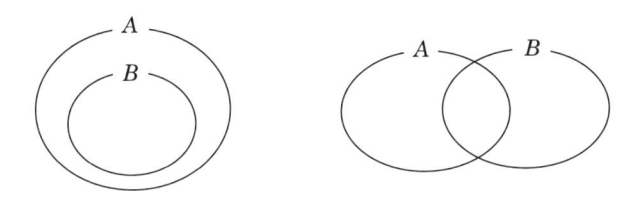

● 共通集合と和集合

2つの集合 A, B が与えられたとき，次のようにして，新たに2つの集合 $A \cap B$ と $A \cup B$ を作ることができます．

$$A \cap B = \{x \mid x \in A \text{ かつ } x \in B\},$$
$$A \cup B = \{x \mid x \in A \text{ または } x \in B\}.$$

$A \cap B$ は，A と B の両方に属するもの全体からなる集合を表わしていて，$A \cup B$ は，A と B のうちの少なくとも一方に属するもの全体からなる集合を表わしています．$A \cap B$ を A と B の**共通集合**（intersection）といい，$A \cup B$ を A と B の**和集合**（union）といいます．

記号 $A \cap B$ は「A キャップ B」と呼んだり，「A と B の共通部分（インターセクション）」と呼んだりします．記号 $A \cup B$ は「A カップ B」と呼んだり，「A と B の和（ユニオン）」と呼んだりします．$\cap, \cup$ の記号と意味が初心者には混同しやすいようですが，次ページ上の図のようなイメージを持っておけば間違いを回避できるかもしれません．

---

12) 左側のように一般の状態を表わしていない図は**オイラー図**と呼ぶ方が正確のようですが，言葉を使い分けると煩雑になってしまうことと，我が国の慣例としてこれまで両者を厳密に使い分けてこなかった経緯もあるので，本書ではベン図という呼び方で統一しました．歴史的なことや詳しい経緯は [8; A.2] を参照してください．

54　トレーニング 9　集合の演算

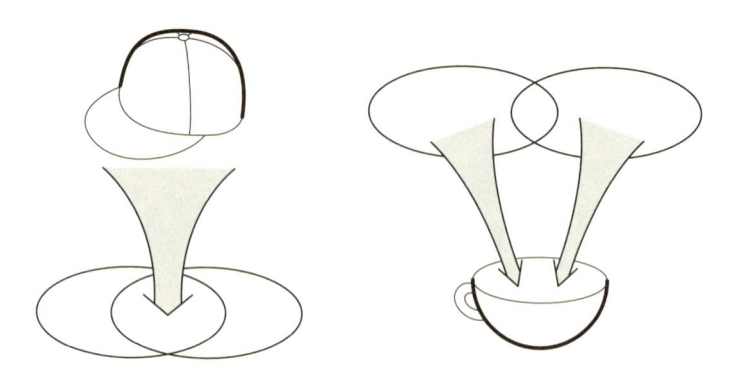

∩ =（cap（= 帽子）を被せる）　⟶　一部分に制限する　⟶　共通部分
∪ =（cup（= カップ）に受け止める）　⟶　すべて拾い集める　⟶　和集合

共通集合と和集合をベン図を使って表わすと，次図のようになります（左側のベン図の影がついている部分が $A \cap B$ を表わし，右側のベン図の影がついている部分が $A \cup B$ を表わしています）．

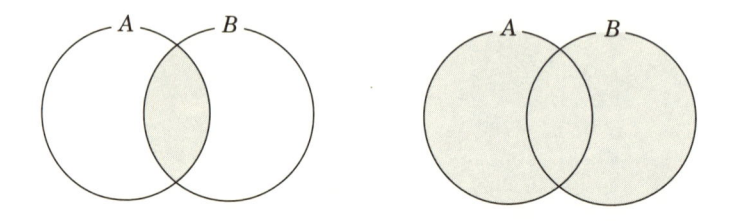

例 9-2　集合 $A = \{2, 4, 6, 8, 10, 12\}$, $B = \{3, 6, 9, 12\}$ に対して，
$$A \cap B = \{6, 12\}, \quad A \cup B = \{2, 3, 4, 6, 8, 9, 10, 12\}$$
である．

演習 9-2*　集合 A, B, C に対して等式
$$A \cap (B \cup C) = (A \cap B) \cup (A \cap C), \quad A \cup (B \cap C) = (A \cup B) \cap (A \cup C)$$
が成り立つ理由を，ベン図を使って説明しなさい．

● **集合の差と補集合**

2つの集合 A, B が与えられたとき，次のようにして，新たに集合 $A - B$ を作ることができます．

$$A - B = \{\, x \mid x \in A \text{ かつ } x \notin B \,\}.$$

$A-B$ は A に属する元のうち，B には属さないもの全体からなる集合です．この集合を A から B を引いた**差** (difference) といいます．$A-B$ は「エイ・マイナス・ビー」と読みます．$A-B$ は，下のベン図において，影がついている部分に対応します．差 $A-B$ を $A \setminus B$ と記す流儀もあります．

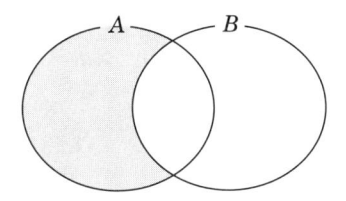

例 9-3 集合 $A = \{2, 4, 6, 8, 10, 12\}$, $B = \{3, 6, 9, 12\}$ に対して，$A - B = \{2, 4, 8, 10\}$ である．

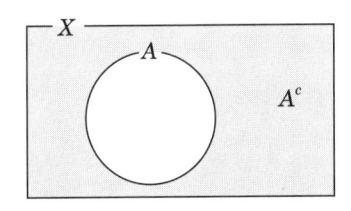

X が集合で，A がその部分集合であるとき，差 $X - A$ を X における A の**補集合**（complement）といいます．このとき，X を A に対する**全体集合**（universal set）といいます．補集合 $X - A$ を A^c という記号で書き表わすことがありますが，この記号を使うときには，全体集合としてどのような集合を考えているかが明確な場合に限られます．

例 9-4 $\mathbb{R}$ における $\mathbb{Q}$ の補集合 $\mathbb{R} - \mathbb{Q}$ は**無理数**（irrational number）全体からなる集合に他ならない．

集合の演算に関する記法上の注意 集合 A, B, C に対して，$(A \cap B) \cap C = A \cap (B \cap C)$ が成り立つので，これを $A \cap B \cap C$ と書くことができます．同様に，$(A \cup B) \cup C = A \cup (B \cup C)$ が成り立つので，これを $A \cup B \cup C$ と書くこ

とができます．しかし，$A \cup B \cap C$ と書くことはできません．括弧のつく場所によって集合が変わってしまうからです．$\cap$ と $-$，あるいは $\cup$ と $-$ を同時に含む場合も，括弧のつく場所によって集合が変わります．しかし，記号の煩雑さを避けるため，通常「$-$ よりも $\cap, \cup$ を優先して行う」という規約が設けられています．本書もこの規約に従います．例えば，$C - A \cap B$ は $C - (A \cap B)$ という集合を表わし，$(C - A) \cap B$ のことではありません．

● **直積集合**

2つの空でない集合 A, B が与えられたとき，A の元 a と B の元 b から組 (a, b) を作ることができます．この組は元の並び順も考慮します．すなわち，$a \in A$, $b \in B$ から作られる組 (a, b) と，$a' \in A$, $b' \in B$ から作られる組 (a', b') が**等しい**とは，$a = a'$ かつ $b = b'$ であるときをいい，このことを $(a, b) = (a', b')$ と書き表わします：

$$(a, b) = (a', b') \overset{\text{def}}{\iff} a = a' \text{ かつ } b = b'.$$

元の並び順を込めて考えていることを強調したいとき，組 (a, b) を a と b との**順序対**（ordered pair）と呼びます．A の元と B の元との順序対をすべて集めて得られる集合を $A \times B$ と書き表わします：

$$A \times B = \{(a, b) \mid a \in A \text{ かつ } b \in B\}.$$

この集合を A と B の**直積集合**（direct product）といいます．A, B のうち一方が空集合の場合には，$A \times B = \varnothing$ と約束します．

$A = B$ のときには，直積集合 $A \times B$ を A^2 と書くことがあります．特に，A が数の集合のときこの記法はよく使われます．例えば，$\mathbb{R}^2$ は直積集合

$$\mathbb{R}^2 = \{(a, b) \mid a \in \mathbb{R}, \; b \in \mathbb{R}\}$$

を表わします[13]．直積集合 $\mathbb{R}^2$ は，$(a, b) \in \mathbb{R}^2$ に座標が (a, b) で与えられる座標平面上の点 P を対応させることにより，座標平面と同一視できます．

---

[13] 線形代数学においては，行列との積の相性を考慮して，順序対を縦に数を並べて表わすことが多く，$\mathbb{R}^2$ は通常

$$\mathbb{R}^2 = \left\{ \begin{pmatrix} a \\ b \end{pmatrix} \;\middle|\; a \in \mathbb{R}, \; b \in \mathbb{R} \right\}$$

を表わします．

演習 9-3 $A = \{1, 2\}$ と $B = \{1, 2, 3\}$ について，元を書き並べる方法によって，直積集合 $A \times B$ を書き表わしなさい．

● べき集合

集合 X に対し，その部分集合全体からなる集合を考えることができます．これを X の**べき集合**（power set）といい，$\mathcal{P}(X)$ または 2^X という記号で書き表わします．

例 9-5 $X = \{1, 2, 3\}$ のとき，X のべき集合 $\mathcal{P}(X)$ は次のようになる．
$$\mathcal{P}(X) = \{\varnothing, \{1\}, \{2\}, \{3\}, \{1, 2\}, \{2, 3\}, \{1, 3\}, \{1, 2, 3\}\}.$$

X が n 個の元からなる集合のとき，べき集合 $\mathcal{P}(X)$ は 2^n 個の元からなります．2^X という奇妙な記号は，この事実に由来しています．

● 集合族

集合を元とする空でない集合のことを**集合族**（family of sets）といいます．特に，集合 X に対して，べき集合 $\mathcal{P}(X)$ の空でない部分集合は集合族です．このような集合族を X の**部分集合族**（family of subsets）と呼びます．

例 9-6

（1）空集合だけからなる集合 $\{\varnothing\}$ や $\{\{1, 2\}, \{1, 3\}, \{4\}\}$ は集合族である．

（2）$\mathbb{R}$ の部分集合全体からなる集合，すなわち，べき集合 $\mathcal{P}(\mathbb{R})$ は $\mathbb{R}$ の部分集合族である．また，各自然数 n について，$\mathbb{R}$ の閉区間 $I_n = \left[-\dfrac{1}{n}, \dfrac{1}{n}\right]$ を考える．このとき，集合 $\{I_n \mid n \in \mathbb{N}\}$ は $\mathbb{R}$ の部分集合族である．

● 集合族に対する共通集合と和集合

さきほど，2 つの集合 A, B の共通集合と和集合を定義しましたが，同様にして n 個の集合 $A_1, A_2, \cdots, A_n$ に対して共通集合 $\bigcap_{k=1}^{n} A_k$ と和集合 $\bigcup_{k=1}^{n} A_k$ を定義することができます：

$$\bigcap_{k=1}^{n} A_k = \{x \mid x \in A_1 \text{ かつ } x \in A_2 \text{ かつ } \cdots \text{ かつ } x \in A_n\}$$
$$= (\text{どの集合 } A_k \ (k = 1, \cdots, n) \text{ にも属する元全体からなる集合})$$
$$= \{x \mid \text{すべての } k \in \{1, \cdots, n\} \text{ に対して } x \in A_k \text{ である}\}$$

$$\bigcup_{k=1}^{n} A_k = \{x \mid x \in A_1 \text{ または } x \in A_2 \text{ または } \cdots \text{ または } x \in A_n\}$$
$$= (\text{少なくともどれか 1 つの } A_k \ (k=1,\cdots,n) \text{ に属する}$$
$$\text{元全体からなる集合})$$
$$= \{x \mid \text{ある } k \in \{1,\cdots,n\} \text{ に対して } x \in A_k \text{ である}\}$$

共通集合 $\bigcap_{k=1}^{n} A_k$ を $A_1 \cap A_2 \cap \cdots \cap A_n$, 和集合 $\bigcup_{k=1}^{n} A_k$ を $A_1 \cup A_2 \cup \cdots \cup A_n$ と表わすことがあります.

まったく同様に,各自然数 $n \in \mathbb{N}$ に対して集合 A_n が定められているとき,これらの共通集合 $\bigcap_{n=1}^{\infty} A_n$ と和集合 $\bigcup_{n=1}^{\infty} A_n$ が定義されます.

例 9-7 例 9-6 (2) の集合族 $\{I_n \mid n \in \mathbb{N}\}$ に対して,

$$\bigcap_{n=1}^{\infty} I_n = \{0\}, \qquad \bigcup_{n=1}^{\infty} I_n = [-1,1]$$

となる.

演習 9-4 例 9-7 の等号が成り立つ理由を答えなさい. (感覚的な説明で構いません. 厳密な証明は次のトレーニングで扱います.)

より一般に,集合族 $\mathcal{S}$ に対して,共通集合 $\bigcap_{A \in \mathcal{S}} A$ と和集合 $\bigcup_{A \in \mathcal{S}} A$ が次のように定義されます:

$$\bigcap_{A \in \mathcal{S}} A = \{x \mid \text{すべての } A \in \mathcal{S} \text{ に対して } x \in A \text{ である}\}$$
$$= (\text{どの集合 } A \in \mathcal{S} \text{ にも属する元全体からなる集合}),$$
$$\bigcup_{A \in \mathcal{S}} A = \{x \mid \text{ある } A \in \mathcal{S} \text{ に対して } x \in A \text{ である}\}$$
$$= (\text{少なくともどれか 1 つの } A \in \mathcal{S} \text{ に属する元全体からなる集合}).$$

$\mathcal{S} = \{A_1,\cdots,A_n\}$ の場合, $\bigcap_{A \in \mathcal{S}} A = \bigcap_{k=1}^{n} A_k$, $\bigcup_{A \in \mathcal{S}} A = \bigcup_{k=1}^{n} A_k$ となり, $\mathcal{S} = \{A_n \mid n \in \mathbb{N}\}$ の場合, $\bigcap_{A \in \mathcal{S}} A = \bigcap_{n=1}^{\infty} A_n$, $\bigcup_{A \in \mathcal{S}} A = \bigcup_{n=1}^{\infty} A_n$ となります.

トレーニング 10

集合が等しいことの証明

　2つの数や式が等しいことを証明するときには，= で結んでいって証明することが基本です．2つの集合が等しいことを証明するときにも，そのような方針で証明する方法があります．しかし，集合の相等の定義によれば，2つの集合 A と B に対して $A = B$ であることを証明するには，「含む・含まれる」の両方，すなわち，$A \subset B$ と $A \supset B$ の両方を証明する必要があるわけで，$A = B$ を証明する際にこのことをしっかり意識することが大切です．ここでは，「含む・含まれる」の両方を証明するという証明方法をたくさんの例を通して学びます．

● **集合の相等**（復習；トレーニング 5，トレーニング 9 参照）

　まず，次のことを思い出しましょう．A と B を集合とするとき，
- $B \subset A$（または $A \supset B$）$\overset{\text{def}}{\iff}$ 「$x \in B$ ならば $x \in A$」
- $B = A \overset{\text{def}}{\iff}$ 「$B \subset A$ かつ $B \supset A$」

例 10-1　$A = \{3m + 2n \mid m, n \in \mathbb{Z}\}$ と定めるとき，$A = \mathbb{Z}$ であることを証明しなさい．

解　$A \subset \mathbb{Z}$ と $\mathbb{Z} \subset A$ の2つを示せばよい．

（1）$A \subset \mathbb{Z}$ であること：
A の定め方から，A のすべての元は整数である．よって，$A \subset \mathbb{Z}$ が成り立つ．

（2）$\mathbb{Z} \subset A$ であること：
$r \in \mathbb{Z}$ を任意にとる．r は
$$r = 3 \cdot r + 2 \cdot (-r)$$
と書き表わすことができる．$m = r, n = -r$ とおくと，これらは確かに整数なので，$r = 3m + 2n \in A$ がわかる．よって，$\mathbb{Z} \subset A$ も示された．

(1)と(2)から，$A = \mathbb{Z}$ が示された． □

演習 10-1 集合 A と集合 B をそれぞれ
$$A = \left\{ \frac{1}{x^2 + 1} \,\middle|\, x \in \mathbb{R} \right\}, \qquad B = \{ x \in \mathbb{R} \mid 0 < x \leq 1 \}$$
によって定義します．このとき，$A = B$ であることを証明しなさい．

注意 集合を習いたてのときに，比較的多くの人がしてしまう誤りがあります．ここで注意喚起の意味も含めて，どのような誤りなのかを紹介します．

集合 $A = \{ a \in \mathbb{R} \mid a^2 < 6a \}$ と集合 $B = \{ b \in \mathbb{N} \mid |b-3| < 3 \}$ が与えられているとし，この2つの集合が等しいことを示したかったとしましょう．$A \subset B$ と $B \subset A$ の両方を示すことになります．今，$A \subset B$ の証明を書きたかったとします．このとき，「$a^2 < 6a$ より $a^2 - 6a < 0$ である．両辺に 9 を加えて……」のように書いてしまう人がいます．この証明の書き方は正しくありません．何がまずいのかというと，証明が「$a^2 < 6a$ より」で開始されている点です．「$a^2 < 6a$ より」は，「a は $a^2 < 6a$ を満たすので」という意味です．ということは，このように書いた時点で書き手と読み手が，文字 a が何を表わすかを共有していなければならないのですが，それがどこにも宣言されていないので，それは不可能です．この文よりも前に「$a \in A$ とすると」と書く必要があります．

この問題に限らず，集合 X が $X = \{ x \mid x$ は○○○を満たす$\}$ という形で与えられている場合，x が○○○を満たすことは当然であるかのように，何の断りもなく文字 x を使う人がいますが，これはダメです．X の右辺の中の x は集合 X がどのような元を集めたものなのかを記述するために使ったにすぎず，x と書けば X の元であるというような約束をしているわけではないからです．「$x \in X$ とすると」という前提を書いて初めて x が意味を持つということを忘れないようにしましょう．

● ∩ と ∪ に関する性質

集合に対して ∩ や ∪ をとる操作は次の性質を持っています．

定理 10-2 A, B, C を集合とするとき，次が成り立つ．
(1) $A \cap B \subset A, \quad A \cap B \subset B,$
$A \subset A \cup B, \quad B \subset A \cup B.$

> （2）（べき等律） $A \cap A = A$, $A \cup A = A$.
> （3）（交換律） $A \cap B = B \cap A$, $A \cup B = B \cup A$.
> （4）（結合律）
> $(A \cap B) \cap C = A \cap (B \cap C)$, $(A \cup B) \cup C = A \cup (B \cup C)$.
> （5）（分配律）
> $A \cap (B \cup C) = (A \cap B) \cup (A \cap C)$,
> $A \cup (B \cap C) = (A \cup B) \cap (A \cup C)$.

上の定理は，記号 $\cap, \cup, =$ の定義からただちに証明することができますが，分配律だけは少し面倒なので，(5) の 1 番目の等式を証明しておきましょう（2 番目の等式は演習問題とします）．

例 10-3 $A \cap (B \cup C) = (A \cap B) \cup (A \cap C)$ を証明しなさい．

解
（ i ） $A \cap (B \cup C) \subset (A \cap B) \cup (A \cap C)$
（ii） $(A \cap B) \cup (A \cap C) \subset A \cap (B \cup C)$
の 2 つを証明すればよい．

(i) の証明 $x \in A \cap (B \cup C)$ を任意にとる．このとき，

　　　　　（a） $x \in A$　　かつ　　（b） $x \in B \cup C$

が成り立つ．(b) より，$x \in B$ または $x \in C$ が成り立つ．

$x \in B$ の場合は，(a) と合わせて $x \in A \cap B$ であり，$x \in C$ の場合は，(a) と合わせて $x \in A \cap C$ である．定理 10-2 (1) より，

　　　$A \cap B \subset (A \cap B) \cup (A \cap C)$, $A \cap C \subset (A \cap B) \cup (A \cap C)$

であるから，$x \in B$ であっても $x \in C$ であっても $x \in (A \cap B) \cup (A \cap C)$ となる．よって，(i) が証明された．

(ii) の証明 $x \in (A \cap B) \cup (A \cap C)$ を任意にとる．このとき，

　　　　　（c） $x \in A \cap B$　　または　　（d） $x \in A \cap C$

が成り立つ．

(c) のとき，$x \in A$ かつ $x \in B \subset B \cup C$ となるので，$x \in A \cap (B \cup C)$ を得る．

(d)のとき，$x \in A$ かつ $x \in C \subset B \cup C$ となるので，$x \in A \cap (B \cup C)$ を得る．

(c)と(d)のいずれの場合にも $x \in A \cap (B \cup C)$ が示されたから，(ii)が証明された． □

演習 10-2* $A \cup (B \cap C) = (A \cup B) \cap (A \cup C)$ を証明しなさい．

● 補集合の性質

> **定理 10-4** 集合 X とその部分集合 A に対して，等式
> $$X - (X - A) = A$$
> が成り立つ．

証明 （1）$\subset$ の証明：任意に $x \in X - (X - A)$ をとると，補集合の定義より，$x \in X$ かつ $x \notin X - A$ である．ここで，もし，$x \notin A$ であったとすると，補集合の定義より，$x \in X - A$ となり，矛盾が生じる．したがって，$x \in A$ であることが示された．

（2）$\supset$ の証明：任意に $x \in A$ をとる．すると，$x \in X$ かつ $x \notin X - A$ である．なぜならば，もし，$x \in X - A$ であったとすると，補集合の定義より $x \notin A$ となり，矛盾が生じるからである．したがって，$x \in X - (X - A)$ であることが示された．

(1), (2)より，定理の等式は証明された． □

注意 定理の等式は補集合の記号を使うと，$(A^c)^c = A$ と書き表わすことができます．

演習 10-3 集合 X とその部分集合 A, B に対して，
$$A \subset B \iff X - A \supset X - B$$
が成り立つことを証明しなさい．

（ヒント：「$\iff$」を証明するには「$\implies$」と「$\impliedby$」の両方が成り立つことを証明します．この演習問題の場合には次の2つを証明します．

（1）$A \subset B$ が成り立つと仮定すると，$X - A \supset X - B$ が成り立つ．

（2）$X - A \supset X - B$ が成り立つと仮定すると，$A \subset B$ が成り立つ．)

● ド・モルガンの法則（de Morgan's law）

命題に関するド・モルガンの法則は例 7-2 (1) で扱いました．これと同様のことが集合についても成り立ちます．

定理 10-5（ド・モルガンの法則） 集合 X とその部分集合 A, B に対して次が成り立つ．
 (1) $X - A \cap B = (X - A) \cup (X - B)$.
 (2) $X - A \cup B = (X - A) \cap (X - B)$.

証明 ここでは(2)を演習問題として残し，(1)のみを証明しよう．
 (i) $X - A \cap B \subset (X - A) \cup (X - B)$
 (ii) $(X - A) \cup (X - B) \subset X - A \cap B$ の 2 つを証明すればよい．

(i)の証明 $x \in X - A \cap B$ を任意にとる．このとき，$x \in X$ かつ $x \notin A \cap B$ である．ここで，$x \in X$ について，
$$x \notin A \cap B \iff x \notin A \text{ または } x \notin B$$
が成り立つので（∵ 命題「$P : x \in A$」と「$Q : x \in B$」についてド・モルガンの法則「$\overline{P \wedge Q} \iff \overline{P} \vee \overline{Q}$」を適用），$x \notin A$ と $x \notin B$ のうち，少なくとも一方が成り立つ．

$x \notin A$ の場合，$x \in X - A$ であり，$X - A \subset (X - A) \cup (X - B)$ であるから，$x \in (X - A) \cup (X - B)$ を得る．

$x \notin B$ の場合，$x \in X - B$ であり，$X - B \subset (X - A) \cup (X - B)$ であるから，$x \in (X - A) \cup (X - B)$ を得る．

いずれにしても，$x \in (X - A) \cup (X - B)$ であることがわかったので，(i) が証明された．

(ii)の証明 $x \in (X - A) \cup (X - B)$ を任意にとる．すると，$x \in X - A$ または $x \in X - B$ である．ここで，$A \cap B \subset A$ および $A \cap B \subset B$ であることから，
$$X - A \cap B \supset X - A, \quad X - A \cap B \supset X - B$$
が成り立つ（演習 10-3）．よって，$x \in X - A$ の場合，$x \in X - B$ の場合のいずれの場合にも，$x \in X - A \cap B$ となる．ゆえに，(ii) が証明された． □

演習 10-4* 定理 10-5 (2) を証明しなさい.

注意 定理 10-5 (2) は (1) と同様に証明することができますが，定理 10-4 の結果を用いて (1) から (2) を導くこともできます．逆に，定理 10-4 の結果を用いて (2) から (1) を導くこともできます．

● **集合族に対する共通集合と和集合およびド・モルガンの法則**

例 9-7 で述べたように，閉区間 $I_n = \left[-\dfrac{1}{n}, \dfrac{1}{n}\right]$ ($n = 1, 2, 3, \cdots$) に対して，

(10a) $$\bigcap_{n=1}^{\infty} I_n = \{0\}, \qquad \bigcup_{n=1}^{\infty} I_n = [-1, 1]$$

が成り立ちます．この等式が感覚的に正しいことは，演習 9-4 を考察した際に実感できていると思いますが，きちんとした証明はまだつけられていませんでした．ここで，集合の相等の定義に基づいた厳密な証明を与えましょう．ただし，共通部分の方は演習問題として残し，和集合の方のみ示すことにします．前者の証明にはトレーニング 4 で述べたアルキメデスの公理が必要になります．

例 10-6 閉区間 $I_n = \left[-\dfrac{1}{n}, \dfrac{1}{n}\right]$ ($n = 1, 2, 3, \cdots$) に対して，$\bigcup_{n=1}^{\infty} I_n = [-1, 1]$.

解 いつものように「⊂」と「⊃」の両方を示す．

- $\bigcup_{n=1}^{\infty} I_n \subset [-1, 1]$ の証明

任意に $x \in \bigcup_{n=1}^{\infty} I_n$ をとる．すると，x は $I_1, I_2, I_3 \cdots$ の中の少なくとも 1 つの集合には属している．I_n ($n \in \mathbb{N}$) が x を含んでいるとすると，I_n の定義から

$$-1 \leq -\dfrac{1}{n} \leq x \leq \dfrac{1}{n} \leq 1$$

が成り立つ．よって，$x \in [-1, 1]$ である．

- $\bigcup_{n=1}^{\infty} I_n \supset [-1, 1]$ の証明

$I_1 = [-1, 1]$ であるから，$[-1, 1] = I_1 \subset \bigcup_{n=1}^{\infty} I_n$ である．

以上により，$\bigcup_{n=1}^{\infty} I_n = [-1, 1]$ は証明された． □

演習 10-5 等号 $\bigcap_{n=1}^{\infty} \left[-\dfrac{1}{n}, \dfrac{1}{n} \right] = \{0\}$ が成り立つことを示しなさい．

集合 X の部分集合族 $\mathcal{S}$ に対して，定理 10-5 と類似の結果，すなわち，ド・モルガンの法則 が成り立ちます：
$$X - \bigcap_{A \in \mathcal{S}} A = \bigcup_{A \in \mathcal{S}} (X - A), \quad X - \bigcup_{A \in \mathcal{S}} A = \bigcap_{A \in \mathcal{S}} (X - A).$$
意欲のある人は，次のトレーニング 11 を学んだ後，定理 10-5 の証明を参考に，証明をきちんと書いてみるとよいでしょう．

● 同値変形による証明方法

2 つの集合が等しいことを証明する方法として，同値変形による証明方法があります．その証明方法を簡単に説明しましょう．

集合 A と B が集合 X の部分集合であって，それぞれが
$$A = \{\, x \in X \mid x \text{ は } P(x) \text{ を満たす}\,\},$$
$$B = \{\, x \in X \mid x \text{ は } Q(x) \text{ を満たす}\,\}$$
という形で与えられているとします．このとき，$x \in X$ に対して「$P(x) \iff Q(x)$」となることを同値変形により証明することで，$A = B$ を示すことができます．定理 10-5 (1) を今述べた方法で証明してみましょう．

例 10-7（定理 10-5 (1) の再掲）集合 X とその部分集合 A, B に対して，等式
$$X - A \cap B = (X - A) \cup (X - B)$$
が成り立つ．

証明 $x \in X$ に対して
$x \in X - A \cap B$
$\iff x \in X$ かつ $x \notin A \cap B$
$\iff x \in X$ かつ $(x \notin A$ または $x \notin B)$
$\iff (x \in X$ かつ $x \notin A)$ または $(x \in X$ かつ $x \notin B)$
$\iff x \in X - A$ または $x \in X - B$

$$\iff x \in (X-A) \cup (X-B)$$

が成り立つ．これより，$x \in X$ に対して $x \in X - A \cap B$ であることと $x \in (X-A) \cup (X-B)$ であることとは同値である．したがって，$X - A \cap B = (X-A) \cup (X-B)$ が示された． □

　同値変形による証明方法を使うときは，初学者は特に慎重にする必要があります．というのは，初学者は $\Longrightarrow$ のみに意識が集中し，$\Longleftarrow$ が成り立つか否かをよく吟味せず，$\iff$ を使ってしまいがちだからです．また，最初から同値変形での証明が思いつくというよりは，いったん，$P(x) \Longrightarrow \triangle\triangle\triangle \Longrightarrow \cdots\cdots \Longrightarrow \bigcirc\bigcirc\bigcirc \Longrightarrow Q(x)$ という形で証明を書いてみたあと，各段階をよく吟味してみると逆からもたどれることがわかり，結果として同値変形で証明できた，ということが結構あります．このような理由から，まずは，「含む・含まれる」の両方を証明するという証明方法を十分マスターしたあと，同値変形による証明方法を学ぶことをお勧めします．

トレーニング 11

述語論理

数学における定理や定義は"すべての~について…であるような—が存在する"という形で記述されることが少なくありません．ここでは，このような形をした命題の真偽の判定の仕方を学びます．

● 命題関数

文字 x に関する次の条件を考えてみましょう．

$$P(x): x+3 < 7 \quad (x+3 \text{ は } 7 \text{ より小さい})$$

これ自体は命題ではありませんが，$P(x)$ における x のところに，$1, \sqrt{2}, -\dfrac{3}{4}$ などの具体的な数 x_0 を当てはめると命題 $P(x_0)$ が得られるので，この $P(x)$ は x を変数とし，"値が命題"であるような"関数"とみることができます．

一般に，x についての条件 $P(x)$ が集合 X を定義域とする**命題関数**（propositional function）であるとは，$P(x)$ における x のところに，X の元 x_0 を代入して得られる文 $P(x_0)$ が，すべての $x_0 \in X$ について命題となるときをいいます．x をその命題関数の（X 内を動く）変数と呼びます．変数 x は好きな文字に変えても構いません．一方，同じ条件であっても，定義域が異なっていれば，異なる命題関数と考えます．これは，命題関数を x についての条件 $P(x)$ とその定義域 X との組 $(P(x), X)$ としてとらえるということです．例えば，$P(x): x+3 < 7$ の定義域として，実数全体 $\mathbb{R}$ を採用する命題関数と，整数全体 $\mathbb{Z}$ を採用する命題関数は異なった命題関数です．

演習 11-1 自然数全体 $\mathbb{N}$ を定義域とする，次のような命題関数 $P(n)$ を考える．

$$P(n): n \text{ は偶数である} \;\Rightarrow\; \dfrac{n^2}{4} \text{ は偶数である}.$$

$P(n_0)$ が真であるような $\mathbb{N}$ の元 n_0 全体からなる集合 T_P を求めなさい．

● 全称命題と存在命題

集合 X を定義域とする命題関数 $P(x)$ が与えられると，次のような 2 つの命題を作ることができます．

（1） すべての $x \in X$ について $P(x)$ である．
（2） ある $x \in X$ について $P(x)$ である．

(1)の形の命題を**全称命題**（universal proposition）といい，(2)の形の命題を**存在命題**（existential proposition）といいます．全称命題は記号で

(11a) $$\forall x \in X, \; P(x)$$

と書き表わします．授業では "$P(x)$ for $^{\forall}x \in X$" や "$P(x)$ for all $x \in X$" のように書かれることもあります．全称命題 (11a) を "任意の $x \in X$ に対して，$P(x)$ である" とか "どのような $x \in X$ に対しても，$P(x)$ である" と読むこともあります．

全称命題 "$\forall x \in X, \; P(x)$" が真であるのは，X のどのような元 x_0 に対しても $P(x_0)$ が真であるときであり，全称命題 "$\forall x \in X, \; P(x)$" が偽であるのは，$P(x_0)$ が偽であるような $x_0 \in X$ が少なくとも 1 つ存在するときです（このように全称命題の真偽を定義します）．

一方，存在命題は記号で

(11b) $$\exists x \in X \text{ s.t. } P(x)$$

と書き表わします．授業では "$P(x)$ for $^{\exists}x \in X$" や "$P(x)$ for some $x \in X$" のように書かれることもあります．存在命題 (11b) を "ある $x \in X$ が存在して，$P(x)$ である" とか，"$P(x)$ であるような $x \in X$ が存在する" と読むこともあります．

存在命題 "$\exists x \in X \text{ s.t. } P(x)$" が真であるのは，$P(x_0)$ が真であるような元 $x_0 \in X$ が少なくとも 1 つ存在するときであり，存在命題 "$\exists x \in X \text{ s.t. } P(x)$" が偽であるのは，$X$ のどのような元 x_0 に対しても $P(x_0)$ が偽であるときです（このように存在命題の真偽を定義します）．

全称命題と存在命題の真偽は，定義域である集合 X に依存する，ということに注意しましょう．

例 11-1 文字 n に関する条件

$$P(n): n \text{ は素数である}$$

を考える．各自然数 $n_0 \in \mathbb{N}$ に対し，$P(n_0)$ は命題となる．$\mathbb{N}$ の部分集合 A, B を
$$A := \{n \in \mathbb{N} \mid n \text{ は偶数}\}, \quad B := \{2, 3, 5, 7, 11, 13\}$$
と定める．

（1） 全称命題 "$\forall n \in A, P(n)$" は偽であり，存在命題 "$\exists n \in A$ s.t. $P(n)$" は真である．

（2） 全称命題 "$\forall n \in B, P(n)$" は真であり，存在命題 "$\exists n \in B$ s.t. $P(n)$" も真である．

解 （1） 4 は偶数なので集合 A に属しているが，素数ではないので，$P(4)$ は偽である．したがって，全称命題 "$\forall n \in A, P(n)$" は偽である．一方，$2 \in A$ は素数なので，$P(2)$ は真である．したがって，存在命題 "$\exists n \in A$ s.t. $P(n)$" は真である．

（2） 集合 B は自然数 $2, 3, 5, 7, 11, 13$ からなっており，そのいずれも素数である．つまり，命題 $P(2), P(3), P(5), P(7), P(11), P(13)$ はいずれも真である．したがって，全称命題 "$\forall n \in B, P(n)$" は真である．特に，B の元 2 について $P(2)$ は真であるから，存在命題 "$\exists n \in B$ s.t. $P(n)$" も真である．□

演習 11-2* 文字 x に関する条件
$$P(x): -7 \leq x + 3 < 7$$
を考える．各実数 $x_0 \in \mathbb{R}$ に対し，$P(x_0)$ は命題となる．

$A = \{x \in \mathbb{R} \mid x > 0\}$ とおくとき，全称命題 "$\forall x \in A, P(x)$" と存在命題 "$\exists x \in A$ s.t. $P(x)$" のそれぞれについて，真であるか偽であるかを判定しなさい．

● 「任意」と「存在」が混在する命題

次の 2 つの命題を考えてみましょう．
$$P: \ \forall x \in [-1, 1], \exists y \in \mathbb{R} \ \text{ s.t. } \ x^2 + y^2 = 1,$$
$$Q: \ \exists y \in \mathbb{R} \ \text{ s.t. } \forall x \in [-1, 1], \ x^2 + y^2 = 1.$$

この 2 つの命題 P と Q は，見かけはよく似ていますが，まったく違う内容の命題です．実際，P は，

「任意の実数 $x \in [-1,1]$ に対して，
"$x^2 + y^2 = 1$ であるような実数 y が存在する"」

ということを意味する命題ですが，Q は，

「"任意の実数 $x \in [-1,1]$ に対して，
$x^2 + y^2 = 1$ である" ような実数 y が存在する」

ということを意味する命題です．その違いは，P における y は $x \in [-1,1]$ の選び方によって変わってもよいのに対し，Q における y は x に無関係でなければならないところにあります．

* * *

まだ慣れていない人のために，命題の意味の読み取り方を復習しておきます．

論理記号を使って書かれた命題は，英語の文を記号化したものなので，左から順に読んでいきます．

最初に命題 P について説明します．

$$P: \quad \underbrace{\forall x \in [-1,1],}_{\substack{\text{集合 }[-1,1]\text{ に}\\ \text{属する任意の}\\ \text{元 }x\text{ に対して}}} \quad \underbrace{\exists y \in \mathbb{R}}_{\substack{\text{実数 }y\text{ が}\\ \text{存在する}}} \quad \text{s.t.} \quad \underset{\underset{y\text{ が満たすべき条件}}{\uparrow}}{x^2 + y^2 = 1}$$

命題 P は "$\forall x \in [-1,1]$" で始まっているので，"集合 $[-1,1]$ に属する任意の元 x に対して"，つまり，"集合 $[-1,1]$ の中から元 x を任意にとったときに"「これこれしかじか」であるということを主張する命題であることがわかります．その次に書かれている "$\exists y \in \mathbb{R}$" は，どういうものかはわからないが何か実数 y が存在する，ということを意味しています．そして，それに続く "s.t."="such that" 以下で，その実数 y の満たすべき条件が述べられています．今の場合は "$x^2 + y^2 = 1$" と書かれていますから，"$\exists y \in \mathbb{R}$ s.t. $x^2 + y^2 = 1$" で "$x^2 + y^2 = 1$ を満たすような実数 y が存在する" という意味になります．結局，P は
どのような $x \in [-1,1]$ に対しても "$x^2 + y^2 = 1$ を満たすような実数 y が存在する" ということを意味する命題であることがわかります．

次に命題 Q について説明します．

$$Q: \quad \underbrace{\exists y \in \mathbb{R}}_{\substack{\| \\ (\text{実数 } y \text{ が存在する})}} \quad \text{s.t.} \quad \overset{\uparrow}{\underline{\forall x \in [-1,1], \quad x^2 + y^2 = 1}}$$

$$\begin{array}{c} y \text{ が満たすべき条件} \\ \| \\ \begin{pmatrix} \text{集合 } [-1,1] \text{ に属する任意の元} \\ x \text{ に対して } x^2 + y^2 = 1 \text{ である} \end{pmatrix} \end{array}$$

命題 Q は "$\exists y \in \mathbb{R}$" で始まっているので,どういうものかわからないがとにかく実数 y が存在する,ということを主張していることがわかります.その次に "s.t." とあるので,その実数 y というのは,"s.t." 以下の条件を満たすものであることがわかります.今の場合,"s.t." 以下には

"$\forall x \in [-1,1], \ x^2 + y^2 = 1$"
(="$[-1,1]$ に属するすべての x に対して $x^2 + y^2 = 1$ である")

と書かれていますから,すべてをつなげて,Q は
"$[-1,1]$ に属するすべての x に対して $x^2 + y^2 = 1$ である" ような実数 y が存在するということを主張する命題であることがわかります.

* * *

例 11-2 上で述べた 2 つの命題

$$P: \ \forall x \in [-1,1], \ \exists y \in \mathbb{R} \ \text{s.t.} \ x^2 + y^2 = 1,$$
$$Q: \ \exists y \in \mathbb{R} \ \text{s.t.} \ \forall x \in [-1,1], \ x^2 + y^2 = 1$$

について,

P は真の命題である.一方,Q は偽の命題である.

解 P が真であることを示す.そのためには,$x_0 \in [-1,1]$ を任意に 1 つ取ったときに,

$$\exists y \in \mathbb{R} \ \text{s.t.} \ x_0^2 + y^2 = 1$$

が成り立つことを示せばよい.

$x_0^2 + y^2 = 1$ を y に関して解くと,$y = \pm\sqrt{1 - x_0^2}$ である.そこで,

$$y_0 := \sqrt{1 - x_0^2}$$

とおくと,$-1 \leq x_0 \leq 1$ により,y_0 は実数になり,$x_0^2 + y_0^2 = 1$ を満たしていることがわかる.よって,P は真の命題である.

Q が偽の命題であることを示す．そのためには，

$$(*) \qquad \forall x \in [-1,1],\ x^2 + y_0^2 = 1$$

を満たす $y_0 \in \mathbb{R}$ が存在しないことを示せばよい．これを背理法で示そう．

$(*)$ を満たす $y_0 \in \mathbb{R}$ が存在すると仮定する．すると，$(*)$ は $x = 1$ のときにも $x = 0$ のときにも成り立つことになるので，$1^2 + y_0^2 = 1$ と $0^2 + y_0^2 = 1$ が同時に成り立たなければならない．

$1^2 + y_0^2 = 1$ を解くことにより $y_0 = 0$ であることがわかる．一方，$0^2 + y_0^2 = 1$ を解くことにより $y_0 = 1$ かまたは $y_0 = -1$ であることがわかる．$y_0 = 1$ であっても $y_0 = -1$ であっても 0 でないことには変わりがない．ここに，$y_0 = 0$ であるということと $y_0 \neq 0$ であるということが同時に成立することになり，矛盾が生じた．よって，背理法の仮定は誤りであり，$(*)$ を満たす $y_0 \in \mathbb{R}$ は存在しないことがわかった． □

上の例でわかるように，"$\forall$" と "$\exists$" が混在する命題では，その順番が大切です．順番を入れ換えてしまうと，まったく違った意味の命題になってしまいます．"$\forall$" と "$\exists$" が混在する命題を読み書きするとき，$\exists$ と $\forall$ の順番をむやみに入れ換えないように気をつけましょう．

演習 11-3* 次の2つの命題 $P,\ Q$ のそれぞれについて，その真偽を判定しなさい．

$$P : \forall x > 0,\ \exists y \in \mathbb{R}\ \text{s.t.}\ xy \geq 1.$$
$$Q : \exists x \in \mathbb{R}\ \text{s.t.}\ \forall y > 0,\ x > y.$$

トレーニング 12
定義と定理の構造

　ここでは，定義や定理の読み取り方の練習をします．ここでの練習は，定義や定理の内容の理解を深めるばかりでなく，ゼミナールや発表会などでプレゼンテーションを行う際にも役立ちます．

　「集合 X に属するすべての x に対して（〜である）」という主張は "$\forall x \in X$" で表わし，「○○が存在する」という主張は "$\exists$○○" で表わすということを思い出しましょう．また，2つの主張 P, Q が同じ内容であることを "$P \iff Q$" と表わし，特に，定義を書くときには記号 "$\overset{\text{def}}{\iff}$" を用いるのでした．

● 定義の構造

　数学における定義は，ほとんどの場合，「初期設定（前提条件）」「新しい用語の提示」「用語の意味を決定するための条件」の3つの部分に分けられます．専門書や板書でこれら3つの部分を明確に分けて書くことは少ないのですが，定義が主張している内容を正しく読み取るには，この3つの部分をきちんと分けてとらえることが大切です．

　例 12-1「零ベクトルでない2つの平面ベクトル $\vec{a}, \vec{b}$ に対して，$\vec{b} = t\vec{a}$ となる実数 t が存在するとき，$\vec{a}$ と $\vec{b}$ は平行（parallel）であると呼ばれる．」

　上の文は「平行」という概念を定義しています．この場合，「初期設定」「用語の提示」「用語の決定条件」はそれぞれ次のようになります．

　　　初期設定：$\vec{a}, \vec{b}$ を零ベクトルでない平面ベクトルとする．
　　　用語提示：$\vec{a}, \vec{b}$ が平行である．
　　　決定条件：$\vec{b} = t\vec{a}$ となる実数 t が存在する．

　これを記号 $\overset{\text{def}}{\iff}$ と $\exists$ を使って，次のように表現することができます．

$\vec{a}, \vec{b}$ を零ベクトルでない 2 つの平面ベクトルとする．このとき，
$\vec{a}$ と $\vec{b}$ は平行である $\overset{\text{def}}{\iff}$ $\exists t \in \mathbb{R}$ s.t. $\vec{b} = t\vec{a}$．

ここで，平行という単語に引かれた下線は太字の代用です．ノートや板書では太字で書くのは大変なので，強調するために下線を引いたりしますが，その表現法を取り入れました．

ところで，単に「平行」というだけでは意味をなさないことに注意する必要があります．上で定義しているのは，2 つのベクトルが平行ということです．

上の例のように，定義に書かれた文を 3 つの部分に分けることにより，新たに導入された用語が何に対するものなのか，考えている理論のどこに位置しているのか（もう少しくだけた言い方をすれば，その単語がどのような"環境"の中で意味を持つのか）を明確にさせることができます．このことが概念を理解する際にとても重要なのです．

演習 12-1* 次の文は約数の定義を述べています．この文を「初期設定」「用語の提示」「用語の決定条件」の 3 つの部分に分けなさい．さらに，それを $\overset{\text{def}}{\iff}$ などの記号を使って表現し直しなさい．

「$a, b \in \mathbb{Z}$, $a \neq 0$ とする．$b = ac$ となる $c \in \mathbb{Z}$ が存在するとき，a は b の約数（divisor）であると呼ばれる．」

● 定理の構造

数学における定理は，「前提（初期設定を含む）」と「結論」の 2 つからなり，ほとんどの場合，「（前提）$\implies$（結論）」（if ～, then …）という構造をしています．定理の内容が複雑になると，前提部分は，さらに，「初期設定（大前提）」と「仮定（小前提）」の 2 つの部分に分けられます（が，その境目はあまり明確ではありません）．定理の主張している内容を正しく読み取るには，前提部分と結論部分をきちんと分けてとらえることが必要です．

例 12-2（定理）「正多面体は，正 4 面体，立方体，正 8 面体，正 12 面体，正 20 面体の 5 種類に限られる．」

この定理の「前提」と「結論」は次のようになります．

前提：T を正多面体とする．

結論：T は正 4 面体，または，立方体，または，正 8 面体，または，
正 12 面体，または，正 20 面体である．

上の定理は，記号 : や $\implies$ などを使った簡略化された表現では，次のように表わされます．

T：正多面体 $\implies$ T は正 4 面体，立方体，正 8 面体，
正 12 面体，正 20 面体のいずれかである．

演習 12-2* 次の命題を「前提」と「結論」の 2 つの部分に分けなさい．さらに，記号 : や $\implies$ などを使って，簡略化した表現に直しなさい．

すべての奇数 n について $11n^2 - 7$ は 4 で割り切れる．

例 12-3（定理）「集合 X の部分集合 A, B に対して，A が B に含まれるならば 補集合 $X - B$ は $X - A$ に含まれる．」

この定理の「初期設定」「仮定」「結論」は次のようになります．

初期設定：X を集合とし，A, B を X の部分集合とする．
仮定：A が B に含まれる．
結論：$X - B$ は $X - A$ に含まれる．

上の定理を記号を使って簡略化した表現に直すと例えば次のように表わすことができます：

X：集合, A, B：X の部分集合 とする．このとき，
$$A \subset B \implies X - A \supset X - B.$$

演習 12-3 次の命題を「初期設定」「仮定」「結論」の 3 つの部分に分けなさい．さらに，この命題を記号 : や $\implies$ などを使って簡略した表現に直しなさい．
「a を実数の定数とする．$\mathbb{R}$ 上で定義された関数 $f(x)$ が連続で，$f(1) = a$ かつ任意の実数 x, y に対して $f(x+y) = f(x) + f(y)$ を満たすならば，関数 $f(x)$ は関数 $g(x) = ax$ $(x \in \mathbb{R})$ に等しい．」

定理の中には必要十分を主張するものがあります．この場合，定理の構造は「前提（初期設定を含む）」と「2 個以上の同値な命題」の 2 つの部分に分けられます．

例 12-4（定理）「複素数 α が実数であるためには，α の虚部 $\mathrm{Im}\,\alpha$ が 0 であることが必要十分であり，さらにまた，α の共役複素数 $\overline{\alpha}$ が α に等しいことが必要十分である．」

注意 複素数 α を $\alpha = a + bi\ (a, b \in \mathbb{R})$ と書いたとき，α の虚部 $\mathrm{Im}\,\alpha$ とは b のことです．また，α の共役複素数 $\overline{\alpha}$ とは $\overline{\alpha} = a - bi$ により与えられる複素数のことです．これらのことを含め，複素数に関してはトレーニング 14 で詳しく学びます．

上の定理の場合，「前提」と「3 つの同値な命題」からなり，それらは次で与えられます．

> 初期設定：α を複素数とする．
> 命題(1)：α は実数である．
> 命題(2)：$\mathrm{Im}\,\alpha = 0$．
> 命題(3)：$\overline{\alpha} = \alpha$．

この定理は，次のように同値な条件を箇条書きにするとわかりやすくなります．

> 複素数 α に対して，次の $(1), (2), (3)$ は同値である．
> （1） α は実数である．
> （2） $\mathrm{Im}\,\alpha = 0$．
> （3） $\overline{\alpha} = \alpha$．

同値な命題が 2 個の場合には，記号 $\iff$ を使って書いてもよいでしょう．例えば，「複素数 α が実数であるためには，α の共役複素数が α に等しいことが必要十分である」という主張は次のように書くことができます．

> 複素数 α に対して，
> $$\alpha \in \mathbb{R} \iff \overline{\alpha} = \alpha.$$

● 「〜を持つ」「〜できる」という型の定義や定理

定義や定理の主張には，「〜を持つ」「〜のように表わすことができる」というタイプのものがあります．このタイプの主張は「〜が存在する」という表現に書き換えることができます．

例 12-5 $p \in \mathbb{N}$ が**素数** (prime number) であるとは,$p \neq 1$ であって,1 と p 自身以外に正の約数を持たないときをいう.1 でも素数でもない自然数を**合成数** (composite number) という.上の文では「素数」「合成数」という概念を定義しています.

(1) 素数の定義については,「初期設定」「用語の提示」「用語の決定条件」はそれぞれ次のようになります.

> 初期設定:$p \in \mathbb{N}$ とする.
> 用語提示:p は<u>素数</u>である.
> 決定条件:p は 1 と p 自身以外に正の約数を持たない.
>   ($= p$ の正の約数は 1 と p 以外には存在しない.)

(2) 合成数の定義を $\overset{\text{def}}{\iff}$ などの記号を使って表現し直すと,例えば,次のようになります.

> $p \in \mathbb{N}$ とする.このとき,
> p は<u>合成数</u>である $\quad \overset{\text{def}}{\iff} \quad p$ は 1 と p 自身以外に正の約数を持つ.
> $\qquad\qquad\qquad\qquad \iff \quad p$ の正の約数であって,
> $\qquad\qquad\qquad\qquad\qquad\quad$ 1 と p 自身以外のものが存在する.

演習 12-4 次の命題を「前提」「結論」の 2 つの部分に分けなさい.さらに,この命題を記号:や $\implies$ などを使って簡略化した表現に直しなさい.

$\qquad a, b, c$ が奇数のとき,$ax^2 + bx + c = 0$ は有理数解を持たない.

例 12-6

(1) 「p, q を相異なる素数とすると,任意の整数は $ap + bq\ (a, b \in \mathbb{Z})$ と表わされる.」

この主張は,$\exists$ や $\forall$ などの記号を使って次のように書き表わすことができます.

> p, q を相異なる素数とする.このとき,次が成り立つ:
> $\qquad \forall n \in \mathbb{Z},\ \exists a, b \in \mathbb{Z}\ \text{s.t.}\ n = ap + bq.$

(2) 「任意の自然数は 4 個の平方数の和で表わされる.」

この主張は，∃ や ∀ などの記号を使って次のように書き表わすことができます．

$$\forall n \in \mathbb{N}, \quad \exists p_1, p_2, p_3, p_4 \in \mathbb{N} \quad \text{s.t.} \quad n = p_1^2 + p_2^2 + p_3^2 + p_4^2.$$

演習 12-5* 次の命題を ∃ や ∀ などの記号を使って書き直しなさい．
「1 以外の任意の自然数 n は，有限個の素数の積に書き表わすことができる．」

【コラム】 セミナーにおける板書の仕方

　このトレーニングでは，定義や定理の内容を正確にとらえるために，それを「初期設定」や「用語の提示」「結論」などの部分に分解し，論理記号を用いて書き直す練習をしました．このような表現方法は，視覚的に分かりやすく，思考の整理の手助けになります．個人的に使用するノートを作成するときやゼミで発表する際に大いに活用しましょう．

　ゼミでは，一般に，発表者が黒板やホワイトボードに書きながら説明しますが，テキストのように文章で長々と書いてしまうと，聞き手に余計な負担をかけるだけでなく，注目すべきポイントがぼやけてしまいます．発表の際は誤解のない範囲で端的に書くことを心がけましょう．そのために，自分が理解するためのノートとは別に，**発表用のノートを作る**ことをお勧めします．発表用ノートは，

- 今回のゼミで自分はどんなことを伝えたいのか，
- それを伝えるためにどのように話の流れを構成すればよいか，

を明確にさせながら作ります．

　ノートを一部始終見ながら黒板に写すだけの板書はよくありません．長い沈黙は聞き手を退屈にさせます．すべてを書き終えてから説明するのではなく，**説明を適宜つけながら板書する**ようにしましょう．また，**発表用ノートは手元に持っていても構いませんが，それを見るのは，話の流れを確認したり，板書した条件に書き落としがないかどうかを確認するために，ときどき眺める程度**にしましょう．このような心がけや行動がゼミをよりいっそう有意義なものにしていくことでしょう．

　ここで書いたことは，個人的に使用するノートやセミナーでの板書に関するものです．論理自体を問題とする場合を除き，正式なレポートや（卒業）論文では，∀, ∃, ∧, ∨, ⇒ などの論理記号や ∵, ∴ などの記号は極力使わない方がよいでしょう．

トレーニング 13
数の四則演算と大小関係に関する性質

普段はあまり意識しませんが，私たちが数の計算をするときにはいろいろな法則を適用しながら行っています．そこで，四則演算と大小関係に関する実数の性質を調べましょう．また，自然数，整数，有理数，実数の間の違いと共通点も合わせて考察します．

● 実数の性質(1)——四則演算に関する性質

$\mathbb{R}$ においては 0 で割ることを除いて四則演算を自由に行うことができます．四則演算とは，和 $a+b$，差 $a-b$，積 $a \times b$，商 a/b（ただし，$b \neq 0$）の 4 種類の計算規則のことをいいます．では，「自由に」とはどんなことを意味しているのでしょうか．少し掘り下げて考えてみましょう．

四則演算のうち，差 $a-b$ は $a-b = a+(-b)$ と解釈でき，商 a/b は $a/b = a \times b^{-1}$ と解釈することができます．このことから，四則演算を考える際には，和と積を考えることが基本的であることがわかります．

定理 13-1（実数の和と積の性質） 実数の和 + と積 · は以下の性質を持つ．

($F_R 1$) 任意の $a, b, c \in \mathbb{R}$ に対して，
   (i) 和の結合法則：$(a+b)+c = a+(b+c)$.
   (ii) 積の結合法則：$(a \cdot b) \cdot c = a \cdot (b \cdot c)$.
   (iii) 和の交換法則：$a+b = b+a$.
   (iv) 積の交換法則：$a \cdot b = b \cdot a$.
   (v) 分配法則：$a \cdot (b+c) = a \cdot b + a \cdot c, \quad (a+b) \cdot c = a \cdot c + b \cdot c$.

($F_R 2$) **0 の性質**：$0 \in \mathbb{R}$ は次の性質を持つ：
$$\text{任意の } a \in \mathbb{R} \text{ に対して } a+0 = a = 0+a.$$

($F_R 3$) **1 の性質**：$1 \in \mathbb{R}$ は次の性質を持つ：

任意の $a \in \mathbb{R}$ に対して $a \cdot 1 = a = 1 \cdot a$.

(F_R4) 和に関する逆元の存在：任意の $a \in \mathbb{R}$ に対して $-a \in \mathbb{R}$ を考えると，$a + (-a) = 0 = (-a) + a$ が成り立つ．

(F_R5) 積に関する逆元の存在：任意の $a \in \mathbb{R} - \{0\}$ に対して逆数 $a^{-1} \in \mathbb{R}$ を考えると，$a \cdot a^{-1} = 1 = a^{-1} \cdot a$ が成り立つ．

注意 定理に挙げた性質を抽象化して得られるのが**体**（field）と呼ばれる概念です．体とは，和 $+$ と積 $\cdot$ が指定された集合であって，(F_R1) を満たし，(F_R2)，(F_R3) の $0, 1$ と同じ性質を満たす特別な元を持ち，さらに，任意の元 a に対して (F_R4) の $-a$ と同じ性質を満たす元が存在し，0 以外の任意の元 a に対して (F_R5) の a^{-1} と同じ性質を満たす元が存在するものをいいます（正確な定義はトレーニング 32 を参照してください）．この観点から，$\mathbb{R}$ は**実数体**と呼ばれることがあります．$\mathbb{N}, \mathbb{Z}, \mathbb{Q}$ のうち，$\mathbb{Q}$ は通常の和と積に関して体をなしますが，$\mathbb{N}, \mathbb{Z}$ は体ではありません．$\mathbb{Z}$ においては積に関する逆元が存在せず，$\mathbb{N}$ においては和と積の両方について逆元が存在しないからです．しかしながら，その他の条件は満たしています（0 は $\mathbb{N}$ の元ではないので，$\mathbb{N}$ については (F_R2) は考える必要がありません）．

本書では定理 13-1 は公理と認めて議論を進めます．定理 13-1 に挙げた性質から，次のような普段よく使っている計算規則を導くことができます．

系 13-2

（1）$a, b \in \mathbb{R}$ に対して，
   （i）$0 \cdot a = 0 = a \cdot 0$,　（ii）$-(-a) = a$,
   （iii）$(-a)b = -(ab)$,　（iv）$(-a)(-b) = ab$.

（2）$a, b \in \mathbb{R} - \{0\}$ に対して
   （i）$(a^{-1})^{-1} = a$,　（ii）$(ab)^{-1} = b^{-1}a^{-1}$.

（3）$a, b \in \mathbb{R}$ について
$$ab = 0 \iff a = 0 \text{ または } b = 0$$
となる．したがって，0 でない実数どうしの積は 0 でない．

証明 （1）（i）分配法則と (F_R2) より，$0 \cdot a = (0+0) \cdot a = 0 \cdot a + 0 \cdot a$ が

成り立つ．この両辺に $-(0 \cdot a)$ を加えると，結合法則，(F_R2), (F_R4) から $0 = 0 \cdot a$ を得る．同様にして，$0 = a \cdot 0$ も示される．

（ii） $x = -a$ とおくと，(F_R4) より $a + x = a + (-a) = 0$ が成り立つ．この両辺に $-x$ を加えると，$(a + x) + (-x) = 0 + (-x)$ となる．結合法則と (F_R4) から左辺は a に等しくなり，右辺は (F_R2) により $-x$ に等しい．よって，$a = -x = -(-a)$ が成り立つ．

（iii） 分配法則より，$ab + (-a)b = (a + (-a))b = 0 \cdot b = 0$ となる．この両辺に $-(ab)$ を加えると，(ii)と同様の考察により，$(-a)b = -(ab)$ が得られる．

（iv） 交換法則と(ii), (iii)より，$(-a)(-b) = -(a(-b)) = -((-b)a) = -(-(ba)) = ba = ab$ を得る．

(2)と(3)は演習問題として残す． □

演習 13-1[*] 上の系の(2)と(3)を証明しなさい．

● 実数の性質(2)——大小関係に関する性質

次に，大小関係に関する性質および大小関係と四則演算の間に成り立つ性質を列挙しましょう．

定理 13-3（実数の大小関係に関する性質）

（1） $\mathbb{R}$ における不等号 $<$ は以下の性質を持つ：$a, b, c \in \mathbb{R}$ に対して，

　（a） $a < b$ または $a = b$ または $a > b$ のいずれか1つが成り立ち，かつ，2つが同時に成り立つことはない．

　（b）（**推移性**） $a < b, b < c \implies a < c$.

（2） $\mathbb{R}$ における和・積と大小関係の間に次が成り立つ：$a, b, c \in \mathbb{R}$ に対して，

　（a） $a < b \iff a + c < b + c$.

　（b） $c > 0$ のとき， $a < b \iff ac < bc$.

定理 13-3 も定理 13-1 と同様，公理と認めて議論を進めます．定理 13-3 をもとに，次の結果を証明することができます．

系 13-4

（1） $0 < 1$.

(2) $a < 0 \iff -a > 0$.
(3) $c < 0$ のとき, $a < b \iff ac > bc$.
(4) $a < 0, b > 0 \iff ab < 0$.
(5) 任意の $a \in \mathbb{R}$ に対して $a^2 \geq 0$ である.

証明 (2)を先に示す. $a < 0$ ならば, 定理13-3(2-a)より, $0 = a+(-a) < 0+(-a) = -a$ となる. 逆も同様に示される.

(1) $1 < 0$ と仮定すると, 今示したことから, $0 < -1$ となる. そこで, 定理13-3(2-b)を $a = 0, b = c = -1$ として適用すると, $0 = 0 \cdot (-1) < (-1) \cdot (-1) = 1$ が得られる. これは矛盾である.

(3) 定理13-3(2-b)と(2)より「$a < b \iff -ac = a(-c) < b(-c) = -bc$」が成り立つ. 定理13-3(2-a)より,「$-ac < -bc \iff bc < ac$」であるから, (3)が成立する.

(4) 定理13-3(2-b)と系13-2(1)(i)より, $ab < 0 \cdot b = 0$.

(5) $a > 0$ なら, 定理13-3(2-b)より, $a^2 = a \cdot a > 0 \cdot a = 0$ となり, $a < 0$ ならば, (2), 定理13-3(2-b), 系13-2(1)(iv)より, $a^2 > 0$ を得る. $a = 0$ ならば $a^2 = 0 \geq 0$ である. □

上で述べた $\mathbb{R}$ の性質 (定理13-1から系13-4) はすべて $\mathbb{Q}$ においても成立するので, 四則演算や大小関係を見る限り $\mathbb{R}$ と $\mathbb{Q}$ に違いはありません. $\mathbb{R}$ と $\mathbb{Q}$ との差はその連続性において決定的に現れます. このことはまた後のトレーニング23で詳しく説明します.

● **絶対値**

実数 a の**絶対値** (absolute value) とは,
$$|a| = \begin{cases} a & (a \geq 0 \text{ のとき}), \\ -a & (a < 0 \text{ のとき}) \end{cases}$$
によって定義される実数 $|a|$ のことをいいます. 定義により, $|a|$ は 0 以上の実数であり, $a \neq 0$ ならば $|a| > 0$ となります.

今後, 絶対値の記号はよく使うので, その性質を補題にまとめておきましょう.

補題 13-5 (絶対値の性質) 任意の $a, b \in \mathbb{R}$ に対して, 次の 3 つが成り

立つ.
(ⅰ)(三角不等式) $|a+b| \leq |a|+|b|$.
(ⅱ) $|ab| = |a||b|$.
(ⅲ) $|-a| = |a|$.

注意 (i)と(iii)から,任意の $a,b \in \mathbb{R}$ に対して,
$$|a|-|b| \leq |a+b|$$
が成り立ちます.実際,$|a| = |(a+b)+(-b)| \leq |a+b| + |-b| = |a+b| + |b|$ となります.この不等式もよく使われます.

演習 13-2* 上の補題の(i)を証明しなさい.

演習 13-3 任意の $\varepsilon > 0$ に対して $|a| < \varepsilon$ となるような実数 a は 0 であることを示しなさい.

● **最小元と最大元**

A を $\mathbb{R}$ の空でない部分集合とします.A に属する元の中で最も小さい元が存在するとき,その元のことを A の**最小元**(minimum element)と呼びます.A の最小元を記号 $\min A$ によって書き表わします.A の最小元 $\min A$ とは次の 2 条件を満たす実数 m のことに他なりません.

(ⅰ) $m \in A$　　(ⅱ) $\forall a \in A, m \leq a$.

上とは対照的に,A に属する元の中で最も大きな元が存在するとき,その元のことを A の**最大元**(maximum element)といい,記号 $\max A$ によって書き表わします.A の最大元 $\max A$ とは次の 2 条件を満たす実数 m のことに他なりません.

(ⅰ) $m \in A$　　(ⅱ) $\forall a \in A, m \geq a$.

例 13-6
(1) $\{-1, \sqrt{2}, 3\}$ や $\{0\} \cup \{x \in \mathbb{R} \mid x > 3\}$ には最小元が存在する.これらの集合は,それぞれ,$-1, 0$ を最小元に持つ.

(2) $(2, 4] = \{x \in \mathbb{R} \mid 2 < x \leq 4\}$ には最小元が存在しない.なぜなら,$2 < a \leq 4$ を満たすどのような実数 a に対しても,$a' := \dfrac{2+a}{2}$ を考えると,$2 < a' < a \leq 4$ が満たされるからである.

演習 13-4 a, b を $a < b$ を満たす実数とするとき，次が成り立つことを示しなさい．

（1） 閉区間 $[a, b]$ は最小元と最大元を持ち，$\min[a, b] = a$, $\max[a, b] = b$ である．

（2） 開区間 (a, b) は最小元も最大元も持たない．

A の最小元と最大元は存在すれば，唯一です．すなわち，次が成り立ちます．

> **補題 13-7** $\mathbb{R}$ の空でない部分集合 A に対して，A の最小元と最大元は（それらが存在するときには）一意的である．

証明 ここでは，最大元についてのみ示す（最小元についても同様に示せる）．m_1, m_2 を A の最大元とする．$m_2 \in A$ であり，m_1 は A の最大元であるから，条件(ii)により，$m_1 \geq m_2$ が成り立つ．同様に，$m_1 \in A$ であり，m_2 は A の最大元であるから，条件(ii)により，$m_2 \geq m_1$ が成り立つ．2つの不等式 $m_1 \geq m_2$ と $m_2 \geq m_1$ から $m_1 = m_2$ を得る．よって，A に最大元が存在すれば，それは一意的である． □

● 自然数の整列性

例 13-6 で見たように，$\mathbb{R}$ の空でない部分集合に最小元がいつも存在するとは限りません．ところが，$\mathbb{N}$ の部分集合に限定すると次が成り立ちます．

> **自然数の整列性** $\mathbb{N}$ の空でない任意の部分集合には最小元が存在する．すなわち，次が成り立つ．
> $$\emptyset \neq M \subset \mathbb{N} \implies \exists m_0 \in M \text{ s.t. } \forall m \in M, m \geq m_0.$$

上と同様のことは $\mathbb{Z}, \mathbb{Q}, \mathbb{R}$ の部分集合については成り立たないので，整列性は $\mathbb{N}$ の持つ著しい特徴であるといえます．この整列性から自然数に関する実にさまざまな結果が産み出されます．そのことについてはトレーニング 16 で詳しく説明します．

演習 13-5* $\mathbb{Z}$ の空でない部分集合であって，最小元をもたないものの例を2つ挙げなさい．

トレーニング 14
複素数の定義

複素数については早い場合には大学初年次で必要になるにもかかわらず，まとまった形で教えられるのはだいぶ先になるので，ここで必要最小限の知識——複素数の定義，絶対値，複素数平面，極形式，ド・モアブルの定理——を学びます．複素数は今でこそ数として認識され，いとも簡単に導入されますが，それが"市民権"を得るまでには多くの年月を要しました．カルダノ（Cardano, 1501–1576）による3次方程式の解の公式や指数関数と三角関数の結びつきを記述したオイラーの公式（1748）などを経て，ガウスによって複素数の理論的基礎が確立されました．

● 複素数の定義

まず，複素数の"通常の"導入の仕方を振り返りましょう．"通常の"導入の仕方では，複素数とは，$a+bi$ ($a,b \in \mathbb{R}$) の形をした数として定義されます．ここで，i は方程式 $x^2 = -1$ の解であり，虚数単位と呼ばれるものです．複素数どうしの計算では，多項式の計算と同じように進めて，i^2 が出てきたらそれを -1 で置き換えます．例えば，$(i+2)(3i+1)$ は次のように計算します．

$$(i+2)(3i+1) = 3i^2 + (2 \cdot 3 + 1 \cdot 1)i + 2 = 3i^2 + 7i + 2$$
$$= 3 \cdot (-1) + 7i + 2 = 7i - 1$$

複素数の計算原理は，このように，単純でわかりやすいものですが，複素数の定義に関しては疑問が残ります．そもそも $x^2 = -1$ の「解」なるものは存在するのでしょうか？　まず，この疑問を解決しましょう．

実数の順序対 (a,b) 全体からなる集合 $\mathbb{R}^2$ を考え，順序対 $(a,b), (c,d) \in \mathbb{R}^2$ に対して，和 $(a,b)+(c,d) \in \mathbb{R}^2$ と積 $(a,b) \times (c,d) \in \mathbb{R}^2$ をそれぞれ次のように定義します．

$$(a,b) + (c,d) := (a+c, b+d),$$

$$(a,b) \times (c,d) := (ac - bd, ad + bc).$$

$(a,b) \times (c,d)$ の代わりに，$(a,b) \cdot (c,d)$ や $(a,b)(c,d)$ とも書きます．

$\mathbb{R}^2$ を（単なる順序対の集合と考えるのではなく）上記のように定義される和 $+$ と積 $\times$ が指定された集合と考えるとき，これを $\mathbb{C}$ という記号で表わし，その元のことを**複素数**（complex number）と呼びます．

$\mathbb{C}$ における和と積は，実数のときと同様の性質を満たすことがわかります．

命題 14-1

($\mathrm{F_C}1$)　任意の $\alpha, \beta, \gamma \in \mathbb{C}$ に対して，
　（ⅰ）結合法則：$(\alpha + \beta) + \gamma = \alpha + (\beta + \gamma)$，$(\alpha\beta)\gamma = \alpha(\beta\gamma)$.
　（ⅱ）交換法則：$\alpha + \beta = \beta + \alpha$，$\alpha\beta = \beta\alpha$.
　（ⅲ）分配法則：$\alpha(\beta + \gamma) = \alpha\beta + \alpha\gamma$，$(\alpha + \beta)\gamma = \alpha\gamma + \beta\gamma$.

($\mathrm{F_C}2$)　**0 の存在**：$\mathbf{0} := (0,0)$ とおくと，任意の $\alpha \in \mathbb{C}$ に対して，$\alpha + \mathbf{0} = \alpha = \mathbf{0} + \alpha$.

($\mathrm{F_C}3$)　**1 の存在**：$\mathbf{1} := (1,0)$ とおくと，$\mathbf{1} \neq \mathbf{0}$ であって，任意の $\alpha \in \mathbb{C}$ に対して，$\mathbf{1} \cdot \alpha = \alpha = \alpha \cdot \mathbf{1}$.

($\mathrm{F_C}4$)　**和に関する逆元の存在**：任意の $\alpha = (a,b) \in \mathbb{C}$ に対して，$-\alpha := (-a, -b) \in \mathbb{C}$ と定めると，$\alpha + (-\alpha) = (-\alpha) + \alpha = \mathbf{0}$.

($\mathrm{F_C}5$)　**積に関する逆元の存在**：任意の $\alpha = (a,b) \in \mathbb{C}$，$\alpha \neq \mathbf{0}$ に対して，$\dfrac{1}{\alpha} := \left(\dfrac{a}{a^2 + b^2}, -\dfrac{b}{a^2 + b^2}\right) \in \mathbb{C}$ と定めると $\alpha \cdot \dfrac{1}{\alpha} = \dfrac{1}{\alpha} \cdot \alpha = \mathbf{1}$.

複素数の減法は，$\alpha, \beta \in \mathbb{C}$ に対して，
$$\alpha - \beta := \alpha + (-\beta)$$
で定義され，複素数の除法は，$\alpha \in \mathbb{C}$ と $\beta \neq \mathbf{0}$ なる $\beta \in \mathbb{C}$ に対して，
$$\frac{\alpha}{\beta} = \alpha \cdot \frac{1}{\beta}$$
で定義されます．

演習 14-1　$\alpha, \beta \in \mathbb{C}$ を $\alpha = (a,b)$，$\beta = (c,d)$ とおき，$\alpha - \beta$，$\dfrac{\alpha}{\beta}$ を順序対の形で表わしなさい．

さて，$(a,0)$ という形をした複素数に注目しましょう．この形の複素数に対す

る和，差，積，商は
$$(a,0) \pm (b,0) = (a \pm b, 0), \quad (a,0)(b,0) = (ab, 0), \quad \frac{(a,0)}{(b,0)} = \left(\frac{a}{b}, 0\right)$$
となることがわかります．この結果は，
$$\mathbb{R} \ni a \longleftrightarrow (a,0) \in \mathbb{C}$$
という対応によって，$\mathbb{C}$ の部分集合 $\{(a,0) \mid a \in \mathbb{R}\}$ と実数全体 $\mathbb{R}$ が加減乗除の演算を込めて同一視可能であることを意味しています．そこで，以下，$a \in \mathbb{R}$ を $(a,0) = a$ と同一視して，$\mathbb{R} \subset \mathbb{C}$ とみなすことにします．この同一視の下で，$\mathbf{0} = (0,0) = 0$, $\mathbf{1} = (1,0) = 1$ となります．

次に，$(0,b)$ という形をした複素数に注目しましょう．複素数の積の定義と上で述べた同一視の約束から，
$$(0,1)(0,1) = (-1, 0) = -1, \quad \text{つまり} \quad (0,1)^2 = -1$$
となります．$i := (0,1)$ とおけば，上の等式は $i^2 = -1$ と書き表わされます．さらに，任意の複素数 (a,b) は
$$(a,b) = (a,0) + (0,b) = (a,0) + (b,0)(0,1) = a + bi$$
と表わされることがわかります．i を**虚数単位**（imaginary unit）といいます．こうして，i^2 が出てきたら -1 で置き換えることができる計算規則を持つ数の集合の存在，つまり，複素数の存在が保証されたことになります．

$a + bi$ $(a, b \in \mathbb{R})$ の形で，複素数どうしの加減乗除を整理すると，次のようになります．

$$(a + bi) \pm (c + di) = (a \pm c) + (b \pm d)i$$
$$(a + bi)(c + di) = (ac - bd) + (bc + ad)i$$
$$\frac{a + bi}{c + di} = \frac{ac + bd}{c^2 + d^2} + \frac{bc - ad}{c^2 + d^2}i \quad (\text{ただし，} c + di \neq 0)$$

さらに，$\mathbb{C}$ の定義から，次の 2 つが成り立つこともわかります．

- （複素数の相等）2 つの複素数 $a + bi$, $c + di$ に対して，
$$a + bi = c + di \iff (a,b) = (c,d) \iff a = c \text{ かつ } b = d.$$
- $\alpha, \beta \in \mathbb{C}$ について
$$\alpha\beta = 0 \iff \alpha = 0 \text{ または } \beta = 0.$$

2つ目の主張は 0 でない任意の複素数が逆数を持つことから示されます．この同値から，0 でない複素数どうしの積は 0 でないことがわかります．

● 共役複素数

複素数 $\alpha = a + bi\ (a, b \in \mathbb{R})$ に対して，複素数 $a - bi$ を α の**共役複素数**（きょうやく）（complex conjugate number）といい，$\overline{\alpha}$ で書き表わします：$\overline{\alpha} = a - bi$.

定義により，$\overline{\alpha}$ の共役複素数は α です：$\overline{\overline{\alpha}} = \alpha$.

共役をとる操作と加減乗除を行う操作はどちらを先に行っても構いません．すなわち，次の補題が成り立ちます．

補題 14-2 任意の複素数 α, β に対して，
（1） $\overline{\alpha + \beta} = \overline{\alpha} + \overline{\beta}$,
（2） $\overline{\alpha - \beta} = \overline{\alpha} - \overline{\beta}$,
（3） $\overline{\alpha\beta} = \overline{\alpha}\overline{\beta}$,
（4） $\overline{\left(\dfrac{\alpha}{\beta}\right)} = \dfrac{\overline{\alpha}}{\overline{\beta}}$ （ただし，$\beta \neq 0$）.

共役複素数を使って，実数を特徴付けることができます：複素数 α に対して，

(14a) $\qquad\qquad\qquad \alpha \in \mathbb{R} \iff \overline{\alpha} = \alpha.$

上の事実は，標語的には，「実数とは共役をとっても変わらない複素数のことである」と述べることができます．

● 実部と虚部

複素数 $\alpha = a + bi\ (a, b \in \mathbb{R})$ に対して，a, b をそれぞれ α の**実部**（real part），**虚部**（imaginary part）といいます．実部，虚部をそれぞれ記号で $\mathrm{Re}\,\alpha$, $\mathrm{Im}\,\alpha$ によって表わします．α の実部と虚部は，共役複素数を使って次のように書き表わすことができます．

(14b) $\qquad\qquad \mathrm{Re}\,\alpha = \dfrac{\alpha + \overline{\alpha}}{2}, \qquad \mathrm{Im}\,\alpha = \dfrac{\alpha - \overline{\alpha}}{2i}.$

● 絶対値

複素数 $\alpha = a + bi\ (a, b \in \mathbb{R})$ に対して，$\alpha\overline{\alpha} = a^2 + b^2$ は負でない実数です．この実数の平方根 $\sqrt{\alpha\overline{\alpha}}$ を α の**絶対値**（absolute value）といい，記号 $|\alpha|$ で表わします：

(14c) $$|\alpha| = \sqrt{\alpha\overline{\alpha}} = \sqrt{a^2 + b^2}.$$

定義により，任意の複素数 α に対して $|\overline{\alpha}| = |\alpha|$ が成り立ちます．

補題 14-3（絶対値の性質）　複素数 α, β に対して，次が成り立つ．
（1）　$|\alpha\beta| = |\alpha||\beta|$,
（2）　$\left|\dfrac{\alpha}{\beta}\right| = \dfrac{|\alpha|}{|\beta|}$　（ただし，$\beta \neq 0$），
（3）（三角不等式）　$|\alpha + \beta| \leq |\alpha| + |\beta|$.

演習 14-2　上の補題の(3)を示しなさい．

● **複素数平面**

複素数は平面を用いて理解することができます．この視点が複素数の理解にはきわめて重要です．

平面を1つ用意し，その上に直交座標系をとります（右図参照）．すると，複素数 $\alpha = a + bi$ に対して，座標が (a, b) であるような平面上の点 P を対応させることができます．この対応によって複素数と平面上の点が1対1に対応するので，平面上の各点に"複素数が乗っている"と考えることができます．このように，複素数を図示する目的で使われる，直交座標系の与えられた平面を**複素数平面**（complex number plane）または**ガウス平面**（Gaussian plane）といいます．

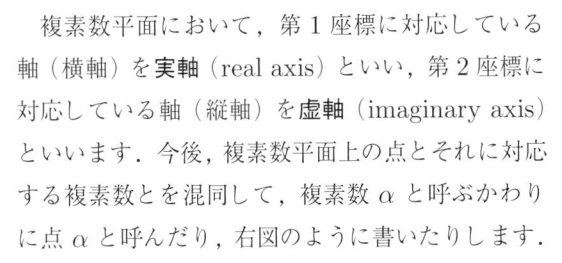

複素数平面において，第1座標に対応している軸（横軸）を**実軸**（real axis）といい，第2座標に対応している軸（縦軸）を**虚軸**（imaginary axis）といいます．今後，複素数平面上の点とそれに対応する複素数とを混同して，複素数 α と呼ぶかわりに点 α と呼んだり，右図のように書いたりします．

複素数 α とその共役複素数 $\overline{\alpha}$ は，複素数平面上では実軸に関して対称な位置にあり，絶対値 $|\alpha|$ は

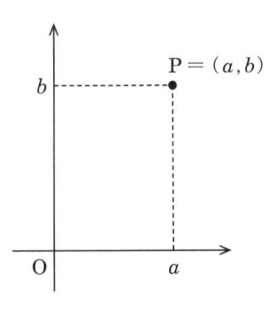

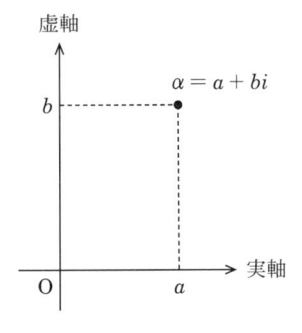

原点 O から点 α までの距離に一致します．

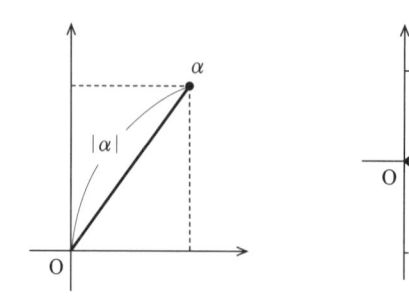

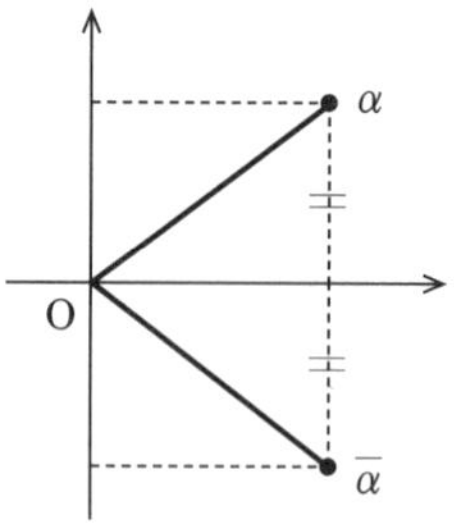

● **極形式**

0 でない複素数 α は，原点からの距離 $r = |\alpha|$ と，点 α と実軸（の正の方向）とのなす角 θ との組 (r, θ) を指定すれば定まります．組 (r, θ) を α の**極座標**（polar coordinate），r を**動径**（radius），θ を**偏角**（argument）といいます．通常，偏角の取りうる範囲を $[0, 2\pi)$ に限定しないため，偏角は α に対して一意的ではありませんが，2 つの偏角の差は常に 2π の整数倍になります．α の偏角を記号 $\arg \alpha$ によって書き表わします．$\arg \alpha$ はたくさんある偏角のうちのどれか 1 つを代表していると考えます．

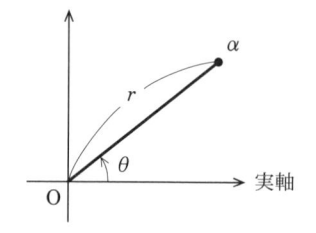

$\alpha \, (\neq 0)$ の極座標が (r, θ) のとき，α は
$$\alpha = r(\cos\theta + i\sin\theta)$$
のように表わされます．ここで，記号
$$e^{\theta i} := \cos\theta + i\sin\theta$$
を導入すると[14]，
$$\alpha = re^{\theta i}$$
という表示が得られます．この表示を α の**極形式**（polar form）といいます．α $(\neq 0)$ が極形式によって $\alpha = re^{\theta i}$ $(r > 0, \, \theta \in \mathbb{R})$ と表わされるとき，$\dfrac{1}{\alpha}$，$\overline{\alpha}$

---

[14] $e^{\theta i}$ という記号を用いる理由は，それが後の (14e) にあるように指数法則を満たすからです．実は，複素関数論の視点に基づくもう少し深い理由があります．興味がある方は複素関数論の教科書などを見て，調べてみてください．

は $\dfrac{1}{\alpha} = \dfrac{1}{r}e^{-\theta i}$, $\overline{\alpha} = re^{-\theta i}$ と表わされます.

演習 14-3[*] 次の各複素数を極形式で表わしなさい.

(1) $\dfrac{3}{2} + \dfrac{3\sqrt{3}}{2}i$　　(2) $2i$　　(3) $\dfrac{1-i}{4}$

● ド・モアブルの定理 (de Moivre's Theorem)

三角関数の加法公式

(14d)
$$\sin(\theta + \varphi) = \sin\theta\cos\varphi + \cos\theta\sin\varphi,$$
$$\cos(\theta + \varphi) = \cos\theta\cos\varphi - \sin\theta\sin\varphi$$

から,指数法則

(14e) $\qquad e^{(\theta+\varphi)i} = e^{\theta i}e^{\varphi i} \qquad (\theta, \varphi \in \mathbb{R})$

が導かれます.これを繰り返し用いて,任意の実数 θ と任意の自然数 n に対し,

$$\begin{aligned} e^{(n\theta)i} &= e^{((n-1)\theta+\theta)i} = e^{(n-1)\theta i}e^{\theta i} \\ &= e^{((n-2)\theta+\theta)i}e^{\theta i} = e^{(n-2)\theta i}e^{\theta i}e^{\theta i} = e^{(n-2)\theta i}(e^{\theta i})^2 \\ &= \cdots\cdots = (e^{\theta i})^n \end{aligned}$$

が成り立つことがわかります(厳密には数学的帰納法を用います).定義により,

$$e^{(n\theta)i} = \cos n\theta + i\sin n\theta,$$
$$(e^{\theta i})^n = (\cos\theta + i\sin\theta)^n$$

なので,次の等式が得られました.

命題 14-4(ド・モアブルの定理)　任意の $\theta \in \mathbb{R}$ と任意の $n \in \mathbb{N}$ に対して,

$$(\cos\theta + i\sin\theta)^n = \cos n\theta + i\sin n\theta.$$

演習 14-4[*]　ド・モアブルの定理を使って,2倍角の公式,3倍角の公式を導きなさい(すなわち, $n = 2, 3$ に対して, $\cos n\theta$, $\sin n\theta$ を $\cos\theta$, $\sin\theta$ の多項式として表わしなさい).

トレーニング 15
3次方程式の解の公式

2次方程式 $ax^2 + bx + c = 0$ $(a \neq 0)$ の解は「解の公式」を使えばいつでも求めることができます。実は，3次方程式に対しても解の公式は存在します。ここでは，その解の公式の導き方，および，使い方を学びます。最後に，代数学の基本定理について少し言及します。

● 2次方程式の解の公式

$a\,(\neq 0), b, c$ を実数の定数としたとき，2次方程式 $ax^2 + bx + c = 0$ の解の公式の導き方を思い出しましょう。まず，

$$ax^2 + bx + c = a\left(x^2 + \frac{b}{a}x\right) + c = a\left(x + \frac{b}{2a}\right)^2 - \frac{b^2 - 4ac}{4a}$$

と変形します。$ax^2 + bx + c = 0$ を解くことは，

(15a) $$\left(x + \frac{b}{2a}\right)^2 = \frac{b^2 - 4ac}{4a^2}$$

を解くことと同じです。もし，$b^2 - 4ac \geq 0$ ならば，この式から $x + \frac{b}{2a} = \pm\frac{\sqrt{b^2 - 4ac}}{2a}$ が導かれ，2次方程式 $ax^2 + bx + c = 0$ に対する解の公式

(15b) $$x = \frac{-b \pm \sqrt{b^2 - 4ac}}{2a}$$

が得られます。

今，この解の公式を a, b, c は実数で，$b^2 - 4ac \geq 0$ という条件をつけて導きました。しかし，この仮定は不要であることがわかります。つまり，任意の複素数 $a\,(\neq 0), b, c$ に対して，いつでも2次方程式 $ax^2 + bx + c = 0$ の解は (15b) で与えられるのです。ただしこの場合，複素数 α が 0 でも正の実数でないとき，$\sqrt{\alpha}$ は自乗すると α になるような複素数のうちのどちらかを代表するものとします[15]。$\sqrt{\alpha}$ は次の例のようにすれば求めることができます。

例 15-1 $\alpha = 3+4i$ のとき,$\sqrt{3+4i} = x+yi$ $(x,y \in \mathbb{R})$ とおき,x, y を求める.
$$3+4i = (x+yi)^2 = (x^2-y^2) + 2xyi$$
より
$$\begin{cases} x^2 - y^2 = 3, \\ 2xy = 4 \end{cases}$$
である.$y = \dfrac{4}{2x} = \dfrac{2}{x}$ を $x^2 - y^2 = 3$ に代入して,
$$x^4 - 3x^2 - 4 = 0$$
を得る.$x^4 - 3x^2 - 4 = (x^2-4)(x^2+1)$ と因数分解できるから,上の方程式は $x^2 - 4 = 0$ と同値であり,したがって,その解は $x = \pm 2$ である.これを $y = \dfrac{2}{x}$ に代入して,$y = \pm 1$(解 x と複号同順)を得る.以上より,$\sqrt{3+4i} = \pm(2+i)$ であることがわかった. □

演習 15-1[*] 2次方程式 $4x^2 + 4(1+i)x + 1 = 0$ を複素数の範囲内で解きなさい.(解は複素数の平方根をはずした形で書きなさい.)

● 1 の 3 乗根

$x^3 - 1 = 0$ はもっとも簡単な 3 次方程式と呼べるでしょう.この解を複素数の範囲内で求めてみましょう.すぐに,
$$x^3 - 1 = (x-1)(x^2 + x + 1)$$
と書けることがわかります.$x^2 + x + 1 = 0$ の解は,2 次方程式の解の公式から
(15c) $$\omega = \frac{-1 + \sqrt{3}i}{2} \quad (= e^{\frac{2\pi}{3}i})$$

---

15) α が正の実数のときには,2 つある平方根を正負により区別することができたので,$\sqrt{\alpha}$ により正の平方根を表わしました.α が正の実数でない複素数の場合には,自乗すると α になる実数,つまり α の平方根は 2 つ存在するものの,それらを正負のようなものさしで区別することができません.そのため,$\sqrt{\alpha}$ で α の平方根を表わすことは正の実数の場合と同様ですが,それが 2 つの平方根のうちのどちらであるかは限定しません.限定できない,といった方が正確です.

と $\omega^2 = \dfrac{-1-\sqrt{3}i}{2}\ (=e^{\frac{4\pi}{3}i})$ です．したがって，x^3-1 は $\mathbb{C}$ の範囲内で $x^3-1=(x-1)(x-\omega)(x-\omega^2)$ のように因数分解され，方程式 $x^3=1$ は 3 個の解 $x=1,\omega,\omega^2$ を持ちます．このことから，1 の 3 乗根，つまり，3 乗すると 1 になる数は複素数の範囲内で 3 つあり，それらは $1,\omega,\omega^2$ により与えられることがわかりました．

● 3 次方程式の解の公式

3 次方程式

(15d) $\qquad\qquad a_0 x^3 + a_1 x^2 + a_2 x + a_3 = 0 \quad (a_0 \neq 0)$

の解の公式は以下のようにして作ることができます．まず，x^2 の係数を消すことを考えます．そのために，

$a_0 x^3 + a_1 x^2 + a_2 x + a_3$
$= a_0 \left\{ \left(x + \dfrac{a_1}{3a_0}\right)^3 + \left(\dfrac{a_2}{a_0} - \dfrac{a_1^2}{3a_0^2}\right)\left(x + \dfrac{a_1}{3a_0}\right) + \dfrac{a_3}{a_0} - \dfrac{a_1 a_2}{3a_0^2} + 2\left(\dfrac{a_1}{3a_0}\right)^3 \right\}$

と変形します．ここで，

(15e) $\qquad y = x + \dfrac{a_1}{3a_0},$

(15f) $\qquad p = \dfrac{a_2}{a_0} - \dfrac{a_1^2}{3a_0^2}, \qquad q = \dfrac{a_3}{a_0} - \dfrac{a_1 a_2}{3a_0^2} + 2\left(\dfrac{a_1}{3a_0}\right)^3$

とおくと，3 次方程式 (15d) は

(15g) $\qquad\qquad\qquad y^3 + py + q = 0$

に書き換えることができます．この 3 次方程式を解くために，

(15h) $\qquad\qquad\qquad y = s + t$

とおきます．すると，(15g) の左辺は

$\qquad (s+t)^3 + p(s+t) + q = (s^3 + t^3) + (s+t)(3st + p) + q$

と書き換えられます．もし，s, t を

(15i) $\qquad\qquad\qquad st = -\dfrac{p}{3}$

となるようにとることができれば，

$\qquad\qquad\qquad$ (15g) $\iff\ s^3 + t^3 = -q$

となります．つまり，3次方程式 $y^3+py+q=0$ の解を求めるには

(15j) $$st = -\frac{p}{3}, \qquad s^3+t^3 = -q$$

を満たす s,t を求め，$y=s+t$ に代入すればよいわけです．s^3, t^3 は

(15k) $$s^3t^3 = -\left(\frac{p}{3}\right)^3, \qquad s^3+t^3 = -q$$

を満たすので，解と係数の関係より，s^3, t^3 は 2次方程式

$$z^2 + qz - \left(\frac{p}{3}\right)^3 = 0$$

の解になっています．したがって，2次方程式の解の公式より，s^3, t^3 は

(15l) $$\begin{cases} s^3 = \dfrac{1}{2}\left(-q+\sqrt{q^2+4\left(\dfrac{p}{3}\right)^3}\right), \\ t^3 = \dfrac{1}{2}\left(-q-\sqrt{q^2+4\left(\dfrac{p}{3}\right)^3}\right) \end{cases}$$

で与えられます．右辺の3乗根は（複素数の範囲内に）それぞれ3個ずつあり，それらの組合せの中で (15i) を満たすものが求める (s,t) の組になります．

実際に求めるには，(15l) の第1式の右辺を極形式 $re^{\theta i}$ で表わし，$s_0 = r^{\frac{1}{3}}e^{\frac{\theta}{3}i}$ とおきます．t_0 を $s_0 t_0 = -\dfrac{p}{3}$ となるように定め，$\omega = e^{\frac{2\pi}{3}i}$（1の3乗根）とおきます．すると，$(s,t) = (s_0, t_0),\ (\omega s_0, \omega^2 t_0),\ (\omega^2 s_0, \omega t_0)$ はすべて $st = -\dfrac{p}{3}$ を満たすことがわかります．こうして，3次方程式 (15g) の解が次の式で求まります．

(15m) $$y = s_0+t_0, \quad \omega s_0 + \omega^2 t_0, \quad \omega^2 s_0 + \omega t_0.$$

例 15-2 3次方程式 $x^3-6x-4=0$ を解の公式を利用して解こう．$x = s+t$ とおくと，s^3, t^3 は 2次方程式 $z^2-4z+8=0$ の解である．この解は $z = 2\pm 2i$ である．そこで，$s_0 = \sqrt[3]{2}\cdot\sqrt[3]{1+i}$ とおく．$1+i = \sqrt{2}\cdot\dfrac{1+i}{\sqrt{2}} = \sqrt{2}e^{\frac{\pi}{4}i}$ と書けるので，$1+i$ の3乗根 $\sqrt[3]{1+i}$ として

$$\sqrt[3]{1+i} = \sqrt[6]{2}e^{\frac{\pi}{12}i} = \sqrt[6]{2}e^{\frac{\pi}{3}i}e^{-\frac{\pi}{4}i} = \frac{1+\sqrt{3}+(\sqrt{3}-1)i}{2\sqrt[3]{2}}$$

をとることができる．同様にして，$1-i$ の3乗根 $\sqrt[3]{1-i}$ として $\sqrt[3]{1-i} = \sqrt[6]{2}e^{-\frac{\pi}{12}i}$ をとることができ，$s_0 = \sqrt[3]{2}\sqrt[6]{2}e^{\frac{\pi}{12}i}$, $t_0 = \sqrt[3]{2}\sqrt[6]{2}e^{-\frac{\pi}{12}i}$ とおくと，$s_0 t_0 = 2$ を満たす．よって，3次方程式 $x^3-6x-4=0$ の解は，$\omega = e^{\frac{2\pi}{3}i}$ (1

の 3 乗根) とおいて計算すると, $s_0 + t_0 = 1 + \sqrt{3}$, $\omega s_0 + \omega^2 t_0 = -2$, $\omega^2 s_0 + \omega t_0 = 1 - \sqrt{3}$ であることがわかる.

注意 $x = -2$ は $x^3 - 6x - 4 = 0$ を満たすので, 因数定理を使えば, 上の例題の方程式の解が $x = -2, 1 \pm \sqrt{3}$ であることがただちにわかります. 上記のように, 3 次方程式の解の公式を使うと解は必ず求まりますが, 一般にその形は複雑になります. さらに, その解が実数の場合でも, 公式を適用して得られる解の形からは実数とは思えない場合も少なくありません.

演習 15-2 3 次方程式 $x^3 - 3x - 1 = 0$ の解を複素数の範囲ですべて求めなさい. ただし, 解の記述に三角関数を用いてよい.

● **1 の n 乗根**

自然数 n に対して, $z^n = 1$ となる複素数 z を **1 の n 乗根**といいます. n 乗すると 1 になる<u>実数</u>は多くても 2 個しかありません (詳しくは, n が偶数のときは 2 個, n が奇数のときは 1 個あります) が, 複素数の範囲内には n 個存在します. 実際,

(※) $\qquad 1, e^{\frac{2\pi}{n}i}, e^{\frac{4\pi}{n}i}, e^{\frac{6\pi}{n}i}, \cdots, e^{\frac{2(n-1)\pi}{n}i}$

はどれも 1 の n 乗根であり, 逆に, 1 の n 乗根は上のいずれかに一致することがわかります. なぜなら, z を 1 の n 乗根とすると, $|z|^n = |z^n| = 1$ ですが, $|z|$ は 0 以上の実数なので, $|z| = 1$ になります. これより, z を極形式により,

$$z = e^{\theta i} \quad (0 \leq \theta < 2\pi)$$

のように表わすことができます. 指数法則により, $e^{n\theta i} = z^n = 1 = e^{0i}$ が成立するので, 偏角を比較して, $n\theta = 2\pi k$ $(k \in \mathbb{Z})$ つまり,

$$\theta = \frac{2\pi k}{n}$$

と書けることがわかります. $0 \leq \theta < 2\pi$ なので, 整数 k は $0, 1, \cdots, n-1$ のいずれかでなければなりません. こうして, 1 の n 乗根 z は $z = e^{\frac{2k\pi}{n}i}$ ($k = 0, 1, \cdots, n-1$) のように表わされる, すなわち, (※) のいずれかに一致することが証明されました.

演習 15-3[*] $n = 3, 4, 6, 8$ に対して 1 の n 乗根を複素数の範囲内で求めな

さい．さらに，$n = 3, 4, 6, 8$ の各場合について，それらを複素数平面上に図示し，それらを頂点とする図形の名称を答えなさい．

上では 1 の n 乗根について考えましたが，より一般に，0 でない複素数 α に対して n 乗根を考えることができます．α の n **乗根**とは，$z^n = \alpha$ を満たす複素数 z のことをいいます．実数のときには，負の数の平方根（= 2 乗根）を考えることができなかったのですが，数の範囲を複素数に広げることにより，どのような負の数についても平方根を考えることができるようになります．そればかりでなく，0 でない任意の複素数 α に対して，α の n 乗根は（複素数の範囲内に）n 個存在することがわかります．実際，α を $\alpha = re^{i\theta}$ ($r > 0$, $\theta \in \mathbb{R}$) のように極形式で表わすとき，α の n 乗根は $z_0, z_1, \cdots, z_{n-1}$ によって与えられます．ただし，$k \in \mathbb{Z}$ に対して，

$$z_k = \sqrt[n]{r} e^{\left(\frac{\theta}{n} + \frac{2\pi k}{n}\right)i}$$

です．

● **代数学の基本定理**

4 次方程式についても解の公式は存在します．すると，5 次方程式についても解の公式があるのではないか，と考えたくなります．ところが，与えられた 5 次方程式の解を，その係数の四則演算と累乗根を用いて求めることのできる一般的な公式，すなわち，「解の公式」は作ることができないことが証明されています．その一方で「どんな代数方程式も（複素数の中に）解を持つ」ということは正しいのです．この事実は，ガウスによって厳密に証明されて以後，代数学の基本定理として広く知られるようになりました．

> **定理 15-3**（代数学の基本定理） $n \geq 1$ を整数とする．任意の n 次方程式
> $$a_n x^n + \cdots + a_2 x^2 + a_1 x + a_0 = 0$$
> （ただし，$a_n \neq 0$, $a_n, \cdots, a_2, a_1, a_0$ は複素数）
> は必ず複素数内に解をもつ．

5 次以上の代数方程式に対して解の公式が存在しないという事実と代数学の基

本定理で述べられている事実とは，矛盾しているのではないかと思われるかもしれませんが，このことを理解するには「解が求められるということ」と「解が存在するということ」とは別の問題であるという認識を持つことが必要です．現代数学では「〜が存在する」といった存在型の定理は普通に見かけるのですが，代数学の基本定理はその先駆けとなった定理といえます．

　代数学の基本定理の証明にはいくつかの方法が知られています．そのいずれもかなりの準備と知識を必要としますので，証明については他書を参照してください．

トレーニング 16
数学的帰納法とその応用

定理を証明したり，数や関数を定義したりする際にしばしば使われる帰納法の原理は，自然数全体からなる集合 $\mathbb{N}$ が持つ基本的な性質の 1 つです．この節では数学的帰納法の意味と正当性を詳しく学びます．そして，数学的帰納法の使用例として，素因数分解の可能性と一意性の定理を取り上げます．この定理（特に，一意性の部分）は整数論の基本定理と呼ばれています．

16.1 帰納法の原理

自然数の全体 $\mathbb{N}$ は，(i) $1 \in \mathbb{N}$ および (ii) $a \in \mathbb{N}$ ならば $a+1 \in \mathbb{N}$ を満たす $\mathbb{R}$ の部分集合です．これと同じ性質

$$(\text{i}) \ 1 \in A, \quad (\text{ii}) \ a \in A \text{ ならば } a+1 \in A$$

を持つ，$\mathbb{R}$ の部分集合 A はたくさんありますが，$\mathbb{N}$ はそのような A の中で最小の部分集合（すなわち，上の 2 条件を満たすすべての部分集合の共通部分）として特徴付けることができます．さらに，このことから $\mathbb{N}$ の重要な性質——整列性——が導かれます[16]．

> **自然数の整列性** $\mathbb{N}$ の空でない任意の部分集合には最小元が存在する．

本書ではこの整列性を基礎に帰納法の原理を導きます．

● 数学的帰納法

$\mathbb{N}$ を定義域とする命題関数 $P(n)$ が与えられているとします．すると，$P(1), P(2), P(3), \cdots$ はそれぞれ命題になります．これらは無限個の命題から

---

[16] これらの事実については，例えば [14; p.54–58] を参照してください．

なっているので，その真偽をひとつひとつ判定していったのでは埒(らち)が明きません．そこで有用なのが**数学的帰納法**（mathematical induction）です．帰納法が適用できる場合には，わずか 2 ステップで $P(1), P(2), P(3), \cdots$ がすべて真であることを証明できてしまいます．

帰納法の原理は $\mathbb{N}$ が持つ基本的な性質の 1 つですが，$\mathbb{N}$ を

$$\begin{cases} \bullet \text{ 整列性を持つ（$\mathbb{R}$ の部分）集合であって,} \\ \bullet \text{ 1 を最小元として持ち,} \\ \bullet \text{「$n \in \mathbb{N}$ ならば $n+1 \in \mathbb{N}$」を満たすもの} \end{cases}$$

ととらえると，その原理を導くことができます．

定理 16-1（帰納法の原理） $\mathbb{N}$ を定義域とする命題関数 $P(n)$ が与えられているとする．もし，次の I, II が示されたとすると，全称命題「$\forall n \in \mathbb{N}, \ P(n)$」は真である，すなわち，命題 $P(1), P(2), P(3), \cdots\cdots$ はすべて成り立つ．

  I. $P(1)$ は成り立つ．

  II. $k \in \mathbb{N}$ について，$P(k)$ が成り立つと仮定すると，$P(k+1)$ も成り立つ．

証明 背理法で証明する．

$$M := \{n \in \mathbb{N} \mid P(n) \text{ は成り立たない}\}$$

とおき，$M \neq \emptyset$ であると仮定する．このとき，自然数の整列性から，M の中に最小の自然数 m が存在する．I により，$m > 1$ である．すると，$m - 1 \in \mathbb{N}$ であるが，m の最小性から，$m - 1 \notin M$ である．よって，$P(m-1)$ が成り立ち，したがって II により，$P(m) = P((m-1)+1)$ が成り立つ．これは $m \notin M$ を意味しており，$m \in M$ に矛盾する．よって，$M = \emptyset$ でなければならない．つまり，すべての $n \in \mathbb{N}$ に対して $P(n)$ が成り立つ． □

注意 （1） 定理の I, II をそれぞれ帰納法の第 1 段，第 2 段と呼びます．II における「$k \in \mathbb{N}$ について，$P(k)$ が成り立つと仮定する」の部分を**帰納法の仮定**（induction hypothesis）と呼びます．

（2） 定理の証明は分かりにくかったかもしれませんが，それが成り立つ理由

はとても単純です．まず，I により $P(1)$ が成り立ち，次に，II において $k=1$ の場合を考えると（$P(1)$ が成り立っているので）$P(2)$ が成り立つことがわかり，さらに II において $k=2$ の場合を考えると（$P(2)$ が成り立っているので）$P(3)$ が成り立つことがわかり……というように，次々と「成り立つ」ことが連鎖していくわけです．

（3）ある整数 a に対して $\{n \in \mathbb{Z} \mid n \geq a\}$ を定義域とする命題関数 $P(n)$ が与えられているときには，I を「$P(a)$ が成り立つ」に，II の中の「$k \in \mathbb{N}$」を「$k \geq a$ なる $k \in \mathbb{Z}$」と置き換えることより，$n \geq a$ を満たすすべての整数 n について $P(n)$ が成り立つことがいえます．

例 16-2 すべての $n \in \mathbb{N}$ について，次の等式が成り立つことを証明しなさい．
$$1^2 + 2^2 + \cdots + n^2 = \frac{n(n+1)(2n+1)}{6}.$$

解 証明すべき等式を $P(n)$ とおき，n についての数学的帰納法により証明する．

I. $(P(1) \text{ の左辺}) = 1$, $(P(1) \text{ の右辺}) = \dfrac{1(1+1)(2+1)}{6} = 1$ より，$P(1)$ は成り立つ．

II. $k \in \mathbb{N}$ とし，$P(k)$ が成り立っていると仮定する．このとき，
$$\begin{aligned}
(P(k+1) \text{ の左辺}) &= (1^2 + 2^2 + \cdots + k^2) + (k+1)^2 \\
&= \frac{k(k+1)(2k+1)}{6} + (k+1)^2 \quad \text{（帰納法の仮定を適用）} \\
&= \frac{k+1}{6}(k(2k+1) + 6(k+1)) \\
&= \frac{(k+1)(k+2)(2k+3)}{6} \\
&= (P(k+1) \text{ の右辺})
\end{aligned}$$
が成り立つ．よって，$P(k+1)$ も成り立つ．

I と II から，すべての $n \in \mathbb{N}$ について $P(n)$ が成り立つ． □

演習 16-1 自然数 n について，$X = \{1, 2, \cdots, n\}$ のべき集合 $\mathcal{P}(X)$ の元の個数は 2^n 個である．このことを数学的帰納法を用いて示しなさい．

● **累積的帰納法**

大学における数学では，定理 16-1 の基本型だけでなく，さまざまな形の帰納法が使われます．ここで紹介する累積的帰納法はそのうちの 1 つです．基本型の帰納法では，n 番目の命題 $P(n)$ が成り立つことを示すために，1 つ手前の $P(n-1)$ の"力を借りた"のですが，$P(n-1)$ だけでは力が足りない場合がしばしば起こります．このような場合に，$P(1), \cdots, P(n-1)$ のすべての力を借りて，$P(n)$ が成り立つこと示す，というのが累積的帰納法です．累積的帰納法は，数学的帰納法の強化型ということができます．

> **定理 16-3**（累積的帰納法） $\mathbb{N}$ を定義域とする命題関数 $P(n)$ が与えられているとする．もし，次の I, II が示されたとすると，全称命題「$\forall n \in \mathbb{N}, P(n)$」は真である，すなわち，命題 $P(1), P(2), P(3), \cdots\cdots$ はすべて成り立つ．
>   I. $P(1)$ は成り立つ．
>   II. $k \in \mathbb{N}$ について，$i \leq k$ を満たすすべての自然数 i に対して $P(i)$ が成り立つと仮定すると，$P(k+1)$ も成り立つ．

証明 定理 16-1 の証明と同様に背理法で証明することができる．

$$M := \{n \in \mathbb{N} \mid P(n) \text{ は成り立たない}\}$$

とおき，$M \neq \emptyset$ であると仮定する．このとき，自然数の整列性から，M の中に最小の自然数 m が存在する．I により，$m > 1$ である．すると，$m - 1 \in \mathbb{N}$ であるが，m の最小性から，$i \leq m - 1$ なるすべての自然数 i に対して $i \notin M$ である．よって，$i \leq m - 1$ なるすべての自然数 i に対して $P(i)$ は成り立つ．II により，$P(m) = P((m-1)+1)$ が成り立つ．これは $m \notin M$ を意味しており，$m \in M$ に矛盾する．よって，$M = \emptyset$ でなければならない．つまり，すべての $n \in \mathbb{N}$ に対して $P(n)$ が成り立つ． □

累積的帰納法も数学的帰納法と呼ばれます．

16.2 素因数分解の可能性と一意性

1 と自分自身以外に正の約数を持たない，1 でない自然数を**素数**といい，1 でも素数でもない自然数を**合成数**というのでした．例えば，$2, 3, 5, 7, 11$ は素数,

4, 6, 8, 9, 10 は合成数です．合成数とは $n = ab$ ($a, b \in \mathbb{N}$, $a, b > 1$) のように，2 つの 2 以上の自然数の積に分解できる数 n のことであるということができます．

　自然数を素数の積に表わす経験を何度かしたことがあるでしょうし，それを素数の積で表わしたとき，そこに現れる素数は順番を無視すると一意的に決まることも知識として知っていると思います．実は，これらの事実は累積的帰納法を使って証明されます．ツェルメロ (Zermelo, 1871–1953) による巧妙な証明を紹介しましょう[17]．

定理 16-4（素因数分解の可能性と一意性）　1 以外の任意の自然数 n は，有限個の素数の積に表わすことができる：

(16a) 　　　　$n = p_1 p_2 \cdots p_r$ 　　($r \geq 1$, 　$p_1, p_2, \cdots, p_r$ は素数)．

さらに，この表わし方は，$p_1, p_2, \cdots, p_r$ の並べ方の順番を除いて一意的である．(16a) の表示を n の**素因数分解** (prime decomposition) といい，各 p_i ($i = 1, \cdots, r$) を n の**素因数** (prime factor) という．

注意　上の定理の中で「並べ方の順番を除いて一意的である」という表現がありますが，これについて少し説明します．「〜を除いて」という言葉がついているので単なる一意的とは違うのですが，この言い方をするときには，「本質的には一意的である」，もう少し砕けた言い方をすれば，「あまり重要とは思われない違いを無視すれば一通りしかない」という気持ちが込められています．このような数学独特の言い回しとその使い方については，[4] に詳しく解説されています．一読されることをお勧めします．

（定理 16-4 の証明）
（1）素因数分解の可能性：証明は演習問題とする（演習 16-2）．
（2）書き表わし方の一意性：数学的帰納法で証明する．
　I. ($n = 2$ のとき)　2 は素数であるから，これを 2 個以上の素数の積として表わすことはできない．よって，2 を素数の積に書き表わす仕方は一意的である．

---

[17] ここで与える証明は，田島一郎著『整数』（数学ワンポイント双書 10），共立出版，1977 年を参考にしています．

II. n を $n > 2$ なる自然数とし，n よりも小さい 2 以上の任意の自然数については，素数の積への書き表わし方は（順番を無視すれば）一意的であると仮定する．

● n が素数の場合：帰納法の第 1 段と同様の理由で，n を素数の積に書き表わす仕方は一意的である．

● n が合成数の場合：n が素数の積に次のように 2 通りの仕方で書き表わされたと仮定する（n は合成数なので，下記の表示で，$r, s \geq 2$ に注意）．

$$n = p_1 p_2 \cdots p_r = q_1 q_2 \cdots q_s \qquad (p_1, \cdots, p_r, q_1, \cdots, q_s \text{ は素数}).$$

このとき，もし，q_1 が $p_1, p_2, \cdots, p_r$ のどれかと一致することが示されれば，$\dfrac{n}{q_1} \in \mathbb{N}$ に帰納法の仮定を用いて，$r = s$ であって，かつ，順番を適当に並べ変えると $p_1 = q_1, \ p_2 = q_2, \ \cdots, \ p_r = q_r$ となることがわかる．

背理法で q_1 が $p_1, p_2, \cdots, p_r$ のどれかと一致することを示す．そのために，q_1 が $p_1, p_2, \cdots, p_r$ のどれとも一致しないと仮定する．すると，$q_1 \neq p_1$ である．$q_1 < p_1$ のとき，

$$m := (p_1 - q_1) p_2 \cdots p_r$$

は $1 < m < n$ を満たす自然数であるから，帰納法の仮定により，m を素数の積に分解する仕方は順番を無視すれば一意的である．この事実と，上式の右辺が

$$(p_1 - q_1) p_2 \cdots p_r = q_1 (q_2 \cdots q_s - p_2 \cdots p_r)$$

と表せることから，q_1 は，$p_1 - q_1$ の素因数か，または，$p_2, \cdots, p_r$ のどれかに一致しなければならない．仮定から，q_1 は $p_2, \cdots, p_r$ とは一致しないので，q_1 は，$p_1 - q_1$ の素因数，つまり，q_1 は $p_1 - q_1$ を割り切ることがわかる．これより，q_1 は p_1 を割り切ることになるが，p_1, q_1 はともに素数であるから，$p_1 = q_1$ でなければならない．これは，$q_1 \neq p_1$ に矛盾する．

$q_1 > p_1$ のときは，m のかわりに，$(q_1 - p_1) p_2 \cdots p_r$ について上と同様の議論を行って，矛盾が出る．これで，帰納法が完成し，一意性の証明が終わった．

□

演習 16-2[*] 累積的帰納法を用いて，定理 16-4 における素因数分解の可能性の部分を証明しなさい．

(16a) の右辺に現れる素数のうち同じものをべき（累乗）の形にまとめると，

n の素因数分解は次の形になります.

> **系 16-5**（素因数分解の標準形） 1 以外の任意の自然数 n は，素数のべきの積として次のように一意的に表わすことができる：
> (16b) $$n = p_1^{e_1} p_2^{e_2} \cdots p_k^{e_k}.$$
> ここで，$k \geq 1$ であり，$p_1 < p_2 < \cdots < p_k$ は素数，$e_1, e_2, \cdots, e_k$ は自然数である．
> (16b) の表示を n の**素因数分解**（の**標準形**）という．

例 16-6 $n \in \mathbb{N}$ が平方数でないとき，すなわち，$n = m^2$ となる $m \in \mathbb{N}$ が存在しないとき，$\sqrt{n}$ は無理数である．

解 背理法で示す．$\sqrt{n}$ は有理数であると仮定し，$\sqrt{n} = \dfrac{a}{b}$ $(a, b \in \mathbb{N})$ と既約分数の形に書く．このとき，$nb^2 = a^2$ が成り立つ．

$b = 1$ ならば，$n = a^2$ となり，n が平方数でないことに反する．

$a = 1$ ならば，$nb^2 = 1$ となり，$n, b^2 \in \mathbb{N}$ なので，$n = 1$ となる．これも，n が平方数でないことに反する．

よって，$a, b \geq 2$ である．そこで，a, b を
$$a = p_1^{e_1} \cdots p_k^{e_k} \quad (p_1 < \cdots < p_k \text{ は素数，} e_1, \cdots, e_k \in \mathbb{N}),$$
$$b = q_1^{f_1} \cdots q_l^{f_l} \quad (q_1 < \cdots < q_l \text{ は素数，} f_1, \cdots, f_l \in \mathbb{N})$$
のように素因数の積に書き表わす．このとき，
$$n q_1^{2f_1} \cdots q_l^{2f_l} = p_1^{2e_1} \cdots p_k^{2e_k}$$
となるが，分解の一意性から，左辺の q_i は右辺の $p_1, \cdots, p_k$ のどれかと一致しなければならない．これは $\dfrac{a}{b}$ が既約であることに矛盾する．よって，$\sqrt{n}$ は無理数である． □

演習 16-3 2 以上の自然数 a に対して，次が成り立つことを証明しなさい：
$\log_{10} a$ が有理数である $\iff$ $a = 10^k$ を満たす自然数 k が存在する．

トレーニング 17
TRAINING 結合法則と交換法則

3個以上の数を足したり掛けたりする際に，順番を気にせず，どこからでも計算を始めることができます．いったいなぜなのでしょうか．ここでは，数の足し算や掛け算が持っている計算規則——結合法則と交換法則——に焦点を当てて，その理由を探ります．そのため，少し抽象的な立場から結合法則と交換法則を眺め，これらについて考察を加えていきます．

● 二項演算

S を空でない集合とします．直積集合 $S \times S$ の各元 (a,b) に S の元を1つずつ対応させる規則のことを S 上の**二項演算**（binary operation）といいます．

例 17-1

（1）各 $(a,b) \in \mathbb{R} \times \mathbb{R}$ に対して積 ab を対応させる規則は，$\mathbb{R}$ 上の二項演算である．

（2）各 $(a,b) \in \mathbb{R} \times \mathbb{R}$ に対して和 $a+b$ を対応させる規則は，$\mathbb{R}$ 上の二項演算である．

（3）各 $(a,b) \in \mathbb{R} \times \mathbb{R}$ に対して差 $a-b$ を対応させる規則は，$\mathbb{R}$ 上の二項演算である．

（4）X を集合として，その部分集合全体からなる集合 $\mathcal{P}(X)$ を考える．このとき，

　（a）各 $(A,B) \in \mathcal{P}(X) \times \mathcal{P}(X)$ に対して和集合 $A \cup B$ を対応させる規則は，$\mathcal{P}(X)$ 上の二項演算である．

　（b）各 $(A,B) \in \mathcal{P}(X) \times \mathcal{P}(X)$ に対して共通集合 $A \cap B$ を対応させる規則は，$\mathcal{P}(X)$ 上の二項演算である．

集合 S $(\neq \emptyset)$ 上に二項演算 $*$ が与えられたとすると，各 $(a,b) \in S \times S$ に対応して S の元が定まります．この元を $a * b$ と書き表わすことにします．$S \times$

S の元 (a,b) に S の元 $a*b$ を対応させることを a と b に二項演算 $*$ を施すといいます．

● 結合法則

集合 S ($\neq \emptyset$) 上に二項演算 $*$ が与えられているとします．S から元 a,b,c をとったとき，この並び方を変えないで二項演算 $*$ を施す方法は
- a と b に二項演算を施してから，$a*b$ と c に二項演算を施す方法
- b と c に二項演算を施してから，a と $b*c$ に二項演算を施す方法

の2通りがあります．前者の方法により得られる S の元を $(a*b)*c$ と書き，後者の方法により得られる S の元を $a*(b*c)$ と書きます．一般には，$(a*b)*c$ と $a*(b*c)$ が一致するとは限りませんが，すべての $a,b,c \in S$ について，

$$(a*b)*c = a*(b*c)$$

となるとき，与えた二項演算は**結合法則**（associative law）を満たすといいます．

例 **17-2**

（1） $\mathbb{R}$ 上の二項演算を実数の積または和によって定義するとき，その二項演算は結合法則を満たす．一方，実数の差によって二項演算を定義するとき，これは結合法則を満たさない．実際，$(2-1)-2 = -1 \neq 3 = 2-(1-2)$ である．

（2） X を集合とする．このとき，$\mathcal{P}(X)$ 上の二項演算として部分集合の和をとる操作および共通部分をとる操作を考えるとき，それらは結合法則を満たす（定理 10-2 (4)）．

演習 **17-1*** $\mathbb{R}$ 上の二項演算 $*$ を次で定義します：
$$a*b = a+b-5 \quad (a,b \in \mathbb{R}).$$

（1） $2*3$ を計算しなさい．
（2） $*$ は結合法則を満たすかどうかを調べなさい．

演習 **17-2*** 集合 S ($\neq \emptyset$) 上に結合法則を満たす二項演算 $*$ が与えられているとします．S から元 a,b,c,d をとったとき，この並び方を変えないで二項演算 $*$ を施す方法（括弧の付け方）をすべて書き，これらの方法で得られる S の元はすべて等しいことを証明しなさい．

定理 17-3 集合 S ($\neq \emptyset$) 上に結合法則を満たす二項演算 $*$ が与えられているとする．このとき，S から有限個の元を（重複も許して）任意にとって横一列に並べ，これらに二項演算 $*$ を何回か施して S の元を作るとき，途中で元の並べ方を変えなければ，括弧をどのように付けて計算しても，得られる S の元はすべて等しい．

証明 すべての $n \in \mathbb{N}$ について，次の条件 $P(n)$ が成り立つことを数学的帰納法で証明する．

$$P(n): \begin{cases} S \text{ から元を } n \text{ 個任意にとって横一列に並べ，これらに二項演} \\ \text{算 } * \text{ を何回か施して } S \text{ の元を作るとき，途中で元の並べ方を} \\ \text{変えなければ，括弧をどのように付けて計算しても，得られる} \\ S \text{ の元はすべて等しい．} \end{cases}$$

I. $n = 1, 2$ のとき，並べ方は一通りしかないので，$P(1), P(2)$ は成り立つ（と考えてよい）．また，$n = 3$ のとき，二項演算 $*$ は結合法則を満たしているので，$P(3)$ は成り立つ．

II. $n > 3$ とし，$3 \leq k < n$ を満たすすべての自然数 k について，$P(k)$ は成り立つと仮定する．

$a_1, \cdots, a_n \in S$ を任意にとる．この並べ方を崩さずに二項演算 $*$ を何回か施したものは，ある $r \in \{1, \cdots, n-1\}$ によって

$$(a_1 * \cdots * a_r) * (a_{r+1} * \cdots * a_n)$$

の形をしている．ここで，$a_1 * \cdots * a_r$ と $a_{r+1} * \cdots * a_n$ は，それぞれ $a_1, \cdots, a_r$ と $a_{r+1}, \cdots, a_n$ を並べ方を崩さずに二項演算 $*$ を何回か施して得られる S の元を表わしている（帰納法の仮定によって，これらは括弧の付け方によらずに定まっていることに注意）．このとき，$r \geq 2$ について

$$\begin{aligned}(a_1 * \cdots * a_r) * (a_{r+1} * \cdots * a_n) &= (a_1 * (a_2 * \cdots * a_r)) * (a_{r+1} * \cdots * a_n) \\ &= a_1 * ((a_2 * \cdots * a_r) * (a_{r+1} * \cdots * a_n)) \\ &= a_1 * (a_2 * \cdots * a_n)\end{aligned}$$

となる．よって，r がどんな値であっても，$(a_1 * \cdots * a_r) * (a_{r+1} * \cdots * a_n)$ は $a_1 * (a_2 * \cdots * a_n)$ に等しくなるので，$P(n)$ は成り立つ．

IとIIによって，帰納法は完成し，定理は証明された． □

● 交換法則

集合 $S\,(\neq \emptyset)$ 上に二項演算 $*$ が与えられているとします．一般には，$a*b$ と $b*a$ が一致するとは限りませんが，すべての $a,b \in S$ について，
$$a*b = b*a$$
となるとき，与えられた二項演算は**交換法則**（commutative law）を満たすといいます．

例 17-4

（1） $\mathbb{R}$ 上の二項演算を実数の積または和によって定義するとき，その二項演算は交換法則を満たす．一方，実数の差によって $\mathbb{R}$ 上の二項演算を定義するとき，それは交換法則を満たさない．実際，$2-1 = 1 \neq -1 = 1-2$ である．

（2） X を集合とする．このとき，$\mathcal{P}(X)$ 上の二項演算として部分集合の和をとる操作および共通部分をとる操作を考えるとき，それらは交換法則を満たす．

演習 17-3 成分が実数からなる 2 次正方行列全体からなる集合
$$M = \left\{ \begin{pmatrix} a & b \\ c & d \end{pmatrix} \,\Big|\, a,b,c,d \in \mathbb{R} \right\}$$
に対し，その上の二項演算として行列の通常の積を考えます．この二項演算は交換法則を満たすかどうかを調べなさい．

例 17-5 集合 $S\,(\neq \emptyset)$ 上に結合法則と交換法則を満たす二項演算 $*$ が与えられているとする．S から元 a,b,c をとり，これらに何回か二項演算 $*$ を施して S の元を作るとき，途中で元の並べ方を変えることも許し，括弧をどのように付けて計算しても，得られる S の元はすべて等しい．

証明 $a,b,c \in S$ の並べ方は次の 6 種類ある．

（1）a,b,c （2）a,c,b （3）b,a,c （4）b,c,a （5）c,a,b （6）c,b,a

（1）から（6）までの各並べ方において，その並べ方を変えなければ，結合法則によって，どのような括弧の付け方をしても，得られる S の元は等しい．すなわち，

$(1')$ $(a*b)*c = a*(b*c)$ $(2')$ $(a*c)*b = a*(c*b)$
$(3')$ $(b*a)*c = b*(a*c)$ $(4')$ $(b*c)*a = b*(c*a)$
$(5')$ $(c*a)*b = c*(a*b)$ $(6')$ $(c*b)*a = c*(b*a)$

となる．ここで，交換法則により，

$((2')$の右辺$) = ((1')$の右辺$)$, $((3')$の左辺$) = ((1')$の左辺$)$,
$((4')$の右辺$) = ((3')$の右辺$)$, $((5')$の左辺$) = ((2')$の左辺$)$,
$((6')$の左辺$) = ((4')$の左辺$)$

となるので，a, b, c に何回か二項演算 $*$ を施して S の元を作るときに，途中で元の並べ方を変えることを許し，括弧をどのように付けて計算しても，得られる S の元はすべて等しい． □

演習 17-4 集合 $S\ (\neq \emptyset)$ 上に結合法則と交換法則を満たす二項演算 $*$ が与えられているとします．S から元 a, b, c, d をとり，これらに何回か二項演算 $*$ を施して S の元を作るとき，途中で元の並べ方を変えることを許し，括弧をどのように付けて計算しても，得られる S の元はすべて等しいことを証明しなさい．

より一般に，次の定理が成り立ちます．

定理 17-6 集合 $S\ (\neq \emptyset)$ 上に結合法則と交換法則を満たす二項演算 $*$ が与えられているとする．このとき，S から有限個の元を（重複も許して）任意にとって横一列に並べ，これらに二項演算 $*$ を何回か施して S の元を作るとき，途中で元の順番を変えることも許し，括弧をどのように付けて計算しても，得られる S の元はすべて等しい．

証明 定理 17-3 と同様に，すべての $n \in \mathbb{N}$ について，次の $P(n)$ が成り立つことを数学的帰納法で証明する．

$P(n) : \begin{cases} S \text{ から元を } n \text{ 個任意にとって横一列に並べ，これらに二項演} \\ \text{算 } * \text{ を何回か施して } S \text{ の元を作るとき，途中で元の順番を変} \\ \text{えることを許し，括弧をどのように付けて計算しても，得られ} \\ \text{る } S \text{ の元はすべて等しい．} \end{cases}$

I. $n=1$ のとき, 並べ方は一通りしかないので, $P(1)$ は成り立つ (と考えてよい). $n=2$ のときは, 交換法則から $P(2)$ が成り立つ. また, $n=3$ のとき, 例 17-5 により, $P(3)$ は成り立つ.

II. $n>3$ とし, $3 \leq k < n$ を満たすすべての自然数 k について, $P(k)$ は成り立つと仮定する.

$a_1, \cdots, a_n \in S$ を任意にとる. 並べ方の順番を変えることも許しながら, 二項演算 $*$ を何回か施したものは, ある $r \in \{1, \cdots, n-1\}$ および $1, \cdots, n$ のある順列 $i_1, \cdots, i_n$ について

$$(a_{i_1} * \cdots * a_{i_r}) * (a_{i_{r+1}} * \cdots * a_{i_n})$$

という形をしている. ここで, $a_{i_1} * \cdots * a_{i_r}$ と $a_{i_{r+1}} * \cdots * a_{i_n}$ は, それぞれ $a_{i_1}, \cdots, a_{i_r}$ と $a_{i_{r+1}}, \cdots, a_{i_n}$ に (元の並び方の順番を変えることを許して) 二項演算 $*$ を施して得られる S の元を表わしている (帰納法の仮定によって, これらは括弧の付け方や元の順番の入れ換えによらずに定まっていることに注意). 定理 17-3 の証明と同様にして,

$$(a_{i_1} * \cdots * a_{i_r}) * (a_{i_{r+1}} * \cdots * a_{i_n}) = a_{i_1} * (a_{i_2} * \cdots * a_{i_n})$$

となることがわかる.

場合 1 $i_1 = 1$ の場合: 帰納法の仮定により $a_{i_2} * \cdots * a_{i_n} = a_2 * \cdots * a_n$ となるので,

$$(a_{i_1} * \cdots * a_{i_r}) * (a_{i_{r+1}} * \cdots * a_{i_n}) = a_1 * (a_2 * \cdots * a_n)$$

が成り立つ.

場合 2 $i_1 \neq 1$ の場合: $i_2, \cdots, i_n$ を小さい順に並べ変えたものを $j_2 = 1, j_3, \cdots, j_n$ とおくと, 帰納法の仮定により $a_{i_2} * \cdots * a_{i_n} = a_1 * a_{j_3} * \cdots * a_{j_n}$ となる. このとき,

$$\begin{aligned}
a_{i_1} * (a_{i_2} * \cdots * a_{i_n}) &= a_{i_1} * (a_1 * a_{j_3} * \cdots * a_{j_n}) \\
&= a_{i_1} * (a_1 * (a_{j_3} * \cdots * a_{j_n})) \\
&= (a_{i_1} * a_1) * (a_{j_3} * \cdots * a_{j_n}) \quad \text{(結合法則)} \\
&= (a_1 * a_{i_1}) * (a_{j_3} * \cdots * a_{j_n}) \quad \text{(交換法則)} \\
&= a_1 * (a_{i_1} * (a_{j_3} * \cdots * a_{j_n})) \quad \text{(結合法則)} \\
&= a_1 * (a_{i_1} * a_{j_3} * \cdots * a_{j_n})
\end{aligned}$$

$$= a_1 * (a_2 * \cdots * a_n) \qquad (\because \text{場合 } 1)$$

となる．よって，

$$(a_{i_1} * \cdots * a_{i_r}) * (a_{i_{r+1}} * \cdots * a_{i_n}) = a_1 * (a_2 * \cdots * a_n)$$

が成り立つ．

場合 1, 場合 2 のいずれの場合にも $(a_{i_1} * \cdots * a_{i_r}) * (a_{i_{r+1}} * \cdots * a_{i_n})$ は $a_1 * (a_2 * \cdots * a_n)$ に等しいから，$P(n)$ も成り立つことが示された．

I と II によって，帰納法は完成し，定理は証明された． □

トレーニング 18
帰納的に定義される数・和と積の記号

1 番目の数 a_1 が定義されていて，各自然数 n について，n 番目の数 a_n から $(n+1)$ 番目の数 a_{n+1} を定義する方法が与えられているとき，一連の数 a_n $(n=1,2,\cdots)$ が定まります．このとき，これらの数 a_n $(n=1,2,\cdots)$ は**帰納的に定義されている**といいます．前半部分ではこのような数の例を紹介します．後半部分では，有限個の実数についての和と積を表わす記号 $\sum, \prod$ に込められている意味と使い方を学びます．

● 累乗

0 でない実数 a に対して，それを n 個掛け合わせて得られる実数は a の **n 乗**（the n-th power of a）と呼ばれますが，この実数は，正式には，次のように帰納的に定義されています：
$$a^1 = a, \quad n \geq 2 \text{ に対して } a^n = a^{n-1} \cdot a.$$
さらに，n が 0 の場合には $a^0 := 1$，n が負の整数の場合には $a^n := \left(\dfrac{1}{a}\right)^{-n}$ と定めることにより，任意の整数 n に対して，実数 a^n が定義されます．これも a の **n 乗**と呼びます．$n=2$ のとき，n 乗のことを**自乗**と呼ぶこともあります．

任意の整数 n, m と 0 でない任意の実数 a, b に対して，**指数法則**（exponential law）

（1） $a^{n+m} = a^n a^m$　　（2） $(a^n)^m = a^{nm}$　　（3） $(ab)^n = a^n b^n$

が成り立ちます．これらの等式は帰納法により証明することができます．

● 階乗

自然数 n に対して，n の**階乗**（factorial）$n!$ が
$$1! = 1, \quad n \geq 2 \text{ に対して } n! = (n-1)! \cdot n$$

によって帰納的に定義されます．$n!$ は n 以下のすべての自然数にわたる積 $1 \cdot 2 \cdot \cdots \cdot (n-1) \cdot n$ に他なりません．便宜上，0 についても階乗 $0!$ を考え，$0! = 1$ と約束します．

演習 18-1* すべての自然数 n について $n! \geq 2^{n-1}$ が成り立つことを示しなさい．

● 数列とその漸化式

各自然数 n に対して実数 a_n が 1 つずつ定められているとき，これらを

$$a_1, a_2, a_3, \cdots, a_n, \cdots\cdots$$

のように"並べて"実数の列を作ることが"できます"（実際に全部並べ尽くすことはできないので，これは観念的なものです．大切なことは，どの n に対しても第 n 番目の実数がきちんと定められている，ということです）．この列のことを（実）**数列**（sequence）と呼びます．左から n 番目に並ぶ数 a_n をこの数列の**第 n 項**といいます．特に，第 1 項のことを**初項**といいます．数列を $\{a_n\}_{n=1}^{\infty}$ または $(a_n)_{n=1}^{\infty}$ のように書き表わします．

例 18-1 $\{\sqrt{2^n - 1}\}_{n=1}^{\infty}$ は第 n 項が $\sqrt{2^n - 1}$ によって与えられる数列である．初項は 1 である．

2 つの数列 $\{a_n\}_{n=1}^{\infty}$, $\{b_n\}_{n=1}^{\infty}$ が**等しい**とは，すべての $n \in \mathbb{N}$ に対して $a_n = b_n$ となるときをいい，このことを $\{a_n\}_{n=1}^{\infty} = \{b_n\}_{n=1}^{\infty}$ と書き表わします．例えば，$\{(-1)^n\}_{n=1}^{\infty}$ と $\{(-1)^{n-1}\}_{n=1}^{\infty}$ は，$\mathbb{R}$ の部分集合として見るとどちらも $\{1, -1\}$ ですが，数列としては等しくありません．

数列の中には，隣接する何項かの間の関係式，すなわち**漸化式**（recurrence formula）と，最初の数項の値を指定することによって帰納的に定義されるものがあります．そのような数列の代表例を紹介しましょう．

例 18-2

（1） 実数 a, d が与えられたとき，実数 a_n （$n = 1, 2, \cdots$）を

$$a_1 = a, \quad a_n = a_{n-1} + d \quad (n = 2, 3, 4, \cdots)$$

によって帰納的に定義することができる．このように定義される数列 $\{a_n\}_{n=1}^{\infty}$ を初項 a，公差 d の**等差数列**（arithmetical progression）という．この等差数列の第 n 項は $a_n = a + (n-1)d$ によって与えられる．

（2） 実数 a, r が与えられたとき，実数 a_n $(n = 1, 2, \cdots)$ を
$$a_1 = a, \quad a_n = r a_{n-1} \quad (n = 2, 3, 4, \cdots)$$
によって帰納的に定義することができる．このように定義される数列 $\{a_n\}_{n=1}^{\infty}$ を初項 a，公比 r の**等比数列**（geometrical progression）という．この等比数列の第 n 項は $a_n = a r^{n-1}$ によって与えられる．

（3） 実数 F_n $(n = 1, 2, 3, \cdots)$ を
$$F_1 = 1, \quad F_2 = 1, \quad F_n = F_{n-1} + F_{n-2} \quad (n = 3, 4, 5, \cdots)$$
によって帰納的に定義する．このように定義される数列 $\{F_n\}_{n=1}^{\infty}$ を**フィボナッチ数列**（Fibonacci sequence）といい，各実数 F_n を**フィボナッチ数**という．

● 和の記号と積の記号

n 個の実数 $a_1, \cdots, a_n$ が与えられたとき，a_1 に a_2 を加え，得られた数 $a_1 + a_2$ に a_3 を加え $\cdots$ というように，a_1 から a_n まで順番に和をとることにより 1 つの実数 $a_1 + a_2 + \cdots + a_n$ が定まります．この実数を

(18a) $$\sum_{i=1}^{n} a_i$$

と表わします．この実数は次のように帰納的に定義されています．
$$\sum_{i=1}^{1} a_i = a_1, \quad n \geq 2 \text{ に対して } \sum_{i=1}^{n} a_i = \left(\sum_{i=1}^{n-1} a_i \right) + a_n.$$

注意 (18a) において和の記号に付属している文字 i は，すでに意味が確定している n と a 以外であれば，好きな文字に置き換えることができます．また，必ずしも 1 から始める必要はありません．$a_0 + a_1 + \cdots + a_n$ を $\sum_{i=0}^{n} a_i$ のように書いて構いません．また，本書では使用しませんが，通常，本文の中に和の記号を挿入する場合には，行間を揃えるために，$\sum_{i=1}^{n}$ という表示が使われます．

和と同様に，a_1 から a_n まで順番に積をとることにより得られる実数 $a_1 a_2 \cdots a_n$ を

(18b) $$\prod_{i=1}^{n} a_i$$

と表わします．この実数は次のように帰納的に定義されています．
$$\prod_{i=1}^{1} a_i = a_1, \quad n \geq 2 \text{ に対して } \prod_{i=1}^{n} a_i = \left(\prod_{i=1}^{n-1} a_i \right) a_n.$$

記号 $\sum$, $\prod$ は，それぞれ，和，積を意味する英語 summation, product の頭文字 S, P に対応するギリシア文字に由来しています．和の記号と同様に，本文の中に積の記号を挿入する場合には，$\prod_{i=1}^{n}$ という表示が使われます．

例 18-3 $a_i = 1$ $(i=1,\cdots,n)$ のとき，和の記号の定義から，$\sum_{i=1}^{n} a_i = n$，すなわち，$\sum_{i=1}^{n} 1 = n$ である．

例 18-4 n を自然数，a を実数とするとき，$n!$ と a^n は積の記号を用いて $n! = \prod_{i=1}^{n} i$, $a^n = \prod_{i=1}^{n} a$ と表わされる．

● $\sum$ 記号・$\prod$ 記号の意味と使い方

有限集合（= 元の個数が有限個であるような集合）I の各元 i に対して，実数 a_i が 1 つずつ定められているとします（例えば，$I = \{\bigcirc, \triangle, \square\}$ であって，$a_\bigcirc = \sqrt{2}$, $a_\triangle = 1$, $a_\square = \pi$ のような場合を想像してください）．このとき，I のすべての元 i にわたって a_i たちの和をとることにより，1 つの実数が得られます．この実数を，記号

$$\sum_{i \in I} a_i$$

で表わします．同様に，I のすべての元 i にわたって a_i たちの積をとることにより得られる実数を，記号

$$\prod_{i \in I} a_i$$

で表わします．

演習 18-2* $\sum_{i \in I} a_i$ や $\prod_{i \in I} a_i$ のような記号の使い方が許される根拠は何か？記号 $\sum_{i \in I} a_i$ と $\prod_{i \in I} a_i$ に対する上で述べた説明の不十分なところを指摘して，その根拠を述べなさい．

上記の基本を踏まえた上で，$\sum$ 記号や $\prod$ 記号の記述を，誤解が生じない範囲内で，変更することができます．ここで，よく使われる書き方を紹介しましょう．

（1） n を自然数とします．$I = \{1,\cdots,n\}$ のとき，和 $\sum_{i \in I} a_i$ および積 $\prod_{i \in I} a_i$ をそれぞれ

$$\sum_{1 \leq i \leq n} a_i \quad \text{および} \quad \prod_{1 \leq i \leq n} a_i$$

のようにも書きます．これらはそれぞれ (18a), (18b) と同じ実数を表わします．

例 18-5
$$\sum_{1 \leq k \leq n} k^2 = \sum_{k=1}^{n} k^2 = \frac{n(n+1)(2n+1)}{6},$$
$$\prod_{1 \leq k \leq n} k^2 = \prod_{k=1}^{n} k^2 = (n!)^2.$$

（2） I, J を 2 つの有限集合とし，直積集合 $I \times J$ の各元 (i, j) に対して，実数 a_{ij} が 1 つ定められているとします．このとき，$I \times J$ のすべての元 (i, j) にわたる a_{ij} たちの和，および，積をそれぞれ

(18c) $$\sum_{(i,j) \in I \times J} a_{ij} \quad \text{および} \quad \prod_{(i,j) \in I \times J} a_{ij}$$

によって表わします．特に，I, J が，m, n を自然数として，$I = \{1, \cdots, m\}$, $J = \{1, \cdots, n\}$ によって与えられているときは，(18c) で表わされる実数をそれぞれ

$$\sum_{\substack{1 \leq i \leq m \\ 1 \leq j \leq n}} a_{ij} \quad \text{および} \quad \prod_{\substack{1 \leq i \leq m \\ 1 \leq j \leq n}} a_{ij}$$

のようにも書き表わします．さらに，$n = m$ の場合には次のように書き表わします：

$$\sum_{1 \leq i,j \leq n} a_{ij} \ (\text{または} \sum_{i,j=1}^{n} a_{ij}) \quad \text{および} \quad \prod_{1 \leq i,j \leq n} a_{ij} \ (\text{または} \prod_{i,j=1}^{n} a_{ij}).$$

例 18-6
$$\sum_{1 \leq i,j \leq n} ij = \left(\sum_{i=1}^{n} i\right)^2 = \frac{n^2(n+1)^2}{4},$$
$$\prod_{1 \leq i,j \leq n} ij = \prod_{i=1}^{n}(i^n n!) = (n!)^{2n}.$$

解 和の方は，

$$\sum_{1 \leq i,j \leq n} ij = \sum_{i=1}^{n}\left(\sum_{j=1}^{n} ij\right) = \sum_{i=1}^{n} i\left(\sum_{j=1}^{n} j\right) = \left(\sum_{j=1}^{n} j\right)\sum_{i=1}^{n} i = \left(\sum_{i=1}^{n} i\right)^2$$

118　トレーニング 18　帰納的に定義される数・和と積の記号

と $\sum_{i=1}^{n} i = \dfrac{n(n+1)}{2}$ より従う[18]．積の方は，

$$\prod_{1\leq i,j\leq n} ij = \prod_{i=1}^{n}\left(\prod_{j=1}^{n} ij\right) = \prod_{i=1}^{n}\left(i^n \prod_{j=1}^{n} j\right) = \prod_{i=1}^{n}(i^n n!) = (n!)^n \left(\prod_{i=1}^{n} i\right)^n$$

となることによる．　　　　　　　　　　　　　　　　　　　　　□

演習 18-3* n を自然数とします．$1 \leq i,j \leq n$ を満たす整数 i,j の各組 (i,j) に対して，実数 a_{ij} が 1 つ定められているとします．次の等式が成り立つことを下図を使って簡単に説明しなさい．

$$\sum_{j=1}^{n}\left(\sum_{i=1}^{n} a_{ij}\right) = \sum_{i=1}^{n}\left(\sum_{j=1}^{n} a_{ij}\right).$$

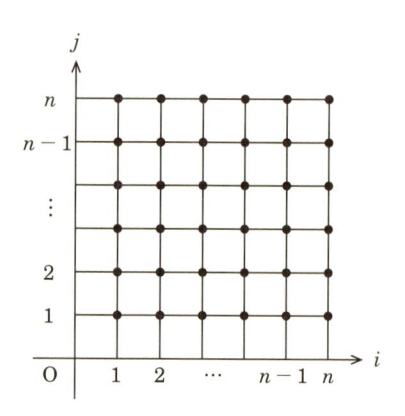

（3）　$1 \leq i < j \leq n$ を満たす整数の各組 (i,j) に対して，1 つの実数 a_{ij} が定められているとします．このとき，$S := \{(i,j) \mid 1 \leq i < j \leq n\}$ のすべての元 (i,j) にわたる a_{ij} たちの和 $\sum_{(i,j)\in S} a_{ij}$ および積 $\prod_{(i,j)\in S} a_{ij}$ をそれぞれ次のようにも書き表わします：

---

[18] $a < n$ に対して和 $S = \sum_{i=a}^{n} i$ を求めたい場合には，S を $S = a+(a+1)+\cdots+(n-1)+n$ と $S = n+(n-1)+\cdots+(a+1)+a$ の 2 通りに書き，この両辺をそれぞれ足すとよいでしょう．（左辺は $2S$ ですが，右辺は $(a+n)+((a+1)+(n-1))\cdots+((n-1)+(a+1))+(n+a)$ となり，$n+a$ を $n-a+1$ 個足したものになります．このことから，$2S = (n-a+1)(n+a)$ が得られ，和 S の値が求まります．）　もちろん，この和の公式を厳密に証明するにはトレーニング 16 で学んだように数学的帰納法を使います．

$$\sum_{1 \leq i < j \leq n} a_{ij} \quad \text{および} \quad \prod_{1 \leq i < j \leq n} a_{ij}.$$

例 18-7 各 $i = 1, 2, \cdots, n$ に対して実数 a_i が定められているとき,
$$\left(\sum_{i=1}^{n} a_i\right)^2 = \sum_{i=1}^{n} a_i^2 + 2 \sum_{1 \leq i < j \leq n} a_i a_j.$$

演習 18-4 $1 \leq i \leq j \leq n$ を満たす整数 i, j の各組 (i, j) に対して, 実数 a_{ij} が 1 つ定められているとします. 次の等式が成り立つことを, 適当な図を書いて説明しなさい.
$$\sum_{j=1}^{n} \left(\sum_{i=1}^{j} a_{ij}\right) = \sum_{i=1}^{n} \left(\sum_{j=i}^{n} a_{ij}\right).$$

● $\sum$ 記号と $\prod$ 記号の性質

$\sum$ と $\prod$ が持つ基本的な性質をまとめておきましょう.

有限集合 I の各元 i に対して, 2 つの実数 a_i, a'_i が定められているとき, 次が成り立ちます.

(i) $\displaystyle\sum_{i \in I}(a_i + a'_i) = \sum_{i \in I} a_i + \sum_{i \in I} a'_i.$

(ii) $\displaystyle\prod_{i \in I}(a_i a'_i) = \left(\prod_{i \in I} a_i\right)\left(\prod_{i \in I} a'_i\right).$

2 つの有限集合 I, J の直積集合 $I \times J$ の各元 (i, j) に対して, 実数 a_{ij} が定められているとき, 次が成り立ちます.

(iii) $\displaystyle\sum_{(i,j) \in I \times J} a_{ij} = \sum_{i \in I}\left(\sum_{j \in J} a_{ij}\right) = \sum_{j \in J}\left(\sum_{i \in I} a_{ij}\right).$

(iv) $\displaystyle\prod_{(i,j) \in I \times J} a_{ij} = \prod_{i \in I}\left(\prod_{j \in J} a_{ij}\right) = \prod_{j \in J}\left(\prod_{i \in I} a_{ij}\right).$

(i)は加法の結合法則, (ii)は乗法の結合法則, (iii)は加法の結合法則と交換法則, (iv)は乗法の結合法則と交換法則から導くことができます ((iii)については演習 18-3 を参照).

$\sum$ 記号については, 加法と乗法の間の分配法則 $a(b+c) = ab + ac$, $(a+b)c = ac + bc$ から次も成り立つことがわかります. 有限集合 I の各元 i に対して実数 a_i が定められていて, 有限集合 J の各元 j に対して実数 b_j が定められて

いるとき，任意の実数 α に対して，

(v) $\quad \alpha\Big(\sum_{i\in I} a_i\Big) = \sum_{i\in I} \alpha a_i, \qquad \Big(\sum_{i\in I} a_i\Big)\alpha = \sum_{i\in I} a_i\alpha.$

(vi) $\quad \Big(\sum_{i\in I} a_i\Big)\Big(\sum_{j\in J} b_j\Big) = \sum_{(i,j)\in I\times J} a_i b_j.$

演習 18-5 (v), (vi)に対応する $\prod$ に関する公式を書きなさい ($\prod_{i\in I} \alpha a_i$, $\prod_{i\in I} a_i\alpha$, $\prod_{(i,j)\in I\times J} a_i b_j$ はどのように書けますか)．

$\sum$ 記号と $\prod$ 記号の諸性質を導くのに，実数の和と積に関する結合法則，交換法則，分配法則しか使っていないので，上の文章の中の「実数」という単語を「複素数」という単語に置き換えても同じ等式が成り立つことがわかります．より一般に，体においては，有限個の元についての和を $\sum$ 記号で，有限個の元についての積を $\prod$ 記号で表わすことができ，先に述べた諸性質(i)–(vi)がすべて成り立つことがわかります．

トレーニング 19 命題の否定

定義や定理を深く理解するには，与えられた命題の否定をそれと同値なわかりやすい命題に書き換える作業が不可欠です．否定命題を肯定的な文に言い換える訓練はトレーニング 6 で少しだけしましたが，ここではより本格的に訓練します．

論理記号の意味と使い方を思い出しておきましょう．

論理記号	意味	使い方
$^-$	否定	主張 P に対して，「P ではない」という主張を $\overline{P}$ で表わす．
$\wedge$	かつ（両方とも）	主張 P,Q に対して，「P であって，かつ，Q である」という主張を $P \wedge Q$ で表わす．
$\vee$	または（少なくとも一方）	主張 P,Q に対して，「P であるか，または，Q である」という主張を $P \vee Q$ で表わす．
$\Rightarrow$	ならば	主張 P,Q に対して，「P であるならば Q である」という主張を $P \Rightarrow Q$ で表わす．
$\forall$	すべての	「集合 X に属するすべての x に対して（〜である）」という主張を $\forall x \in X$ で表わす．
$\exists$	存在する	「○○が存在する」という主張を $\exists$○○ で表わす．

● 「かつ」と「または」の否定

命題 P,Q に対して「P かつ Q」と「P または Q」の否定はトレーニング 7 で示したようにド・モルガンの法則によって与えられます．

定理 19-1（ド・モルガンの法則） 命題 P,Q について次が成り立つ．
 （1） $\overline{P \wedge Q} \iff \overline{P} \vee \overline{Q}$,
 （2） $\overline{P \vee Q} \iff \overline{P} \wedge \overline{Q}$.

例 19-2 x を実数とします．次の各命題の否定を，それと同値なわかりやすい命題に書き換えなさい．

（1） x は $|x| < 5$ を満たし，かつ，$x \geq 0$ を満たす．
（2） x は $|x| < 5$ を満たすか，または，$x \geq 0$ を満たす．

解 命題 P, Q を

$$P: x \text{ は } |x| < 5 \text{ を満たす}, \qquad Q: x \text{ は } x \geq 0 \text{ を満たす}$$

と定めると，(1)の命題は $P \wedge Q$ と表わされ，(2)の命題は $P \vee Q$ と表わされる．したがって，ド・モルガンの法則により，(1)の命題の否定は $\overline{P} \vee \overline{Q}$ と同値であり，(2)の命題の否定は $\overline{P} \wedge \overline{Q}$ と同値である．

$$\overline{P} \iff \text{「実数 } x \text{ は } |x| < 5 \text{ を満たさない」}$$
$$\iff \text{「実数 } x \text{ は } |x| \geq 5 \text{ を満たす」},$$
$$\overline{Q} \iff \text{「実数 } x \text{ は } x \geq 0 \text{ を満たさない」}$$
$$\iff \text{「実数 } x \text{ は } x < 0 \text{ を満たす」}$$

という言い換えが成立するから，(1)の命題の否定は，「x は $|x| \geq 5$ を満たすか，または，$x < 0$ を満たす」と言い換えられ，(2)の命題の否定は，「x は $|x| \geq 5$ を満たし，かつ，$x < 0$ を満たす」と言い換えられる．さらに，不等式「$|x| \geq 5$，または，$x < 0$」を解くことにより，(1)の命題の否定は「x は $x \geq 5$ を満たすか，または，$x < 0$ を満たす」と言い換えられ，不等式「$|x| \geq 5$，かつ，$x < 0$」を解くことにより，(2)の命題の否定は「x は $x \leq -5$ を満たす」と言い換えられる． □

● 「ならば」の否定

命題 P, Q に対して "$P \Rightarrow Q$" の否定をそのまま作ると「"P ならば Q" ということではない」となりますが，これは

「"P である"，にもかかわらず，"Q であるということではない"」

と書き換えられ，さらにこれは

「P であるにもかかわらず，Q ではない」

と書き換えられることがわかります．結局，"$P \Rightarrow Q$" の否定は次の定理のように言い換えられることがわかります．これは演習 7-2 で真理表を書いて調べた結果と一致しています．

定理 19-3 命題 P, Q について次が成り立つ．
$$\overline{P \Rightarrow Q} \iff P \wedge \overline{Q}.$$

例 19-4 n を 1 つの自然数とします．このとき，次の命題 R について考えます．

R：n が奇数であるならば n^2 は奇数である．

(1) $n = 2$ のとき，R は真であるか偽であるかを判定しなさい．
(2) R の否定をそれと同値なわかりやすい命題に書き換えなさい．

解 命題 P, Q を

P：n は奇数である，　　Q：n^2 は奇数である

と定めると，命題 R は $P \Rightarrow Q$ と表現できる．
(1) 2 は奇数ではないので，「$\Rightarrow$」の真理表により，R は真である．
(2) $P \Rightarrow Q$ の否定は「P かつ $\overline{Q}$」と同値である．これを文で表現し直すことにより，R の否定は

「n は奇数であって，かつ，n^2 は偶数である」

と言い換えられることがわかる． □

注意 (1)は(2)を使って説明することもできます．背理法を使います．$n = 2$ のとき，R は偽であったと仮定します．すると，$\overline{R}$ は真になります．(2)の解により，「2 は奇数であって，かつ，2^2 は偶数である」が成り立たなければなりません．しかし，これは 2 が偶数であるということに矛盾します．こうして，背理法により，$n = 2$ のとき R が真であることが示されます．

演習 19-1* n を自然数として，次の命題 R を考えます．

R：n が 2 の倍数ならば，4 の倍数または 6 の倍数である．

(1) $n = 8$ のとき，命題 R は真であるか偽であるかを判定しなさい．
(2) R の否定をそれと同値なわかりやすい命題に書き換えなさい．

● 逆と対偶

2 つの命題 P, Q が与えられたとき，"$P \Rightarrow Q$" という命題を考えることができました．これ以外にも，"$Q \Rightarrow P$" "$\overline{Q} \Rightarrow \overline{P}$" "$\overline{P} \Rightarrow \overline{Q}$" といった命題を考え

ることができます．命題 "$Q \Rightarrow P$" を命題 "$P \Rightarrow Q$" の逆（converse）といい，命題 "$\overline{Q} \Rightarrow \overline{P}$" を命題 "$P \Rightarrow Q$" の対偶（contraposition）といいます．

「ならば」を含む命題については，<u>命題 "$P \Rightarrow Q$" の真偽とその対偶 "$\overline{Q} \Rightarrow \overline{P}$" の真偽はぴったり一致する</u>（演習 7-2 (2) を参照），という事実が重要です．このことから，命題 "$P \Rightarrow Q$" が真であることを証明するために，その対偶 "$\overline{Q} \Rightarrow \overline{P}$" が真であることを証明してもよいことがわかります．つまり，

"P という仮定から Q という結論が導かれること"

を示す代わりに，

"Q ではないという仮定から P ではないという結論を導いてもよい"

のです．

一方，命題 "$P \Rightarrow Q$" の真偽とその逆 "$Q \Rightarrow P$" の真偽は必ずしも一致しません．このことは，<u>定理の逆を証明しても，その定理自体を証明したことにならない</u>ことを意味します．命題 "$P \Rightarrow Q$" の真偽とその逆 "$Q \Rightarrow P$" の真偽が一致するのは，P と Q が同値な命題の場合に限られます．

演習 19-2* $A = \begin{pmatrix} a & b \\ c & d \end{pmatrix}$, $B = \begin{pmatrix} x & y \\ z & w \end{pmatrix}$ を成分が実数からなる 2 つの 2 次正方行列とし，命題

$$R : A = B = O \text{ ならば } AB = O \text{ である}$$

を考えます．ここで，O は零行列を表わします．

（1）命題 R の対偶を書き，それを同値なわかりやすい命題に書き換えなさい．

（2）命題 R の逆を書きなさい．

（3）命題 R の対偶，逆のそれぞれについて，真偽を判定しなさい（理由も簡単につけること）．

● 全称命題と存在命題の否定

全称命題と存在命題の否定については，次が成り立ちます．

定理 19-5（ド・モルガンの法則）　集合 X を定義域とする命題関数 $P(x)$ について，

（1）全称命題「$\forall x \in X, P(x)$」の否定は存在命題「$\exists x \in X \text{ s.t. } \overline{P(x)}$」

と同値である．すなわち，
$$\overline{\forall x \in X, \ P(x)} \iff \exists x \in X \ \text{s.t.} \ \overline{P(x)}.$$
（2） 存在命題「$\exists x \in X \ \text{s.t.} \ P(x)$」の否定は全称命題「$\forall x \in X, \ \overline{P(x)}$」と同値である．すなわち，
$$\overline{\exists x \in X \ \text{s.t.} \ P(x)} \iff \forall x \in X, \ \overline{P(x)}.$$

証明 （1） 全称命題「$\forall x \in X, \ P(x)$」の否定が真であるとする．すると，全称命題「$\forall x \in X, \ P(x)$」は偽である．全称命題の真偽の定義より（トレーニング 11 参照），$P(x_0)$ が偽であるような $x_0 \in X$ が少なくとも 1 つ存在する．したがって，存在命題「$\exists x \in X \ \text{s.t.} \ \overline{P(x)}$」は真である．今の証明を逆にたどって，存在命題「$\exists x \in X \ \text{s.t.} \ \overline{P(x)}$」が真ならば，全称命題「$\forall x \in X, \ P(x)$」の否定が真であることもわかる．よって，(1)が成り立つ．

(2)は存在命題の真偽の定義を使って，(1)と同様に示される． □

例 19-6 文字 n に関する条件

$P(n)$：n は 2 で割り切れるか，または，3 で割り切れる

を考えます．各整数 $n_0 \in \mathbb{Z}$ に対して $P(n_0)$ は命題になります．X を $\mathbb{Z}$ の部分集合とするとき，

（1） 全称命題 "$\forall n \in X, \ P(n)$" の否定を，記号 "$\forall$" や "$\exists$" を使わずに，わかりやすい同値な命題に書き換えなさい．

（2） 存在命題 "$\exists n \in X \ \text{s.t.} \ P(n)$" の否定を，記号 "$\forall$" や "$\exists$" を使わずに，わかりやすい同値な命題に書き換えなさい．

解 （1） ド・モルガンの法則により，全称命題 "$\forall n \in X, \ P(n)$" の否定は，

「$P(n)$ が成り立たないような $n \in X$ が存在する」

と同値である．ここで，

(*)　$P(n)$ が成り立たない $\iff$ n は 2 でも，3 でも割り切れない

であるから，全称命題 "$\forall n \in X, \ P(n)$" の否定は次のように書き換えることができる：

「2 でも，3 でも割り切れないような，X の元が存在する．」

（2）ド・モルガンの法則により，存在命題 "$\exists n \in X$ s.t. $P(n)$" の否定は，

「どのような $n \in X$ に対しても，$P(n)$ は成り立たない」

と同値である．(∗) により，これは次のように書き換えることができる．

「X のどのような元も，2 でも，3 でも割り切れない．」 □

演習 19-3* 文字 x に関する条件

$$P(x) : x^2 \text{ は整数である}$$

を考えます．各実数 $x_0 \in \mathbb{R}$ について，$P(x_0)$ は命題になります．X を $\mathbb{R}$ の部分集合とするとき，次の問いに答えなさい．

（1）全称命題 "$\forall x \in X, P(x)$" の否定を，記号 "$\forall$" や "$\exists$" を使わずに，それと同値なわかりやすい命題に書き換えなさい．

（2）存在命題 "$\exists x \in X$ s.t. $P(x)$" の否定を，記号 "$\forall$" や "$\exists$" を使わずに，それと同値なわかりやすい命題に書き換えなさい．

（3）$X = \mathbb{Q}$ の場合に，全称命題 "$\forall x \in X, P(x)$" の否定と存在命題 "$\exists x \in X$ s.t. $P(x)$" の否定のそれぞれについて，真であるか偽であるかを判定しなさい．

● 反例

集合 X を定義域とする命題関数 $P(x)$ が与えられているとします．このとき，$P(x_0)$ が偽であるような元 $x_0 \in X$ のことを，全称命題 "$\forall x \in X, P(x)$" に対する **反例**（counterexample）といいます．

ド・モルガンの法則により，

$$\overline{\forall x \in X, \; P(x)} \iff \exists x \in X \text{ s.t. } \overline{P(x)}$$

が成り立つので，全称命題 "$\forall x \in X, P(x)$" に対する反例を挙げる（すなわち，$P(x_0)$ が偽であるような元 $x_0 \in X$ を具体的に 1 つ与える）ことができれば，全称命題 "$\forall x \in X, P(x)$" は偽であることが証明されたことになります．

例 19-7 次の各命題について，もし反例があるのであれば，それを 1 つ挙げなさい．

（1）任意の $x > 0$ について，$x^2 - 3x + 2 < 0$ である．

（2） $1 < x < \sqrt{2}$ を満たす任意の $x \in \mathbb{R}$ について，$x^2 - 3x + 2 < 0$ である．

解 $x^2 - 3x + 2 = (x-1)(x-2)$ と因数分解できるから，実数 $x \in \mathbb{R}$ に対して，

(*) $\qquad\qquad x^2 - 3x + 2 < 0 \iff 1 < x < 2$

となる．よって，$x_0 := 3\,(> 0)$ に対しては $x_0^2 - 3x_0 + 2 < 0$ が成り立たない．したがって，$3 \in \mathbb{R}$ は(1)の命題に対する1つの反例である．

一方，$x_0 \in \mathbb{R}$ が $1 < x_0 < \sqrt{2}$ であるならば，$1 < x_0 < 2$ であるから，(*)によって，$x_0^2 - 3x_0 + 2 < 0$ となる．したがって，(2)の命題は真であり，反例はない． □

演習 19-4 次の各命題について，真であるか偽であるかを判定しなさい．また，偽の場合には反例を1つ挙げなさい（ヒント：(2)については関数のグラフを考えるとよい）．

（1） 任意の $x > 0$ について，$x^3 - 3x + 2 > 0$ である．

（2） 任意の $x > 0$ について，$x \log x \geq 0$ である．

トレーニング 20
「任意」と「存在」を両方含む命題の否定

「任意」と「存在」を両方含む命題（関数）はトレーニング11で導入され，その意味の読み取り方や真偽の判定方法を学びました．さらに，トレーニング19では，単純な形をした命題に対して，その否定の作り方を学びました．ここでは「任意」と「存在」が混在する命題の否定の作り方と同値な命題への言い換えを練習します．

● "∀" と "∃" を両方含む命題（復習）

"∀" と "∃" が混在する命題の意味の取り方を復習しましょう．

例 20-1 次の2つの命題を考えます．

$$P: \forall a > 0, \ \exists x > 0 \ \text{s.t.} \ ax = 1.$$
$$Q: \exists x > 0 \ \text{s.t.} \ \forall a > 0, \ ax = 1.$$

この2つの命題の差は ∀ と ∃ の順番だけですが，それらが意味する内容は異なります．

命題の主張を正しく読み取るために，次の原則を思い出してください．

- 論理記号で書かれた命題は，英文を記号化したものなので，左から順に読む．
- "$\forall x > 0, \cdots\cdots$" は「$x > 0$ を満たす実数 x を任意にとったときに $\cdots\cdots$」ということを意味している．
- "$\exists x > 0 \ \text{s.t.} \ \cdots\cdots$" は「$\cdots\cdots$ を満たすような実数 $x > 0$ が存在する」ということを意味している．

これを踏まえると，P は「任意の正の実数 a に対して，"$ax = 1$ であるような正の実数 x が存在する"」という内容の命題であり，Q は「"任意の正の実数 a に対して，$ax = 1$ である"ような正の実数 x が存在する」という内容の命題であることがわかります（句読点とクォーテーションマークの位置に注意）．

P は真の命題です．なぜなら，勝手に $a>0$ を与えたとき，$x>0$ を満たす x として $x=\dfrac{1}{a}$ をとってくれば，確かに $ax=a\dfrac{1}{a}=1$ が成り立つからです．しかし，Q は偽の命題です．なぜなら，Q における x は条件

($*$) 　　　　"任意の実数 $a\in\mathbb{R}$ に対して，$ax=1$ である"

を満たさなければなりませんが，このような $x>0$ は存在しないからです（もし，条件 ($*$) を満たす $x>0$ が存在したと仮定すると，$a=1$ に対しても $a=2$ に対しても $ax=1$ が成り立たなければならないので，$1=x=\dfrac{1}{2}$ という矛盾が生じてしまいます）． □

演習 20-1* 次の 2 つの命題 P, Q のそれぞれについて，その真偽を判定しなさい．

$$P: \forall a\in\mathbb{R},\ \exists x\in\mathbb{R}\ \text{s.t.}\ x^2+x+a=0.$$
$$Q: \exists a,b\in\mathbb{R}\ \text{s.t.}\ \forall x\in\mathbb{R},\ ax+b=2.$$

● "∀" と "∃" を両方含む命題の否定

"∀" と "∃" が混在する命題の否定を作るコツは，入れ子になっている命題を外側から順番に否定していくことです．

命題の否定に関しては次のド・モルガンの法則が基本的です（例 7-2 (1)，定理 19-5 を参照）．ここに再掲します．

ド・モルガンの法則
(1) 命題 P, Q について次が成り立つ．
$$\overline{P\wedge Q}\iff \overline{P}\vee\overline{Q},\qquad \overline{P\vee Q}\iff \overline{P}\wedge\overline{Q}.$$
(2) 集合 X を定義域とする命題関数 $P(x)$ について次が成り立つ．
- $\overline{\forall x\in X,\ P(x)}\iff \exists x\in X\ \text{s.t.}\ \overline{P(x)},$
- $\overline{\exists x\in X\ \text{s.t.}\ P(x)}\iff \forall x\in X,\ \overline{P(x)}.$

例 20-2 2 つの命題
$$P: \forall x\in[-1,1],\ \exists y\in\mathbb{R}\ \text{s.t.}\ x^2+y^2=1,$$
$$Q: \exists y\in\mathbb{R}\ \text{s.t.}\ \forall x\in[-1,1],\ x^2+y^2=1$$

のそれぞれについて，その否定を，それと同値なわかりやすい命題に書き換えなさい．

解 ● P の否定： $[-1, 1]$ を定義域とする命題関数

$$P(x) : \exists y \in \mathbb{R} \text{ s.t. } x^2 + y^2 = 1$$

を考えると，与えられた命題 P は全称命題 "$\forall x \in [-1, 1], P(x)$" の形に書くことができる．したがって，ド・モルガンの法則から，P の否定は "$\exists x \in [-1, 1]$ s.t. $\overline{P(x)}$"，つまり，

「$P(x_0)$ が成り立たないような $x_0 \in [-1, 1]$ が存在する」

となる．「$P(x_0)$ が成り立たない」とは，ド・モルガンの法則から，

「すべての $y \in \mathbb{R}$ に対して，$x_0^2 + y^2 \neq 1$ となる」

ことであるから，P の否定は，

「"すべての $y \in \mathbb{R}$ に対して，$x_0^2 + y^2 \neq 1$ となる" ような $x_0 \in [-1, 1]$ が存在する」

と書き換えられる．これを論理記号を使って書き直すと次のようになる：

$$\exists x \in [-1, 1] \text{ s.t. } \forall y \in \mathbb{R}, \, x^2 + y^2 \neq 1.$$

● Q の否定： $\mathbb{R}$ を定義域とする命題関数

$$Q(y) : \forall x \in [-1, 1], \, x^2 + y^2 = 1$$

を考えると，与えられた命題 Q は存在命題 "$\exists y \in \mathbb{R}$ s.t. $Q(y)$" の形に書くことができる．したがって，ド・モルガンの法則から，Q の否定は "$\forall y \in \mathbb{R}, \overline{Q(y)}$"，つまり，

「どんな $y_0 \in \mathbb{R}$ についても，$Q(y_0)$ は成り立たない」

となる．「$Q(y_0)$ が成り立たない」ことは，ド・モルガンの法則から，

「$x^2 + y_0^2 \neq 1$ となる $x \in [-1, 1]$ が存在する」

ことであるから，Q の否定は，

「どんな $y_0 \in \mathbb{R}$ についても，"$x^2 + y_0^2 \neq 1$ となる $x \in [-1, 1]$ が存在する"」

と書き換えられる．これを論理記号を使って書き直すと次のようになる：

$$\forall y \in \mathbb{R}, \, \exists x \in [-1, 1] \text{ s.t. } x^2 + y^2 \neq 1. \quad \square$$

演習 20-2* 次の2つの命題 P と Q について，その否定を，それと同値なわかりやすい命題に書き換えなさい（記号 $\forall$ と $\exists$ を使わずに，また，「～ではない」という表現を用いずに書くこと）．

$$P: \forall x > 0, \ \exists y \in \mathbb{R} \ \text{s.t.} \ xy \geq 1.$$
$$Q: \exists x \in \mathbb{R} \ \text{s.t.} \ \forall y > 0, \ x > y.$$

● 付帯条件を伴う全称命題

集合 X を定義域とする2つの命題関数 $P(x)$ と $Q(x)$ が与えられたとします．このとき，

「$P(x)$ が真であるすべての $x \in X$ について $Q(x)$ である」

という命題を作ることができます．この命題は，

$$T_P = \{\, x_0 \in X \mid P(x_0) \text{ は真である}\,\}$$

という X の部分集合を考えるとき，"$\forall x \in T_P, \ Q(x)$" という全称命題の形に書くことができます．$T_P$ を X を定義域とする命題関数 $P(x)$ の **真理集合**（truth set）と呼びます．

命題 "$\forall x \in T_P, \ Q(x)$" の否定は，ド・モルガンの法則により "$\exists x \in T_P$ s.t. $\overline{Q(x)}$" です．これを文章に直せば，

「T_P の中に，$Q(x)$ が真でない元 $x \in X$ が存在する」

となります．これは，さらに，

「$P(x)$ が真である X の元 x であって，$Q(x)$ が真でないものが存在する」

と書き換えることができます．結局，

$\overline{P(x) \text{ が真であるすべての } x \in X \text{ について } Q(x) \text{ である}}$
$\iff P(x)$ が真である $x \in X$ であって，$Q(x)$ ではないものが存在する
$\iff$ 「$P(x)$ かつ $\overline{Q(x)}$」が真であるような $x \in X$ が存在する

と書き換えられることがわかります．

演習 20-3* 次の命題 P の否定を，それと同値なわかりやすい命題に書き換えなさい（「～ではない」というような表現を用いずに書くこと）．さらに，その真偽を判定しなさい．

$P:$ $0 \leq x \leq 1$ を満たすすべての $x \in \mathbb{R}$ について，
$x^2 < 2$ または $x^2 > 4$ である．

演習 20-4 次の命題 P の否定を，それと同値なわかりやすい命題に書き換えなさい（「～ではない」というような表現を用いずに書くこと）．

$P: \forall a \in \mathbb{R},\ \exists r > 0\ \text{s.t.}\ (a - r \leq x \leq a + r \Rightarrow x \notin \mathbb{Z}).$

● 論理と集合の演算の対応関係

X を定義域とする命題関数 $P(x)$ に対して，その真理集合

$$T_P = \{\, x_0 \in X \mid P(x_0) \text{ は真}\,\}$$

が定まりました．命題関数に対して「ではない」「かつ」「または」「ならば」をとる操作と真理集合に対して演算「$-$」「$\cap$」「$\cup$」を施す操作との間には次のような関係があります．

定理 20-3 $P(x)$, $Q(x)$ を集合 X を定義域とする 2 つの命題関数とする．

（1） x に関する 3 つの条件 "$\overline{P(x)}$"，"$P(x)$ かつ $Q(x)$"，"$P(x)$ または $Q(x)$" をそれぞれ $\overline{P}(x), (P \wedge Q)(x), (P \vee Q)(x)$ で表わすとき，真理集合について次が成り立つ．

$$T_{\overline{P}} = X - T_P,$$
$$T_{P \wedge Q} = T_P \cap T_Q,$$
$$T_{P \vee Q} = T_P \cup T_Q.$$

（2） x に関する条件 "$P(x) \Rightarrow Q(x)$" を $R(x)$ で表わすとき，次が成り立つ．

$$T_R = (X - T_P) \cup T_Q.$$

したがって，

全称命題「$\forall x \in X,\ R(x)$」が真 $\iff T_P \subset T_Q$

が成り立つ．

証明 (1)は定義にしたがって簡単に証明できるので，(2)のみ示す．「$\Rightarrow$」の

真理表と (1) により,
$$\begin{aligned} T_R &= \{\, x_0 \in X \mid P(x_0) \Rightarrow Q(x_0) \text{ が真}\,\} \\ &= \{\, x_0 \in X \mid \overline{P(x_0)} \vee Q(x_0) \text{ が真}\,\} \\ &= \{\, x_0 \in X \mid \overline{P(x_0)} \text{ が真}\,\} \cup \{\, x_0 \in X \mid Q(x_0) \text{ が真}\,\} \\ &= (X - T_P) \cup T_Q \end{aligned}$$
となる.したがって,
$$\begin{aligned} \text{全称命題}\lceil \forall x \in X,\ R(x) \rfloor \text{ が真} &\iff T_R = X \\ &\iff (X - T_P) \cup T_Q = X \\ &\iff T_P \subset T_Q \end{aligned}$$
が成り立つ.　□

　上の定理 20-3 (2) により,「$\forall x \in X,\ P(x) \Rightarrow Q(x)$」という形の全称命題が成り立つことを証明するためには,「$P(x_0)$ が成り立つようなすべての $x_0 \in X$ について,$Q(x_0)$ が成り立つ」ことを示せばよいことがわかります.つまり,2 つの命題「すべての $x \in X$ に対して "$P(x)$ ならば $Q(x)$ である"」と「$P(x)$ が真であるすべての $x \in X$ に対して $Q(x)$ である」とは同値な命題なのです.

トレーニング 21
アルキメデスの公理と数列の極限

　実数には，四則演算に関する性質と大小関係に関する性質の他に，連続性と呼ばれる大切な性質があります．連続性とは，平たく言えば，"切れ目なく連なっている"という性質のことです．この連続性はアルキメデスの公理とカントールの公理の2つからなりますが，ここではアルキメデスの公理のみを解説します（カントールの公理はトレーニング23で説明します）．後半では，数列の極限の厳密な取り扱い方を学びます．

● アルキメデスの公理

　アルキメデスの公理とは次の命題のことをいいます．

> **アルキメデスの公理**　2つの正の実数 a, b に対して，$a < nb$ となる自然数 n が存在する．

　アルキメデスの公理は a, b が有理数の場合には定理です．実際，有理数 $a = \dfrac{l}{m}, b = \dfrac{p}{q}$ ($l, m, p, q \in \mathbb{N}$) に対して $n = 2lq \in \mathbb{N}$ をとれば $a < nb$ が満たされます．また，アルキメデスの公理において，正の実数 a, b が $a \leq b$ を満たす場合にも定理になります．実際，n として 2 をとれば確かに $a < nb$ が満たされます．

　アルキメデスの公理はことわざ「塵も積もれば山となる」に例えられることがあります．というのは，その公理が，「a がどんなに大きな正の数であって，b がどんなに小さな正の数であっても，b を繰り返し繰り返し加えていけばいつかは a を超えることができる」ことを主張していると解釈されるからです．

● 稠密性

アルキメデスの公理と自然数の整列性を使うと，どんな実数についても，そのいくらでも近くに有理数が存在するという，実数における有理数の稠密性を証明することができます．その証明には次の補題を使います．

補題 21-1 任意の実数 a に対して，$n \leq a < n+1$ を満たす整数 n が一意的に存在する．

証明 I. n の存在：
（1）$a > 0$ の場合：アルキメデスの公理を a と 1 に対して適用して，$a < n_0$ となる自然数 n_0 の存在がわかる．よって，$A := \{n \in \mathbb{N} \mid a < n\}$ は空ではない．自然数の整列性により，A には最小元 m が存在する．この m は $m-1 \leq a < m$ を満たす．したがって，$n = m-1$ とおけば，$n \in \mathbb{Z}$ であり，$n \leq a < n+1$ が成り立つ．

（2）$a = 0$ の場合：$n = 0$ とおくと，$n \leq a < n+1$ を満たす．

（3）$a < 0$ の場合：$-a > 0$ なので，アルキメデスの公理から，$B := \{n \in \mathbb{N} \mid -a \leq n\}$ は空ではない．自然数の整列性により，B には最小元 m が存在する．この m は $m-1 < -a \leq m$ を満たす．そこで，$n = -m$ とおけば，この $n \in \mathbb{Z}$ は $n \leq a < n+1$ を満たす．

II. n の一意性：$n, m \in \mathbb{Z}$ は $n \leq a < n+1$ かつ $m \leq a < m+1$ を満たしているとする．もし，$m < n$ であると仮定すると，$m+1 \leq n$ である（$\because$ $n-m \in \mathbb{N}$ より，$n-m \geq 1$）から，$n \leq a < m+1 \leq n$ が得られて，矛盾が生じる．同様に，$n < m$ であると仮定しても矛盾が生じるので，$n = m$ でなければならない． □

定理 21-2（実数における有理数の稠密性）任意の実数 a と任意の $\varepsilon > 0$ に対して，$|a - r| < \varepsilon$ となる有理数 r が存在する．

証明 （1）$a \geq 0$ の場合：1 と $\varepsilon > 0$ に対してアルキメデスの公理を適用すると，$1 < n\varepsilon$ となる $n \in \mathbb{N}$ の存在がいえる．実数 na に対して補題 21-1 を適用して，$m - 1 \leq na < m$ を満たす整数 m が存在することがわかる．この

不等式の両辺を n で割り，項をいくつか移項すると $0 < \dfrac{m}{n} - a \leq \dfrac{1}{n}$ が得られる．よって，$\left|a - \dfrac{m}{n}\right| \leq \dfrac{1}{n} < \varepsilon$ が成立するので，$r := \dfrac{m}{n}$ は定理の条件を満たす有理数である．

（2）$a < 0$ の場合：$-a > 0$ であるから，(1) により，$|-a - s| < \varepsilon$ となる有理数 s が存在する．このとき，$|a - (-s)| < \varepsilon$ であるから，$r := -s$ が求める有理数である． □

注意 a のかわりに $a + \sqrt{2}$ について上の定理を適用して，任意の実数 a と任意の $\varepsilon > 0$ に対して，$|a - x| < \varepsilon$ となる無理数 x が存在することもわかります．

● **数列の極限**

高校の教科書では，数列の極限について，おおよそ次のように説明しています．

> 数列 $\{a_n\}_{n=1}^{\infty}$ において，項の番号 n を<u>限りなく大きくするとき</u>，a_n が一定の値 α に<u>限りなく近づく</u>場合，α を数列 $\{a_n\}_{n=1}^{\infty}$ の極限値といい，
> $$\lim_{n \to \infty} a_n = \alpha \quad \text{または} \quad a_n \to \alpha \quad (n \to \infty)$$
> と書く．

「限りなく大きくする」「限りなく近づく」ということは直感的には理解できることですが，実際にこれを確かめようとした場合，何をすればよいのか困ります．そこで，このようなあいまいな表現を使わずに極限を定義するにはどうすればよいのかを考えましょう．

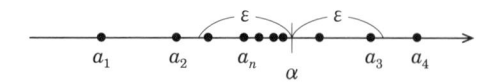

実数列 $\{a_n\}_{n=1}^{\infty}$ を考えます．これが実数 α に収束する状況を思い浮かべてみましょう．まず，α のいくらでも近くに a_n がなければいけません．この「いくらでも近くに a_n がある」ということは，「どのような $\varepsilon > 0$ を与えても，開区間 $(\alpha - \varepsilon, \alpha + \varepsilon)$ の中に a_n がある」ということであると考えることができます．つまり，$\varepsilon = 1, \dfrac{1}{10}, \dfrac{1}{100}, \dfrac{1}{1000}, \cdots$ のように ε をどんどん小さくして

いったとしても，開区間 $(\alpha - \varepsilon,\ \alpha + \varepsilon)$ の中には必ず a_n があるというわけです．しかし，開区間 $(\alpha - \varepsilon,\ \alpha + \varepsilon)$ の中にただ a_n があるというのでは，「収束する」というイメージに合いません．例えば，数列 $\left\{(-1)^n \left(1 - \dfrac{1}{n}\right)\right\}_{n=1}^{\infty}$ に対して 1 を考えると，どのような $\varepsilon > 0$ を与えても開区間 $(1 - \varepsilon,\ 1 + \varepsilon)$ の中に，数列 $\left\{(-1)^n \left(1 - \dfrac{1}{n}\right)\right\}_{n=1}^{\infty}$ のある項が含まれますが，この数列は 1 に収束するわけではありません．このような数列を排除して，「収束する」ということのイメージに合うようにするためには，ある番号から先の n についてはすべて，$a_n \in (\alpha - \varepsilon,\ \alpha + \varepsilon)$ となっている，すなわち，$|a_n - \alpha| < \varepsilon$ となっていることを要請すればよいでしょう．このような考察から，次の定義に到達します．

定義 21-1 実数列 $\{a_n\}_{n=1}^{\infty}$ が実数 α に **収束する**（converge）とは，どのような実数 $\varepsilon > 0$ に対しても，次の条件 (21a) を満たす自然数 N が存在するときをいう：

(21a)
 $n > N$ を満たすすべての自然数 n について，$|a_n - \alpha| < \varepsilon$ である．

このとき，α を数列 $\{a_n\}_{n=1}^{\infty}$ の **極限**（limit）または **極限値**（limit value）といい，
$$\lim_{n \to \infty} a_n = \alpha \quad \text{または} \quad a_n \to \alpha \quad (n \to \infty)$$
のように書き表わす．また，数列 $\{a_n\}_{n=1}^{\infty}$ が **収束する**（converge）とは，$\lim_{n \to \infty} a_n = \alpha$ となる実数 α が存在するときをいう．

注意 数列 $\{a_n\}_{n=1}^{\infty}$ が $\alpha \in \mathbb{R}$ に収束することは，論理記号を使うと，

「$\forall \varepsilon > 0,\ \exists N \in \mathbb{N}$ s.t. $n > N \Rightarrow |a_n - \alpha| < \varepsilon$」が成り立つ

のように表現できます．通常，"が成り立つ" の部分は省略します．

演習 21-1 収束する数列 $\{a_n\}_{n=1}^{\infty}$ に対して，その極限は一意的であることを示しなさい．

演習 21-2[*] アルキメデスの公理を用いて，$\lim_{n \to \infty} \dfrac{1}{n} = 0$ であることを示しなさい．

● 収束する数列の有界性

数列 $\{a_n\}_{n=1}^{\infty}$ が**有界**（bounded）であるとは，適当な正の実数 K を見つけて「すべての $n \in \mathbb{N}$ について $|a_n| \leq K$」となるようにできるときをいいます．数列が有界であっても収束するとは限りませんが，次の命題が示すように，収束する数列は常に有界です．このことは，収束する数列の「とる値の範囲」が（際限なく広くはならずに）ある一定の範囲内に限られることを意味しています．

命題 21-3 収束する数列は有界である．

証明 数列 $\{a_n\}_{n=1}^{\infty}$ が α に収束しているとすると，

$$\forall \varepsilon > 0, \exists N \in \mathbb{N} \text{ s.t. } n > N \Rightarrow |a_n - \alpha| < \varepsilon$$

が成り立つ．したがって，特に，$\varepsilon = 1$ に対して，"$n > N_0 \Rightarrow |a_n - \alpha| < 1$" を満たす自然数 N_0 が存在する．このとき，$K := \max\{|a_1|, |a_2|, \cdots, |a_{N_0}|, |\alpha|+1\}$ とおくと，$K > 0$ であり，すべての $n \in \mathbb{N}$ について $|a_n| \leq K$ を満たす．実際，$n \in \mathbb{N}$ が $1 \leq n \leq N_0$ の範囲にあれば，K の定め方から $|a_n| \leq K$ である．また，$n > N_0$ ならば，$|a_n| - |\alpha| \leq |a_n - \alpha| < 1$ であるから，$|a_n| \leq |\alpha| + 1 \leq K$ となる．いずれにしても，$|a_n| \leq K$ が成り立つ．よって，$\{a_n\}_{n=1}^{\infty}$ は有界である． □

コメント 存在証明を書くときには，「○○○とおく．すると，カクカクシカジカだから，この○○○は△△△を満たす．（これで条件△△△を満たすものの存在が示された．）」という流れで書きます．上の証明もこの流れに則って，正の実数 K を先に1つ提示し，それが求める条件「$\forall n \in \mathbb{N}, |a_n| \leq K$」を満たすことを証明しています．証明の書き方としてはこのような流れになりますが，実は，書く前の思考段階においてはその逆を行い，K を見つけています．まず，数列 $\{a_n\}_{n=1}^{\infty}$ は α に収束しているので，$\varepsilon = 1$ に対して，ある番号 N_0 から先のすべての n について a_n は α から $\pm\varepsilon$ 未満の範囲にあることが思い浮かびます．よって，n が N_0 より大きければ，a_n の絶対値はすべて $|\alpha| + \varepsilon$ 未満になります．残りの有限個 $a_1, a_2, \cdots, a_{N_0}$ の中には $|\alpha| + \varepsilon$ を超えてしまうものがあるかも知れませんが，そのようなものは有限個しかないので，$|a_1|, |a_2|, \cdots, |a_{N_0}|$ と $|\alpha| + \varepsilon$ の中で最も大きいものを K とおけば，この K が「$\forall n \in \mathbb{N}, |a_n| \leq K$」を満たすと考えられます．こういった思考を経て，$K$ を見つけたことにな

ります.

● 数列の和，差，積，商

2つの数列 $\{a_n\}_{n=1}^{\infty}$, $\{b_n\}_{n=1}^{\infty}$ が与えられたとき，新たに4つの数列

$$\{a_n + b_n\}_{n=1}^{\infty}, \quad \{a_n - b_n\}_{n=1}^{\infty}, \quad \{a_n b_n\}_{n=1}^{\infty}, \quad \left\{\frac{a_n}{b_n}\right\}_{n=1}^{\infty}$$

を作ることができます（ただし，4番目の数列はすべての $n \in \mathbb{N}$ について $b_n \neq 0$ のときのみ作ることができます）．この4つの数列を，左から順に，$\{a_n\}_{n=1}^{\infty}$ と $\{b_n\}_{n=1}^{\infty}$ の和，差，積，商と呼びます．

命題 21-4 数列 $\{a_n\}_{n=1}^{\infty}$, $\{b_n\}_{n=1}^{\infty}$ が収束するとき，それらの和，差，積，商はすべて収束し，次式が成り立つ：

$$\lim_{n \to \infty}(a_n + b_n) = \lim_{n \to \infty} a_n + \lim_{n \to \infty} b_n,$$
$$\lim_{n \to \infty}(a_n - b_n) = \lim_{n \to \infty} a_n - \lim_{n \to \infty} b_n,$$
$$\lim_{n \to \infty}(a_n b_n) = \left(\lim_{n \to \infty} a_n\right)\left(\lim_{n \to \infty} b_n\right),$$
$$\lim_{n \to \infty} \frac{a_n}{b_n} = \frac{\lim_{n \to \infty} a_n}{\lim_{n \to \infty} b_n}.$$

ただし，商については，すべての $n \in \mathbb{N}$ について $b_n \neq 0$，かつ，$\lim_{n \to \infty} b_n \neq 0$ であるとする．

証明 和と差については演習問題として残し，積と商について証明する．

● 積について： $\lim_{n \to \infty} a_n = \alpha$, $\lim_{n \to \infty} b_n = \beta$ とおく．三角不等式により，任意の $n \in \mathbb{N}$ について

$$|a_n b_n - \alpha \beta| \leq |a_n b_n - a_n \beta| + |a_n \beta - \alpha \beta| = |a_n||b_n - \beta| + |a_n - \alpha||\beta|$$

が成り立つことに注意する．

さて，任意に $\varepsilon > 0$ をとる．$\{a_n\}_{n=1}^{\infty}$ は収束するので有界である（命題 21-3）．したがって，

$$\exists K > 0 \text{ s.t. } \forall n \in \mathbb{N}, |a_n| \leq K$$

が成り立つ．（そこで，このような K を1つとる．）$\lim_{n \to \infty} a_n = \alpha$, $\lim_{n \to \infty} b_n =$

β なので, $\varepsilon_0 := \dfrac{\varepsilon}{K+|\beta|+1} > 0$ に対して,
$$\exists N_1 \in \mathbb{N} \text{ s.t. } n > N_1 \Rightarrow |a_n - \alpha| < \varepsilon_0,$$
$$\exists N_2 \in \mathbb{N} \text{ s.t. } n > N_2 \Rightarrow |b_n - \beta| < \varepsilon_0$$
が成り立つ. そこで,(上のような N_1, N_2 を 1 つずつとり) $N := \max\{N_1, N_2\}$ とおくと, $N \in \mathbb{N}$ であって, $n > N$ を満たすすべての自然数 n に対して,
$$|a_n b_n - \alpha\beta| \leq |a_n||b_n - \beta| + |a_n - \alpha||\beta|$$
$$< K\varepsilon_0 + \varepsilon_0|\beta| = (K+|\beta|)\dfrac{\varepsilon}{K+|\beta|+1} < \varepsilon$$
となることがわかる. これで, $\{a_n b_n\}_{n=1}^{\infty}$ は収束し, $\displaystyle\lim_{n\to\infty} a_n b_n = \alpha\beta$ となることが示された.

- 商について : $\dfrac{a_n}{b_n} = a_n \cdot \dfrac{1}{b_n}$ と書けることと先に示した積の結果から, すべての $n \in \mathbb{N}$ について $b_n \neq 0$, $\displaystyle\lim_{n\to\infty} b_n = \beta \neq 0$ のとき, $\displaystyle\lim_{n\to\infty} \dfrac{1}{b_n} = \dfrac{1}{\beta}$ となることを証明すればよい. 任意の $n \in \mathbb{N}$ について
$$\left|\dfrac{1}{b_n} - \dfrac{1}{\beta}\right| = \dfrac{|\beta - b_n|}{|\beta||b_n|}$$
が成り立つことに注意する.

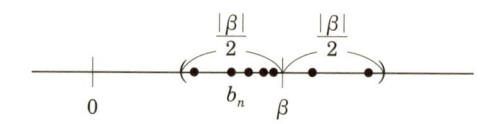

さて, 任意に $\varepsilon > 0$ をとる. $\displaystyle\lim_{n\to\infty} b_n = \beta \neq 0$ なので,
$$\exists N_1 \in \mathbb{N} \text{ s.t. } n > N_1 \Rightarrow \dfrac{|\beta|}{2} \leq |b_n|$$
が成り立つ. また, $\displaystyle\lim_{n\to\infty} b_n = \beta$ なので, $\varepsilon_0 := \dfrac{|\beta|^2\varepsilon}{2} > 0$ に対して,
$$\exists N_2 \in \mathbb{N} \text{ s.t. } n > N_2 \Rightarrow |b_n - \beta| < \varepsilon_0$$
が成り立つ. そこで,(上のような N_1, N_2 を 1 つずつとり) $N := \max\{N_1, N_2\}$ とおくと, $N \in \mathbb{N}$ であって, $n > N$ を満たすすべての自然数 n に対して,
$$\left|\dfrac{1}{b_n} - \dfrac{1}{\beta}\right| = \dfrac{|\beta - b_n|}{|\beta||b_n|} < \dfrac{2\varepsilon_0}{|\beta|^2} = \varepsilon$$

となることがわかる．これで，$\left\{\dfrac{1}{b_n}\right\}_{n=1}^{\infty}$ は収束し，$\displaystyle\lim_{n\to\infty}\dfrac{1}{b_n}=\dfrac{1}{\beta}$ となることが示された． □

注意 数列 $\{a_n\}_{n=1}^{\infty}$ と実数 c から数列 $\{ca_n\}_{n=1}^{\infty}$ を作ることができます．この数列は，$c,c,c,c,\cdots$ という定数列と $\{a_n\}_{n=1}^{\infty}$ との積と考えることができます．したがって，上の命題の積に関する結果から特別な場合として，数列 $\{a_n\}_{n=1}^{\infty}$ が収束するとき，任意の実数 c に対して数列 $\{ca_n\}_{n=1}^{\infty}$ は収束し，$\displaystyle\lim_{n\to\infty}ca_n=c\lim_{n\to\infty}a_n$ が成り立つことがわかります．

演習 21-3[*] 数列 $\{a_n\}_{n=1}^{\infty}$, $\{b_n\}_{n=1}^{\infty}$ が収束するとき，$\{a_n+b_n\}_{n=1}^{\infty}$ も収束して，$\displaystyle\lim_{n\to\infty}(a_n+b_n)=\lim_{n\to\infty}a_n+\lim_{n\to\infty}b_n$ が成り立つことを示しなさい．

演習 21-4 上の命題の証明の中の下線部分がなぜ成り立つのか，詳しい説明をつけなさい．

例 21-5 数列 $\left\{\dfrac{3n^2-6n+1}{2n^2+5n-4}\right\}_{n=1}^{\infty}$ は収束することを示し，その極限を求めなさい．

解 まず，

$$\left\{\dfrac{3n^2-6n+1}{2n^2+5n-4}\right\}_{n=1}^{\infty}=\left\{\dfrac{3-\dfrac{6}{n}+\dfrac{1}{n^2}}{2+\dfrac{5}{n}-\dfrac{4}{n^2}}\right\}_{n=1}^{\infty}$$

と書き換える．演習 21-2 により $\left\{\dfrac{1}{n}\right\}_{n=1}^{\infty}$ は 0 に収束するから，命題 21-4 により $\left\{\dfrac{1}{n^2}\right\}_{n=1}^{\infty}$ も収束し，$\displaystyle\lim_{n\to\infty}\dfrac{1}{n^2}=\left(\lim_{n\to\infty}\dfrac{1}{n}\right)^2=0$ となる．したがってまた命題 21-4 により $\left\{3-\dfrac{6}{n}+\dfrac{1}{n^2}\right\}_{n=1}^{\infty}$ と $\left\{2+\dfrac{5}{n}-\dfrac{4}{n^2}\right\}_{n=1}^{\infty}$ はともに収束し，$\displaystyle\lim_{n\to\infty}\left(3-\dfrac{6}{n}+\dfrac{1}{n^2}\right)=3$, $\displaystyle\lim_{n\to\infty}\left(2+\dfrac{5}{n}-\dfrac{4}{n^2}\right)=2$ となる．再度命題 21-4 を用いて，数列 $\left\{\dfrac{3n^2-6n+1}{2n^2+5n-4}\right\}_{n=1}^{\infty}$ は収束し，

$$\lim_{n\to\infty}\frac{3n^2-6n+1}{2n^2+5n-4}=\frac{\displaystyle\lim_{n\to\infty}\left(3-\frac{6}{n}+\frac{1}{n^2}\right)}{\displaystyle\lim_{n\to\infty}\left(2+\frac{5}{n}-\frac{4}{n^2}\right)}=\frac{3}{2}$$

となることがわかる. □

【コーヒーブレイク】 メービウスの帯

　以下の話は長方形に切り取った細長い紙を用意して読むとよいと思います.

　ここに1つの帯があり, 帯の表と裏にはそれぞれ"平面人"が1人ずつ住んでいると想像してください. 彼らを引き合わせたいと思ったら, この帯の両端をどのようにつなげればよいでしょうか. そうです. 片方の端を180°ひねってもう一方の端とつなげればよいですね. このようにしてできる曲面をメービウスの帯といいます. 紙で作った帯を用意している人は手を離しても外れないように, つなぎ目をセロハンテープで固定しましょう. そして, 人差し指で表面をなぞっていき, 裏面にたどりつけることを確認してみてください. さらにもう一周すると, もとの位置に戻ってくることも確認してみましょう.

　メービウスの帯は不思議な性質を持っています. 帯の両端をひねらず素直に貼り合わせると円筒ができます. この円筒の中央部分にはさみを入れ, 一周して戻ってくると, 円筒は2つの円筒に分かれてしまいます. 同じことをメービウスの帯に行うとどうなるでしょうか. 今度ははさみを入れて一周して戻ってきてもつながったままです. この曲面はメービウスの帯なのでしょうか. この曲面上を一周し, 裏側にたどりつけるかどうか調べてみてください. いかがですか. どうやら表と裏があるようです. せっかくメービウスの帯を作って, "表の住人"と"裏の住人"が出会えるようにしたのに, また出会えなくなってしまいました. なんとかならないのでしょうか……と考えていたら, よい方法を思いつきました. メービウスの帯上で2人が出会ったとき, 中心線の同じ側にいるようにすれば, 中心線で切り開かれても, 別れ別れになることはありません！ いつまでも一緒にいられます.

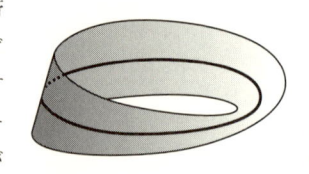

　ところで, メービウスの帯は表と裏がないのに, 中心線に沿って切り開くと表と裏がある曲面になるのはなぜでしょうか. そして, これ以降, 同じ操作を行っても二度と表と裏のない曲面はできません. 理由を考えてみると面白いと思います.

トレーニング 22
上限・下限の概念

例 13-6 (2) で観察したように,$\mathbb{R}$ の部分集合 $A = \{x \in \mathbb{R} \mid 2 < x \leq 4\}$ には最小元は存在しません.しかしながら,2 はこの集合の「へり」にあり,最小元の「代役」を果せそうな実数のように思えます.ここでは,A に対する 2 が持つ役割りを深く考察し,最大元と最小元にとって代わる新しい概念——上限と下限——を学びます.

● 上に有界・下に有界

$\mathbb{R}$ の部分集合 A が**有界**(bounded)であるとは,適当な実数 $K > 0$ を見つけて,「すべての $a \in A$ に対して $|a| < K$」となるようにできるときをいいます.$\{1\}$ や $\{-1, 0, \sqrt{2}\}$ などの有限集合はすべて有界です.また,a, b を $a < b$ であるような 2 つの実数とするとき,4 つの区間 $[a, b], (a, b), (a, b], [a, b)$ はすべて有界です.一方,$\mathbb{R}$ はもちろんのこと,$\mathbb{N}$ や区間 $[a, \infty), (-\infty, a]$ はいずれも有界ではありません.

この有界という概念を精密化して,上に有界と下に有界という概念を導入します.

定義 22-1 A を $\mathbb{R}$ の部分集合とする.

(1) A が**上に有界**(bounded from above)であるとは,

$$\exists \xi \in \mathbb{R} \quad \text{s.t.} \quad \forall a \in A, \ a \leq \xi$$

が成り立つときをいう.このような ξ を A の**上界**(じょうかい)(upper bound)という.

(2) A が**下に有界**(bounded from below)であるとは,

$$\exists \xi \in \mathbb{R} \quad \text{s.t.} \quad \forall a \in A, \ a \geq \xi$$

が成り立つときをいう.このような ξ を A の**下界**(かかい)(lower bound)という.

注意 （1）$\mathbb{R}$ の部分集合 A が有界であるための必要十分条件は，A が上に有界かつ下に有界であることです．

（2）ξ が A の上界（resp. 下界）ならば，それよりも大きい（resp. 小さい）任意の実数もまた A の上界（resp. 下界）になります[19]．

例 22-1 $a \in \mathbb{R}$ とする．区間 $(-\infty, a)$, $(-\infty, a]$ は上に有界であるが，下に有界ではない．これらの区間に対して，a は 1 つの上界である．また，$a+1, a+2$ なども上界である．

他方，区間 (a, ∞), $[a, \infty)$ は下に有界であるが，上に有界ではない．a はこれらの区間の下界であり，$a-1$ もまた下界である．

演習 22-1[*] $\mathbb{R}$ の部分集合 $A = \{a \in \mathbb{R} \mid a^2 < 7\}$ に対して，その上界であるような有理数を 2 個以上挙げなさい．

● 数列の極限と上界・下界

数列 $\{a_n\}_{n=1}^{\infty}$ がそれぞれ，**上に有界**，**下に有界**であるとは，$\mathbb{R}$ の部分集合 $\{a_n \mid n \in \mathbb{N}\}$ がそれぞれ，上に有界，下に有界であるときをいいます．$\{a_n \mid n \in \mathbb{N}\}$ の上界，下界をそれぞれ数列 $\{a_n\}_{n=1}^{\infty}$ の上界，下界といいます．

数列 $\{a_n\}_{n=1}^{\infty}$ が収束すれば，命題 21-3 より $\{a_n \mid n \in \mathbb{N}\}$ は上に有界，かつ，下に有界になります．したがって，数列 $\{a_n\}_{n=1}^{\infty}$ には上界と下界が存在します．その上界・下界と数列の極限 $\lim_{n \to \infty} a_n$ との間には次の関係が成り立ちます．

命題 22-2 数列 $\{a_n\}_{n=1}^{\infty}$ は収束するとし，$\xi \in \mathbb{R}$ をその 1 つの上界，$\lambda \in \mathbb{R}$ をその 1 つの下界とする．このとき，$\lambda \leq \lim_{n \to \infty} a_n \leq \xi$ が成り立つ．すなわち，

$$\lambda \leq a_n \leq \xi \ (n = 1, 2, 3, \cdots\cdots) \implies \lambda \leq \lim_{n \to \infty} a_n \leq \xi.$$

---

[19] 本書では，「resp.」という表記をときどき使います．これは「それぞれ」を意味する英語「respectively」の略語です．正式な表現ではないのですが，これを用いた方が何と何が対応するのかがわかりやすくなることと，この表記に代わる上手い表現が思いつかなかったため，使うことにしました．便利なので授業などで見かけることがあるかもしれません．

証明 $\alpha = \lim_{n \to \infty} a_n$ とおく. $\xi < \alpha$ であったと仮定すると, $\varepsilon := \dfrac{\alpha - \xi}{2} > 0$ に対して "$n > N \Rightarrow |a_n - \alpha| < \varepsilon$" となる $N \in \mathbb{N}$ が存在する. このとき, $\xi < \dfrac{\alpha + \xi}{2} = \alpha - \varepsilon < a_{N+1}$ が成り立つ. これは ξ が $\{a_n\}_{n=1}^{\infty}$ の上界であることに反する. よって, $\xi \geq \alpha$ である. 同様に, 背理法により, $\lambda \leq \alpha$ が証明される. □

● **上限と下限——定義と例**

演習 13-4 に書かれているように, 開区間 (a,b) には最大元も最小元も存在しません. しかしながら, a (resp. b) は最小元 (resp. 最大元) の「代役」を果たす実数と考えられます. このような実数は次のようにとらえることができます.

例 22-3 開区間 $A = (a,b)$ について,
（1） A の上界全体からなる集合には最小元が存在し, それは b で与えられる.
（2） A の下界全体からなる集合には最大元が存在し, それは a で与えられる.

解 （1） A の上界全体からなる集合を U とおく. $b \in U$ であることはただちにわかる. b が U の最小元であることを示すために, 任意の $\xi \in U$ に対して $b \leq \xi$ となることを示す. 背理法による. $b > \xi$ であると仮定する. ξ は A の上界なので,

$(*)$ 任意の $x \in A$ に対して $x \leq \xi$

が成り立つ.
- もし, $a < \xi$ ならば, $\xi \in (a,b) = A$ である. しかし, $x := \dfrac{\xi + b}{2} \in A$ に対して $\xi < x$ となる. これは $(*)$ に反する.
- もし, $\xi \leq a$ ならば, $x := \dfrac{a+b}{2} \in A$ に対して $\xi \leq a < x$ となる. これも $(*)$ に反する.

以上より, $b > \xi$ と仮定すると矛盾が生じるので, $b \leq \xi$ であることが示された. (2)も同様に示される. □

このことを踏まえて, 次の定義を設けます.

> **定義 22-2** A を $\mathbb{R}$ の空でない部分集合とする.
> (1) A の上界全体からなる $\mathbb{R}$ の部分集合 $\{\xi \in \mathbb{R} \mid \forall a \in A,\ a \leq \xi\}$ に最小元が存在するとき,その最小元を A の**上限**(supremum)といい,記号 $\sup A$ で表わす.
> (2) A の下界全体からなる $\mathbb{R}$ の部分集合 $\{\xi \in \mathbb{R} \mid \forall a \in A,\ \xi \leq a\}$ に最大元が存在するとき,その最大元を A の**下限**(infimum)といい,記号 $\inf A$ で表わす.

例 22-4 例 22-3 と上限・下限の定義より,開区間 (a,b) について,$\inf(a,b) = a$, $\sup(a,b) = b$ が成り立つ.

次の例題により,上限・下限という概念が最大元・最小元の一般化になっていることがわかります.

例 22-5 A に最大元が存在するとき,$\sup A = \max A$ となり,A に最小元が存在するとき,$\inf A = \min A$ となる.

証明 $U := \{\xi \in \mathbb{R} \mid \forall a \in A,\ a \leq \xi\}$ とおく.A に最大元が存在する場合を考える.
$m := \max A$ とおくと,任意の $a \in A$ について,$a \leq m$ であるから,$m \in U$ である.また,$m \in A$ なので,任意の $\xi \in U$ に対して,$m \leq \xi$ である.ゆえに,m は U の最小元,すなわち,$\sup A$ に一致する.

A に最小元が存在する場合も同様に考察すれば,$\inf A = \min A$ が示される.
□

上の例と演習 13-4 (1) により,閉区間 $[a,b]$ について

$$\inf[a,b] = \min[a,b] = a, \qquad \sup[a,b] = \max[a,b] = b$$

となることがわかります.

演習 22-2 $\mathbb{R}$ の空でない部分集合 A, B が上限をもつとします.$A \subset B$ のとき,$\sup A \leq \sup B$ となることを示しなさい.

演習 22-3 $\mathbb{R}$ の空でない部分集合 A に対して $-A := \{-a \mid a \in A\}$ とおきます.次の(1), (2)が成り立つことを示しなさい.

（1）A が下に有界 $\iff$ $-A$ が上に有界.
（2）A の下限が存在するならば $-A$ の上限も存在し，$\sup(-A) = -\inf A$ となる．

上限・下限の例をもう1つ紹介しましょう．

例 22-6 $A = \left\{ \dfrac{1}{n} \,\middle|\, n \in \mathbb{N} \right\}$ について，$\sup A = 1$, $\inf A = 0$ である．

実際，A は 1 を最大元に持つから，例 22-5 により，$\sup A = \max A = 1$ である．次に，$\inf A = 0$ を示す．任意の $n \in \mathbb{N}$ に対して $0 \leq \dfrac{1}{n}$ であるから，0 は A の下界である．0 が A の最大下界であることを示すために，0 よりも大きな数 ε は A の下界ではないことを示す．1 と ε に対してアルキメデスの公理を適用して，$1 < n\varepsilon$ となる $n \in \mathbb{N}$ の存在がわかる．このとき，$\dfrac{1}{n} < \varepsilon$ となる．これは ε が A の下界ではないことを意味する．よって，0 は A の最大下界，すなわち，$\inf A = 0$ である． □

● 上限と下限の定義の言い換え

定義のままでは上限と下限は扱いにくいので，次の命題の言い換えがよく使われます．

命題 22-7 A を $\mathbb{R}$ の空でない部分集合とする．

（1）$\sup A$ は，次の2つの条件を満たす実数 α として特徴付けることができる．

　（ⅰ）$\forall a \in A,\ a \leq \alpha$,
　（ⅱ）$\forall \varepsilon > 0,\ \exists a \in A$ s.t. $\alpha - \varepsilon < a$.

（2）$\inf A$ は，次の2つの条件を満たす実数 α として特徴付けることができる．

　（ⅰ）$\forall a \in A,\ a \geq \alpha$,
　（ⅱ）$\forall \varepsilon > 0,\ \exists a \in A$ s.t. $\alpha + \varepsilon > a$.

証明 (2)は演習問題として残し，(1)のみを証明する．次の2つを証明すればよい．

(a) $\sup A$ は条件(i), (ii)を満たす．
(b) 条件(i), (ii)を満たす実数 α は $\sup A$ に一致する．

A の上界全体からなる集合を U とおく：$U = \{\xi \in \mathbb{R} \mid \forall a \in A, a \leq \xi\}$．
上限の定義により，$\sup A$ は U の最小元である．

(a)の証明：$\sup A \in U$ なので，(i)が成り立つ．
次に，$\alpha = \sup A$ のとき，(ii)が成り立たないと仮定する．すると，
$$\exists \varepsilon > 0 \text{ s.t. } \forall a \in A, \sup A - \varepsilon \geq a$$
が成り立つ．(そこで，そのような ε を1つとる．) このとき，$\sup A - \varepsilon \in U$ となる．これは，$\sup A$ が U の最小元であることに反する．よって，$\alpha = \sup A$ のとき，(ii)は成り立つ．

(b)の証明：$\alpha \in \mathbb{R}$ が(i), (ii)を満たしているとする．(i)より $\alpha \in U$ であることがわかる．α が U の最小元であることを証明するために，$\beta \in U$ を任意にとる ($\beta \geq \alpha$ を証明することが目標である)．もし，$\beta < \alpha$ であったと仮定する．このとき，$\varepsilon := \alpha - \beta$ は正の実数であるから，この ε に対して(ii)により
$$\exists a \in A \text{ s.t. } \alpha - (\alpha - \beta) < a$$
が成り立つ．これは $\beta \in U$ であることに矛盾する．よって，$\beta \geq \alpha$ でなければならない．ゆえに，$\alpha = \min U = \sup A$ である． □

コメント (1)(i)は α が A の上界であることを表わしていて，(1)(ii)は，「α よりも少しでも小さい (任意に $\varepsilon > 0$ をとって $\alpha - \varepsilon$ を考える) と，それよりも大きな A の元 a が存在する (つまり，上界ではなくなる)」ということを表わしています．このことを考えれば，(1)の(i), (ii)の条件を満たす α が A の上限であることは容易に理解できるのではないでしょうか．

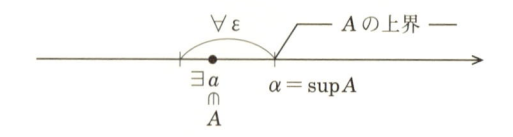

演習 22-4[*] 命題 22-7 (2) を証明しなさい．

$\mathbb{R}$ の部分集合 A ($\neq \emptyset$) が下に有界（resp. 上に有界）でなければ A の下界（resp. 上界）は存在しないので，A の下限（resp. 上限）も存在しません．では，A が下に有界（resp. 上に有界）ならば下限（resp. 上限）はいつでも存在するのでしょうか．実は，この問いの答えが，実数は切れ目なく連なっているという，私たちが実数に対して抱いている感覚の中に隠されているのです．このことについては次のトレーニングで詳しく考察します．

トレーニング 23
実数の連続性

しばしば，実数全体を数直線と対応させて考えます．このことによって，私たちは，実数全体は"切れ目なく連なっている"というイメージを強く持っています．この感覚に基づいて，実数に関するさまざまな結果，とりわけ，微分積分学に関する結果が導出されます．しかし，突き詰めて考えていくと，それらの結果は，連続性の公理——アルキメデスの公理とカントールの公理——からすべて論理的に導出されることがわかります．ここでは，カントールの公理を説明し，実数の連続性に基づいた自然対数の底 e の定義とその存在を示します．

● カントールの公理

アルキメデスの公理は $\mathbb{Q}$ においても成り立ちますが，次のカントールの公理は $\mathbb{Q}$ では成り立ちません．ここに $\mathbb{Q}$ と $\mathbb{R}$ の決定的な違いがあります．

カントールの公理（区間縮小法の原理） 閉区間の減少列 $I_1 \supset I_2 \supset I_3 \supset \cdots \supset I_n \supset I_{n+1} \supset \cdots$ が任意に与えられたとき，すべての I_n ($n = 1, 2, 3, \cdots$) に共通に含まれる実数が存在する．すなわち，$\bigcap_{n=1}^{\infty} I_n \neq \emptyset$ である．

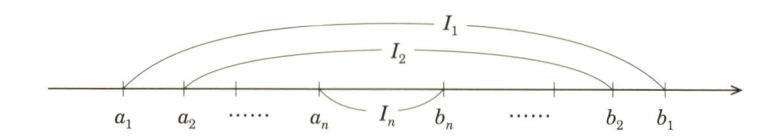

例えば，次のように定義される閉区間の減少列 $I_1 \supset I_2 \supset I_3 \supset \cdots$ を考えてみましょう．まず，$I_1 = [1, 2]$ とします．次に，I_1 を 10 等分して $\left(1 + \dfrac{a_1}{10}\right)^2 < 2 < \left(1 + \dfrac{a_1 + 1}{10}\right)^2$ を満たす $a_1 \in \{0, 1, \cdots, 9\}$ を探します．

$a_1 = 4$ とわかります. そこで, $I_2 = [1.4, 1.5]$ とおきます. 次に, I_2 を 10 等分して $\left(1.4 + \dfrac{a_2}{100}\right)^2 < 2 < \left(1.4 + \dfrac{a_2+1}{100}\right)^2$ を満たす $a_2 \in \{0, 1, \cdots, 9\}$ を探します. $a_2 = 1$ とわかります. そこで, $I_3 = [1.41, 1.42]$ とおきます. 以下, 同様にして閉区間 $I_4, I_5, \cdots$ を帰納的に定めていきます. すると, カントールの公理から $\bigcap_{n=1}^{\infty} I_n$ は空でないことがわかりますが, そこに属する元は $\sqrt{2}$ に他なりません. 自乗して 2 になる数 $\sqrt{2}$ の存在をカントールの公理が保証していると言えます.

カントールの公理は閉区間に対するものであり, これを開区間に置き換えると, 次の演習問題のような例があり, 成り立ちません.

演習 23-1[*] $\bigcap_{n=1}^{\infty} \left(0, \dfrac{1}{n}\right) = \varnothing$ となることを示しなさい.

● ワイエルストラスの定理 (上限公理)

アルキメデスの公理とカントールの公理から, ワイエルストラスの定理[20]と呼ばれる次の定理を導くことができます.

> **定理 23-1** (ワイエルストラスの定理) $\mathbb{R}$ の空でない部分集合 A が上に有界ならば, 上限 $\sup A$ が存在する.

証明 A の上界でない実数 a_1 と A の上界 b_1 を取る. ($a \in A$ を 1 つとると, それよりも小さい実数は A の上界でないので, その 1 つを a_1 とおけばよい. また, A は上に有界なので上界が存在する. その 1 つを b_1 とおけばよい.) このとき, $a_1 < b_1$ となる. そこで, $I_1 := [a_1, b_1]$ とおく. 次に, 自然数 n に対して閉区間 $I_n = [a_n, b_n]$ が構成されたとき, 実数 a_{n+1}, b_{n+1} を次のように定める.

---

[20] ワイエルストラスの定理はまた**上限公理**と呼ばれることもあります. 公理という名がついているのは, ワイエルストラスの定理 (上限公理) を出発点にして, アルキメデスの公理とカントールの公理を証明することができるからです. 詳しくは, このトレーニングの最後を見てください.

$$\begin{cases} \dfrac{a_n+b_n}{2} \text{ が } A \text{ の上界である場合}, \quad a_{n+1} := a_n, \ b_{n+1} := \dfrac{a_n+b_n}{2}. \\ \dfrac{a_n+b_n}{2} \text{ が } A \text{ の上界でない場合}, \quad a_{n+1} := \dfrac{a_n+b_n}{2}, \ b_{n+1} := b_n. \end{cases}$$

$a_{n+1} < b_{n+1}$ となるので,$I_{n+1} := [a_{n+1}, b_{n+1}]$ とおく.このようにして,閉区間 $I_n = [a_n, b_n]$ ($n = 1, 2, 3, \cdots$) が帰納的に定義される.すると,次の 2 つが成り立つ.

(☆) $\qquad I_1 \supset I_2 \supset I_3 \supset \cdots\cdots$

(★) $\qquad b_n - a_n = \dfrac{b_{n-1}-a_{n-1}}{2} = \cdots = \dfrac{b_1-a_1}{2^{n-1}} \leq \dfrac{b_1-a_1}{n}$
$\qquad\qquad (n = 1, 2, 3, \cdots)$

(☆) により,すべての I_n ($n = 1, 2, 3, \cdots$) に共通に含まれる実数 $\alpha \in \mathbb{R}$ が存在する(カントールの公理).$\alpha = \sup A$ であることを証明する.

● α が A の上界であること: 背理法で示す.α が A の上界でなかったと仮定する.すると,

$$\exists a \in A \ \text{s.t.} \ \alpha < a$$

が成り立つ.(そこで,そのような $a \in A$ を 1 つとる.) 正の実数 $a - \alpha$, $b_1 - a_1$ に対してアルキメデスの公理を適用して $b_1 - a_1 < n(a - \alpha)$ となる $n \in \mathbb{N}$ の存在がわかり,(★) から

$$b_n - a_n \leq \dfrac{b_1-a_1}{n} < a - \alpha$$

を得る.一方,b_n は A の上界なので $a \leq b_n$ であり,$\alpha \in [a_n, b_n]$ なので $\alpha \geq a_n$ である.よって,$a - \alpha \leq b_n - a_n$ でなければならない.ここに矛盾が生じた.ゆえに,α は A の上界である.

● α が A の最小上界であること: 背理法で示す.α が A の最小上界でないと仮定する.すると,$\beta < \alpha$ を満たす A の上界 β が存在する.アルキメデスの公理により,

$$\exists n \in \mathbb{N} \ \text{s.t.} \ b_1 - a_1 < n(\alpha - \beta)$$

が成り立つ.(そこで,そのような $n \in \mathbb{N}$ を 1 つとる.) すると,(★) より

$$b_n - a_n \leq \dfrac{b_1-a_1}{n} < \alpha - \beta$$

を得る．しかし，$\alpha \in [a_n, b_n]$ なので $\alpha \leq b_n$ であり，a_n は A の上界でなく，β は A の上界なので，$a_n < \beta$ である（定義 22-1 の下の注意 2 参照）．よって，$\alpha - \beta \leq b_n - a_n$ でなければならない．ここに矛盾が生じた．ゆえに，α は A の最小上界である． □

注意 定理と同様に，$\mathbb{R}$ の部分集合 $A\,(\neq \emptyset)$ が下に有界ならば，下限 $\inf A$ が存在することがわかります．定理 23-1 の証明を真似ても証明できますが，演習 22-3 を使って定理 23-1 に帰着させることもできます．

● 数列の単調性と収束

数列 $\{a_n\}_{n=1}^{\infty}$ が**単調増加**（monotone increasing）であるとは，
$$a_1 \leq a_2 \leq a_3 \leq \cdots \leq a_n \leq a_{n+1} \leq \cdots$$
が成り立つときをいい，**単調減少**（monotone decreasing）であるとは，
$$a_1 \geq a_2 \geq a_3 \geq \cdots \geq a_n \geq a_{n+1} \geq \cdots$$
が成り立つときをいいます．

ワイエルストラスの定理（定理 23-1）を数列を使って言い換えると，次の定理になります．

定理 23-2 上に有界な単調増加数列は収束する．

証明 $\{a_n\}_{n=1}^{\infty}$ を上に有界な単調増加数列とすると，$\mathbb{R}$ の部分集合 $A = \{a_n \mid n \in \mathbb{N}\}$ は上に有界である．したがって，$\sup A$ が存在する（定理 23-1）．$\{a_n\}_{n=1}^{\infty}$ は $\alpha := \sup A$ に収束することを示す．そのために，任意に $\varepsilon > 0$ を 1 つとる．このとき，命題 22-7 により，次が成り立つ：

（ i ）$\forall n \in \mathbb{N},\ a_n \leq \alpha$，

（ ii ）（上でとった $\varepsilon > 0$ に対して）$\exists N \in \mathbb{N}$ s.t. $\alpha - \varepsilon < a_N$．

（そこで，(ii) の条件を満たす $N \in \mathbb{N}$ を 1 つとる．）$\{a_n\}_{n=1}^{\infty}$ が単調増加であることから，
$$\alpha - \varepsilon < a_N \leq a_{N+1} \leq a_{N+2} \leq \cdots \cdots \leq \alpha$$
がわかる．よって，$n > N$ を満たすすべての $n \in \mathbb{N}$ に対して $\alpha - \varepsilon < a_n \leq \alpha$，すなわち，$|a_n - \alpha| < \varepsilon$ が成り立つ．これは，$\displaystyle\lim_{n \to \infty} a_n = \alpha$ であることを意味する． □

注意 （1）定理の証明から，上に有界な単調増加数列 $\{a_n\}_{n=1}^{\infty}$ の極限は $\sup\{a_n \mid n \in \mathbb{N}\}$ に一致することがわかります．
（2）定理と同様に，下に有界な単調減少数列は収束することが証明されます．

例 23-3 k を正の実数とし，$a_1 = 1$ と漸化式 $a_{n+1} = \dfrac{1}{2}\left(a_n + \dfrac{k}{a_n}\right)$ （$n = 1, 2, \cdots$）により定義される数列 $\{a_n\}_{n=1}^{\infty}$ を考える．この数列は下に有界であり，第 2 項以降は単調減少である．実際，（相加平均）≧（相乗平均）により，次の不等式を得る：

$$a_{n+1} = \frac{1}{2}\left(a_n + \frac{k}{a_n}\right) \geq \sqrt{a_n \cdot \frac{k}{a_n}} = \sqrt{k} \quad (n = 1, 2, \cdots\cdots).$$

したがって，$\{a_n\}_{n=1}^{\infty}$ は下に有界である．また，$n \geq 2$ に対して $a_n^2 \geq (\sqrt{k})^2 = k$ であるから，

$$a_{n+1} - a_n = \frac{1}{2}\left(a_n + \frac{k}{a_n}\right) - a_n = \frac{k - a_n^2}{2a_n} \leq 0$$

となる．ゆえに，$\{a_n\}_{n=2}^{\infty}$ は単調減少数列である．

定理 23-2 により，数列は $\{a_n\}_{n=1}^{\infty}$ は収束する．その極限を α とおくと，命題 22-2 により，$\alpha \geq \sqrt{k} > 0$ である．さらに，

$$\alpha = \lim_{n \to \infty} a_{n+1} = \frac{1}{2}\left(\lim_{n \to \infty} a_n + \frac{k}{\lim_{n \to \infty} a_n}\right) = \frac{1}{2}\left(\alpha + \frac{k}{\alpha}\right)$$

であるから，これを解いて $\alpha = \sqrt{k}$ がわかる． □

注意 この数列 $\{a_n\}_{n=1}^{\infty}$ は $\sqrt{k}$ の近似値の計算に使うことができます．

演習 23-2 $a_1 = 2$ と漸化式 $a_{n+1} = \dfrac{1}{4}(a_n^2 + 3)$ によって定義される数列 $\{a_n\}_{n=1}^{\infty}$ は収束することを示し，その極限を求めなさい．（ヒント：$1 \leq a_n \leq 3 \Rightarrow 1 \leq a_{n+1} \leq 3$ が成り立ちます．）

● ネイピアの数

自然対数の底 $2.718281828459\cdots$ を e という記号で表わした人物は，オイラー（Euler, 1707–1783）ですが，この数 e は，対数の発見者ネイピア（Napier, 1550–1617）の名前に因んで，ネイピアの数と呼ばれています．ここでは，ネイピアの数を実数の連続性に基づいて定義します．

定理 23-4 数列 $\left\{\left(1+\dfrac{1}{n}\right)^n\right\}_{n=1}^{\infty}$ は上に有界，かつ，単調増加である．したがって，それは収束する．

その極限を e と書き，**ネイピアの数**（Napierian number）と呼ぶ：
$$(23\text{a}) \qquad e = \lim_{n\to\infty}\left(1+\dfrac{1}{n}\right)^n.$$

上の定理の証明のために，二項定理を使います．

補題 23-5 0 以上の整数 n と $0 \le k \le n$ を満たす整数 k に対して，
$$\binom{n}{k} := \dfrac{n!}{k!(n-k)!} = \dfrac{n(n-1)\cdots(n-k+1)}{k!}$$
と定める．これを**二項係数**（binomial coefficient）と呼ぶ．次が成り立つ．

（1） $n \in \mathbb{N}$ および $k \in \{1, \cdots, n\}$ に対して
$$\binom{n}{k-1} + \binom{n}{k} = \binom{n+1}{k}.$$

（2）（**二項定理**）任意の $a, b \in \mathbb{R}$ および任意の自然数 n に対して
$$(a+b)^n = \sum_{k=0}^{n}\binom{n}{k}a^k b^{n-k}.$$

演習 23-3* n についての帰納法により，上の補題(2)の等式を証明しなさい．

（**定理 23-4 の証明**） $a_n = \left(1+\dfrac{1}{n}\right)^n$, $b_n = 1 + \dfrac{1}{2!} + \dfrac{1}{3!} + \cdots + \dfrac{1}{n!}$ とおく．次の(i), (ii)を示せばよい．

（ⅰ） $n \in \mathbb{N}$ に対して $a_n < a_{n+1}$ および $a_n \le b_n$ が成り立つ．

（ⅱ） $\{b_n\}_{n=1}^{\infty}$ は上に有界である．

(ⅰ)の証明： $a_n < a_{n+1}$ は次のように示される：
$$a_n = \left(1+\dfrac{1}{n}\right)^n = \sum_{k=0}^{n}\binom{n}{k}\left(\dfrac{1}{n}\right)^k$$
$$= 1 + \sum_{k=1}^{n}\dfrac{1}{k!}\cdot\dfrac{n-k+1}{n}\cdot\dfrac{n-k+2}{n}\cdots\dfrac{n-1}{n}\cdot\dfrac{n}{n}$$
$$= 1 + \sum_{k=1}^{n}\dfrac{1}{k!}\left(1-\dfrac{k-1}{n}\right)\left(1-\dfrac{k-2}{n}\right)\cdots\left(1-\dfrac{1}{n}\right)\left(1-\dfrac{0}{n}\right)$$

$$\leq 1 + \sum_{k=1}^{n} \frac{1}{k!}\left(1 - \frac{k-1}{n+1}\right)\left(1 - \frac{k-2}{n+1}\right)\cdots\left(1 - \frac{1}{n+1}\right)\left(1 - \frac{0}{n+1}\right)$$
$$= \sum_{k=0}^{n} \binom{n+1}{k} \left(\frac{1}{n+1}\right)^k$$
$$< \sum_{k=0}^{n+1} \binom{n+1}{k} \left(\frac{1}{n+1}\right)^k = \left(1 + \frac{1}{n+1}\right)^{n+1}$$
$$= a_{n+1}.$$

$a_n \leq b_n$ は次のように示される:
$$a_n = 1 + \sum_{k=1}^{n} \frac{1}{k!}\left(1 - \frac{k-1}{n}\right)\left(1 - \frac{k-2}{n}\right)\cdots\left(1 - \frac{1}{n}\right)\left(1 - \frac{0}{n}\right)$$
$$\leq 1 + \sum_{k=1}^{n} \frac{1}{k!} = b_n.$$

(ii)の証明: 自然数 k に対して $k! \geq 2^{k-1}$ である (演習 18-1) から, 任意の $n \in \mathbb{N}$ に対して
$$b_n = 1 + \sum_{k=1}^{n} \frac{1}{k!} \leq 1 + \sum_{k=1}^{n} \left(\frac{1}{2}\right)^{k-1} = 1 + 2\left(1 - \frac{1}{2^n}\right) < 3$$
が成り立つ. ゆえに, 数列 $\{b_n\}_{n=1}^{\infty}$ は上に有界である.

以上より, $\{a_n\}_{n=1}^{\infty}$ は上に有界な単調増加列であることがわかったので収束する. □

注意 数列 $\{b_n\}_{n=1}^{\infty}$ もその定義から単調増加であり, (1)により上に有界なので収束します. (2)から $e = \lim_{n \to \infty} a_n \leq \lim_{n \to \infty} b_n$ がわかりますが, 実は $\lim_{n \to \infty} b_n = e$ となることが証明できます.

● 実数の連続性の公理の同値性

この本では

（ 1 ） アルキメデスの公理とカントールの公理 (区間縮小法の原理)

から出発して,

（ 2 ） $\mathbb{R}$ の空でない, 上に有界な部分集合は上限を持つ (ワイエルストラスの定理),

（ 3 ） 上に有界な単調増加数列は収束する (定理 23-3)

という2つの定理を証明しました. 実は, (1), (2), (3)は実数の連続性を別の表現を使って言い換えているにすぎません. 実際, トレーニング 13 の冒頭で挙

げた実数の性質だけを使って，(1), (2), (3) の 3 つが互いに同値であることを証明することができます．したがって，(1) の代わりに (2) や (3) を実数の連続性の公理として採用することもできます．この場合には，(1) は公理ではなく定理になります．

連続性の公理と同値な命題はたくさんあります．例えば，**デデキントの切断**（Dedekind cut）という概念を使って書かれた次の命題は，そのうちの 1 つです．

（4）(デデキントの切断) $\mathbb{R}$ を次の性質を持つ 2 つの空でない部分集合 A, B に分けたとする．
（i） $\mathbb{R} = A \cup B$,
（ii） 任意の $a \in A$ と任意の $b \in B$ に対して，$a < b$.
このとき，A に最大元が存在するか，B に最小元が存在する．

(4) が (1), (2), (3) と同値であることの証明は，[12] などを参照してください．

ここでは，「(3) $\Rightarrow$ (1)」の証明を記しておきましょう（「(1) $\Rightarrow$ (2)」と「(2) $\Rightarrow$ (3)」はすでに証明済みなので，「(3) $\Rightarrow$ (1)」を示せば，(1)(2)(3) が互いに同値であることが示されたことになります）．

「(3) $\implies$ アルキメデスの公理」の証明

正の実数 a, b に対して，$a < nb$ となる $n \in \mathbb{N}$ が存在することを背理法で示す．「すべての $n \in \mathbb{N}$ に対して $a \geq nb$」であると仮定する．このとき，数列 $\{nb\}_{n=1}^{\infty}$ は上に有界な単調増加数列である．したがって，仮定により，この数列には極限が存在する．その極限を α とおくと，

$$\forall \varepsilon > 0, \exists N \in \mathbb{N} \text{ s.t. } n > N \Rightarrow |nb - \alpha| < \varepsilon$$

が成り立つ．特に，$\varepsilon = \dfrac{b}{2}$ (> 0) に対して上のような $N \in \mathbb{N}$ が存在する（ので，そのような N を 1 つとる）．このとき，

$$|(N+1)b - \alpha| < \frac{b}{2} \quad \text{かつ} \quad |(N+2)b - \alpha| < \frac{b}{2}$$

が成り立つ．これらの右辺どうしと左辺どうしを加え，三角不等式を使って，

$$b = |((N+2)b - \alpha) - ((N+1)b - \alpha)|$$
$$\leq |(N+2)b - \alpha| + |-(N+1)b + \alpha| < \frac{b}{2} + \frac{b}{2} = b$$

を得る．これより，$b < b$ が得られて，矛盾が生じる．よって，$a < nb$ となる

$n \in \mathbb{N}$ は存在する. □

「(3) $\Longrightarrow$ カントールの公理」の証明

閉区間の減少列 $I_1 \supset I_2 \supset I_3 \supset \cdots\cdots$ を任意にとり,各 $n \in \mathbb{N}$ に対して,$I_n = [a_n, b_n]\ (a_n < b_n)$ とおく.このとき,

$$a_1 \leq a_2 \leq a_3 \leq \cdots \leq a_n \leq \cdots \leq b_n \leq \cdots \leq b_3 \leq b_2 \leq b_1$$

となるので,数列 $\{a_n\}_{n=1}^{\infty}$ は上に有界な単調増加数列である.仮定により,極限 $\lim_{n\to\infty} a_n = \alpha$ が存在する.そこで,

(∗)　　　　　　任意の $n \in \mathbb{N}$ に対して,$a_n \leq \alpha \leq b_n$

であることを示す(これが示されればカントールの公理が証明されたことになる).

● 任意の $n \in \mathbb{N}$ に対して,$a_n \leq \alpha$ であること:

ある $N_0 \in \mathbb{N}$ に対して,$a_{N_0} > \alpha$ であったと仮定する.$\lim_{n\to\infty} a_n = \alpha$ であるから,$\varepsilon := a_{N_0} - \alpha\ (> 0)$ に対して,

$$\exists N \in \mathbb{N}\ \text{s.t.}\ n > N \Rightarrow |a_n - \alpha| < \varepsilon = a_{N_0} - \alpha$$

が成り立つ.(そこで,そのような N を 1 つとる.) すると,$n > N$ を満たすすべての $n \in \mathbb{N}$ に対して,$a_n - \alpha \leq |a_n - \alpha| < a_{N_0} - \alpha$,すなわち,$a_n < a_{N_0}$ が成り立つ.特に,$n_0 := \max\{N, N_0\} + 1$ に対して,$a_{n_0} < a_{N_0}$ となるが,これは数列 $\{a_n\}_{n=1}^{\infty}$ が単調増加であることに反する.ゆえに,任意の $n \in \mathbb{N}$ に対して,$a_n \leq \alpha$ である.

● 任意の $n \in \mathbb{N}$ に対して,$\alpha \leq b_n$ であること:

ある $N_0 \in \mathbb{N}$ に対して,$\alpha > b_{N_0}$ であったと仮定する.$\lim_{n\to\infty} a_n = \alpha$ であるから,$\varepsilon := \alpha - b_{N_0}\ (> 0)$ に対して,

$$\exists N \in \mathbb{N}\ \text{s.t.}\ n > N \Rightarrow |a_n - \alpha| < \varepsilon = \alpha - b_{N_0}$$

が成り立つ.(そこで,そのような N を 1 つとる.) すると,$n > N$ を満たすすべての $n \in \mathbb{N}$ に対して,$\alpha - a_n \leq |a_n - \alpha| < \alpha - b_{N_0}$,すなわち,$b_{N_0} < a_n$ が成り立つ.特に,$n_0 := \max\{N, N_0\} + 1$ に対して,$b_{N_0} < a_{n_0} < b_{n_0}$ となるが,これは数列 $\{b_n\}_{n=1}^{\infty}$ が単調減少であることに反する.ゆえに,任意の $n \in \mathbb{N}$ に対して,$\alpha \leq b_n$ である. □

トレーニング 24
無限級数

高校の微分積分の授業で，$|a| < 1$ のとき $\lim_{n \to \infty} a^n = 0$ となることを習いました．ここでは，まず，この事実を数列の収束の定義と実数の連続性に基づいて導きます．次に，無限級数の概念を導入して，その収束・発散の問題を具体例を通して考察します．特に，各項が非負の無限級数に関する収束条件を考えます．最後に，$\frac{1}{2} = 0.5$, $\sqrt{2} = 1.41421356\cdots$, $\pi = 3.14159265\cdots$ といった実数の小数表示の意味を説明します．

● 正の無限大に発散する数列

収束しない数列は**発散する**と呼ばれます．数列 $\{a_n\}_{n=1}^{\infty}$ が収束しないということは，どんな実数 α にも収束しないということですから（定義 21-1 を参照），どんな実数 α に対しても，

$$\forall \varepsilon > 0, \exists N \in \mathbb{N} \text{ s.t. } n > N \Rightarrow |a_n - \alpha| < \varepsilon$$

が成り立たないということです．この「成り立たない」ということを肯定文に言い換えましょう．

演習 24-1* 数列 $\{a_n\}_{n=1}^{\infty}$ に対して，$\alpha, \varepsilon, N, n$ に関する条件

$$R(\alpha, \varepsilon, N, n) : n > N \Rightarrow |a_n - \alpha| < \varepsilon$$

を考えます．
（1） α を実数，ε を正の実数，N, n を自然数とします．
（i） 命題 $R(\alpha, \varepsilon, N, n)$ を，n を主語にして，論理記号を使わずに文章で書きなさい．
（ii） (i)で書いた命題の否定を，「〜でない」という表現や論理記号を使わずに，文章で書きなさい．
（2） 数列 $\{a_n\}_{n=1}^{\infty}$ が発散することの定義を，

(ⅰ) 論理記号 ($\forall, \exists, \Rightarrow$) や lim を使わずに文章で書きなさい．

(ⅱ) 論理記号を使って書きなさい．

以下，発散する数列の中で，正の無限大に発散する数列に焦点を当てて考察します．

定義 24-1 数列 $\{a_n\}_{n=1}^{\infty}$ が正の無限大（$+\infty$）に発散する（diverge to positive infinity）とは，どのような実数 $K > 0$ に対しても，次の条件 (24a) を満たす自然数 N が存在するときをいう：

(24a) $n > N$ を満たすすべての自然数 n について，$a_n > K$ である．

このことを次のように書き表わす：

$$\lim_{n \to \infty} a_n = +\infty \quad \text{または} \quad a_n \to +\infty \quad (n \to \infty).$$

注意 $\{a_n\}_{n=1}^{\infty}$ が $+\infty$ に発散することを，論理記号を使って次のように表現します：

"$\forall K > 0, \exists N \in \mathbb{N}$ s.t. $n > N \Rightarrow a_n > K$" （が成り立つ．）

例 24-1 $a > 1$ のとき，$\lim_{n \to \infty} a^n = +\infty$ である．

証明 $a > 1$ だから，$a = 1 + h\ (h > 0)$ と書くことができる．このとき，すべての自然数 n に対して $a^n > nh$ が成り立つ（数学的帰納法による）．このことに注意し，例 24-1 の等式を示す．

任意に $K > 0$ をとる．h と K に対してアルキメデスの公理を適用して，$Nh > K$ となる $N \in \mathbb{N}$ が存在することがわかる．このとき，$n > N$ を満たすすべての自然数 n について $a^n > nh > Nh > K$ となる．よって，$\lim_{n \to \infty} a^n = +\infty$ である． □

演習 24-2* $|a| < 1$ のとき $\lim_{n \to \infty} a^n = 0$ であることを，例 24-1 を利用して，証明しなさい．（ヒント：$a \neq 0$ の場合に，例 24-1 を $\dfrac{1}{|a|}$ に適用し，"ε-N 式" の表現を使って書き換えます．）

● 無限級数

数列 $\{a_n\}_{n=1}^{\infty}$ に対して，その各項を初項から順番に + という記号でつないで，"形式和"

$$a_1 + a_2 + \cdots + a_n + \cdots\cdots$$

を考えることができます．この形式和を**無限級数** (infinite series)，または単に，**級数**と呼び，

$$\sum_{n=1}^{\infty} a_n$$

で表わします．注意すべきことは，無限級数における足し算の記号 + あるいは和の記号 $\sum$ は，和 $\sum_{k=1}^{n} a_k$ とは違って，足し算を実行した結果を表わしているわけではない，ということです．無限級数は無限個の実数を "+ という記号でつないだ単なる式" にすぎません．

例 24-2
（1） 級数 $\sum_{n=1}^{\infty} \dfrac{1}{n}$ を**調和級数** (harmonic series) という．

（2） 実数 a, r に対して，級数 $\sum_{n=1}^{\infty} ar^{n-1}$ を初項 a，公比 r の（無限）**等比級数**という．

● 級数の収束と $+\infty$ への発散

$\{a_n\}_{n=1}^{\infty}$ を実数列とします．各自然数 n に対して，実数 $S_n := \sum_{k=1}^{n} a_k$ を級数 $\sum_{n=1}^{\infty} a_n$ の**第 n 部分和** (the nth partial sum) といいます．第 n 部分和からなる数列 $\{S_n\}_{n=1}^{\infty}$ が収束するとき，級数 $\sum_{n=1}^{\infty} a_n$ は**収束する** (converge) といい，$S := \lim_{n \to \infty} S_n$ を級数 $\sum_{n=1}^{\infty} a_n$ の**和** (sum of the series) といいます．和 S も級数と同じ記号 $\sum_{n=1}^{\infty} a_n$ で表わします．このことにより，収束する級数に対して，記号 $\sum_{n=1}^{\infty} a_n$ は形式和と実数 $\lim_{n \to \infty} S_n$ の 2 つの意味を持つことになります．どちらの意味で使っているのかは，前後の文脈で判断します．

級数 $\sum_{n=1}^{\infty} a_n$ が $+\infty$ に**発散する**とは，その第 n 部分和からなる数列 $\{S_n\}_{n=1}^{\infty}$

が $+\infty$ に発散するときをいいます．このことを $\sum_{n=1}^{\infty} a_n = +\infty$ と書き表わします．

例 24-3 無限等比級数 $\sum_{n=1}^{\infty} ar^{n-1}$ は $|r| < 1$ のとき収束し，そのときの和は $\dfrac{a}{1-r}$ である．

証明 各自然数 n について，$S_n := \sum_{k=1}^{n} ar^{k-1}$ とおく．$r \neq 1$ のとき，

(24b) $$S_n = \frac{a(1-r^n)}{1-r}$$

である．実際，2 式
$$S_n = a + ar + ar^2 + \cdots + ar^{n-1},$$
$$rS_n = \phantom{a +{}} ar + ar^2 + ar^3 + \cdots + ar^n$$

の差をとると，$(1-r)S_n = a - ar^n$ が得られる．この両辺を $1-r$ で割れば等式 (24b) となる．等式 (24b) と演習 24-2 から，$|r| < 1$ のとき $\{S_n\}_{n=1}^{\infty}$ は収束して，和は次で与えられることがわかる：
$$\sum_{n=1}^{\infty} ar^{n-1} = \lim_{n \to \infty} S_n = \lim_{n \to \infty} \frac{a(1-r^n)}{1-r} = \frac{a}{1-r}. \qquad \square$$

● **正項級数**

級数 $\sum_{n=1}^{\infty} a_n$ が**正項級数** (series with nonnegative terms) であるとは，すべての $n \in \mathbb{N}$ について $a_n \geq 0$ であるときをいいます（本来は非負項級数と呼ぶべきかもしれませんが，このような呼び方が一般的です）．正項級数については，収束するか，$+\infty$ に発散するか，のどちらか一方のみが成り立ちます．定理 23-2 により，正項級数 $\sum_{n=1}^{\infty} a_n$ が収束するための必要十分条件は，数列 $\left\{\sum_{k=1}^{n} a_k\right\}_{n=1}^{\infty}$ が上に有界になることです．

例 24-4 調和級数 $\sum_{n=1}^{\infty} \dfrac{1}{n}$ は $+\infty$ に発散する．

証明 自然数 n に対して，$S_n = \sum_{k=1}^{n} \dfrac{1}{k}$ とおく．このとき，任意の自然数 m

に対して
$$S_{2^m} = \left(1 + \frac{1}{2}\right) + \left(\frac{1}{3} + \frac{1}{4}\right) + \left(\frac{1}{5} + \frac{1}{6} + \frac{1}{7} + \frac{1}{8}\right)$$
$$+ \left(\frac{1}{9} + \cdots + \frac{1}{16}\right) + \cdots + \left(\frac{1}{2^{m-1}+1} + \cdots + \frac{1}{2^m}\right)$$
$$> \left(\frac{1}{2} + \frac{1}{2}\right) + \left(\frac{1}{4} + \frac{1}{4}\right) + \left(\frac{1}{8} + \frac{1}{8} + \frac{1}{8} + \frac{1}{8}\right)$$
$$+ \left(\frac{1}{16} + \cdots + \frac{1}{16}\right) + \cdots + \left(\frac{1}{2^m} + \cdots + \frac{1}{2^m}\right)$$
$$= 1 + \frac{1}{2}(m-1) = \frac{m+1}{2}$$

となる. $\left\{\dfrac{m+1}{2}\right\}_{m=1}^{\infty}$ は $+\infty$ に発散するから, 任意の $K > 0$ に対して,
$$\exists N \in \mathbb{N} \text{ s.t. } m > N \Rightarrow S_{2^m} > K$$
となる. <u>したがって</u>, $\{S_n\}_{n=1}^{\infty}$ も $+\infty$ に発散する. □

演習 24-3[*] 上の証明における, 下線部分「したがって」の理由を詳しく説明しなさい (任意に $K > 0$ が与えられたとき, 「$n > N' \Rightarrow S_n > K$」をみたす $N' \in \mathbb{N}$ としてどのようなものを取ることができるか, 答えなさい).

例 24-4 とは対照的に, 次が成り立ちます.

例 24-5 無限級数 $\displaystyle\sum_{n=1}^{\infty} \frac{1}{n^2}$ は収束する. これは $S_n = \displaystyle\sum_{k=1}^{n} \frac{1}{k^2}$ とおくと, $n \geq 2$ に対して
$$S_n \leq 1 + \sum_{k=2}^{n} \frac{1}{k(k-1)} = 1 + \sum_{k=2}^{n} \left(\frac{1}{k-1} - \frac{1}{k}\right) = 1 + \left(1 - \frac{1}{n}\right) < 2$$
となることからわかる. 一般に, 2 以上の自然数 k に対して無限級数 $\displaystyle\sum_{n=1}^{\infty} \frac{1}{n^k}$ は収束する. 実際, $\dfrac{1}{n^k} \leq \dfrac{1}{n^2}$ $(n = 1, 2, \cdots)$ より, $\displaystyle\sum_{n=1}^{\infty} \frac{1}{n^k}$ の第 n 部分和からなる数列は上に有界である.

● **実数の m 進小数表示**

ここでは, 正項級数の応用として実数の小数表示について考察します.
m を 2 以上の整数とします. $x \in [0, 1]$ が次の形の無限級数の和

(◇) $$x = \sum_{i=1}^{\infty} \frac{a_i}{m^i} \quad (a_i \in \{0, 1, \cdots, m-1\})$$

で表わされるとき，$x = (0.a_1a_2a_3\cdots)_m$ と書き，この表示を x の（無限）m 進小数表示と呼びます．特に，$m = 10$ のときは，単に $x = 0.a_1a_2a_3\cdots$ のように書き表わします．

例 24-7 $1 = (0.\ m{-}1\ m{-}1\ m{-}1\ \cdots\cdots)_m$ である．これは
$$\sum_{i=1}^{\infty} \frac{m-1}{m^i} = (m-1) \sum_{i=1}^{\infty} \frac{1}{m^i} = (m-1) \frac{\frac{1}{m}}{1 - \frac{1}{m}} = 1$$
となることからわかる．特に，$1 = 0.999\cdots\cdots$ と表わされる．

命題 24-7 m を 2 以上の整数とするとき，任意の $x \in [0,1]$ は m 進小数表示を持つ．

証明 例 24-6 より，$x = 1$ は m 進小数表示を持つ．$x \in [0,1)$ とする．$mx \in [0,m)$ であるから，$a_1 \le mx < a_1 + 1$ を満たす $a_1 \in \{0, 1, \cdots, m-1\}$ が唯一存在する（補題 21-1）．$x_1 := mx - a_1$ とおくと，$x_1 \in [0,1)$ となる．今の操作を x_1 に対して行う．すると，$a_2 \le mx_1 < a_2 + 1$ を満たす $a_2 \in \{0, 1, \cdots, m-1\}$ が唯一存在し，$x_2 := mx_1 - a_2 \in [0,1)$ となる．以下同様にして，$\{0, 1, \cdots, m-1\}$ の元からなる数列 $\{a_n\}_{n=1}^{\infty}$ と $[0,1)$ の元からなる数列 $\{x_n\}_{n=1}^{\infty}$ であって，$x_n = mx_{n-1} - a_n\ (n = 1, 2, \cdots)$ を満たすものを構成することができる．ただし，$x_0 := x$ とする．このとき，$n = 1, 2, \cdots$ に対して，
$$x = \frac{a_1}{m} + \frac{x_1}{m} = \frac{a_1}{m} + \frac{a_2}{m^2} + \frac{x_2}{m^2} = \cdots\cdots = \frac{a_1}{m} + \frac{a_2}{m^2} + \cdots + \frac{a_n}{m^n} + \frac{x_n}{m^n}$$
となることがわかる．したがって，
$$\left| x - \sum_{i=1}^{n} \frac{a_i}{m^i} \right| = \frac{x_n}{m^n} < \frac{1}{m^n}$$
が成り立つ．$m \ge 2$ なので $\left\{\frac{1}{m^n}\right\}_{n=1}^{\infty}$ は 0 に収束する（演習 24-2）．よって，任意の $\varepsilon > 0$ に対して，「$n > N \Rightarrow \frac{1}{m^n} < \varepsilon$」となる $N \in \mathbb{N}$ が存在する．上で得られた不等式と合わせて，

$n > N$ となるすべての $n \in \mathbb{N}$ に対して $\left| x - \sum_{i=1}^{n} \frac{a_i}{m^i} \right| < \varepsilon$

となる. ゆえに, x は $x = \sum_{n=1}^{\infty} \frac{a_n}{m^n}$ という表示を持つ. □

演習 24-4 (◇) の形の無限級数は収束し, その和は $[0,1]$ に属することを示しなさい.

一般に, 1 以上の正の実数 x は次の形の無限級数で表わされます（付録 B を参照）.

(◆) $\quad x = \sum_{i=0}^{k} r_i m^i + \sum_{i=1}^{\infty} \frac{a_i}{m^i} \quad (r_i, a_i \in \{0, 1, \cdots, m-1\},\ k \geq 0,\ r_k \neq 0).$

x が (◆) のように表わされるとき, $x = (r_k r_{k-1} \cdots r_0.a_1 a_2 a_3 \cdots\cdots)_m$ と書いて, これを $x \in [0, \infty)$ の（無限）m 進小数表示と呼びます. $m = 10$ のときには, 単に $x = r_k r_{k-1} \cdots r_0.a_1 a_2 a_3 \cdots\cdots$ のように書き表わします. この表示が「小数」に他なりません.

● **有限 m 進数**

$x \in (0, \infty)$ が

$$\exists N \in \mathbb{N}\ \text{s.t.}\ n > N \Rightarrow a_n = 0$$

となるような m 進小数表示 $x = (r_k r_{k-1} \cdots r_0.a_1 a_2 a_3 \cdots)_m$ を持つとき, **有限 m 進数**と呼ばれます. 任意の自然数や $\frac{1}{2}, \frac{1}{5}$ は有限 10 進数です.

m 進小数表示は一意的ではありませんが, 表示が一意的でないものは有限 m 進数に限られ, しかも, 有限 m 進数に対してその表示の仕方は 2 通りしかありません. ($x = (r_k r_{k-1} \cdots r_0.a_1 a_2 \cdots a_p 00 \cdots\cdots)_m\ (a_p \neq 0)$ と表示される有限 m 進数に対して, もう 1 つの表示は $x = (r_k r_{k-1} \cdots r_0.a_1 a_2 \cdots a_p{-}1\ m{-}1\ m{-}1\ \cdots\cdots)_m$ で与えられます.）この事実の証明はそれほど難しくありませんが, このトレーニングの目標からややそれるので, 証明は付録 B にまわします.

例 24-8 1 の 10 進小数表示は $1 = 1.000\cdots\cdots$ と $1 = 0.99999\cdots\cdots$ の 2 通りしかない. また, $1/3$ は有限 10 進数ではない. なぜならば, 有限 10 進数の無限 10 進数表示はある桁から先がすべて 0 であるかすべて 9 になっていなければならないからである.

トレーニング 25
写像の概念

　ある集合を別の集合と関連づけたいとき，2つの集合を比較したいとき，あるいは，1つの集合の中で元を別の元に移動させたいとき，写像が使われます．この写像の概念は，数列，二項演算，有限集合の定義に，すでに暗黙のうちに使われています．ここでは，その概念を言語化します．そして，その基本的な考え方を学びます．

● 写像の定義

　A, B を2つの空でない集合とします．A に属する各々の元に対して，B の元を1つずつ定める対応規則のことを A から B への**写像**（map, mapping）といいます．f が A から B への写像であることを

$$f : A \longrightarrow B \quad \text{または} \quad A \xrightarrow{f} B$$

のように書き表わします．また，写像 f の下で $a \in A$ に $b \in B$ が対応するとき，a は f によって b に**写される**，あるいは，f は a を b に**写す**といい，この b を $f(a)$ と書き表わします．$f(a)$ は f による a の**像**（image）と呼ばれます．授業では，

$$\begin{array}{ccc} A & \xrightarrow{f} & B \\ \cup & & \cup \\ a & \longmapsto & f(a) \end{array}$$

のように書き表わすこともあります．

　写像 $f : A \longrightarrow B$ に対して，A を f の**定義域**（domain）または**始域**といい，B を f の**終域**（codomain）といいます．

　写像のかわりに**関数**（function）という言葉も同じ意味で使われますが，関数という言葉を使うのは，終域が $\mathbb{R}$ や $\mathbb{C}$ などの数の集合である場合が多いようです．

例 25-1 （1） f を，各 $x \in \mathbb{R}$ に対して $x^2 \in \mathbb{R}$ を対応させる規則とすると，この f は $\mathbb{R}$ から $\mathbb{R}$ への写像（関数）$f : \mathbb{R} \longrightarrow \mathbb{R}$ を定める．

（2） 実数列 $\{a_n\}_{n=1}^{\infty}$ が与えられると，写像 $a : \mathbb{N} \longrightarrow \mathbb{R}$ が $a(n) := a_n$ ($n \in \mathbb{N}$) によって定まる．逆に，写像 $a : \mathbb{N} \longrightarrow \mathbb{R}$ が与えられれば，$a(1), a(2), \cdots, a(n), \cdots\cdots$ という実数列が得られる．つまり，実数列とは，$\mathbb{N}$ から $\mathbb{R}$ への写像のことである，と思って差し支えない（というより，これが数列の厳密な定義である）．

（3） 集合 $S (\neq \emptyset)$ 上の二項演算とは，$S \times S$ から S への写像のことに他ならない．

例 25-2 （1） $A (\neq \emptyset)$ を集合とするとき，A の各元 a に対して A の中の同じ元 a を対応させる A から A への写像を考えることができる．この写像を A 上の**恒等写像** (identity map) といい，id_A または 1_A によって書き表わす．

（2） A, B を 2 つの空でない集合とし，b_0 を B の元とするとき，A に属するどの元に対しても b_0 を対応させることによって，A から B への写像を定義することができる．このような写像を**定値写像** (constant map) という．

演習 25-1* $A = \{a, b, c\}$, $B = \{0, 1\}$ とします．次の図(1)から(4)はそれぞれ A から B への対応規則を表わしています．例えば，図(1)は a を 0 と 1 の両方に対応させ，b を 0 に対応させ，c を 1 に対応させる規則を表わしています．この対応規則は A から B への写像と呼ぶことができますか？ (2)から(4)の各図についても同様の考察を行いなさい．

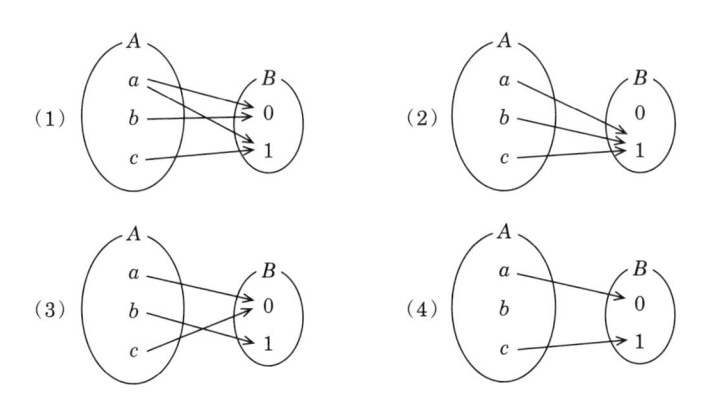

一般論を展開する際の抽象的な議論では,「$f: A \longrightarrow B$ を写像とする」のように書かれることがよくあります. このように書かれているときは,「A に属する各々の元 a に対して, B のある元 (これを $f(a)$ で表わします) を対応させる規則が f によって (具体的に書かれてはいないけれども) 1 つ与えられている」と思う必要があります.

逆に, 何か 1 つ写像を具体的に定義したいときがあります. 例えば, $\mathbb{R}$ から $\mathbb{R}$ への写像を 1 つ具体的に定義したかったとしましょう. この場合には, 単に「写像を $f: \mathbb{R} \longrightarrow \mathbb{R}$ と (定義) する」と書いて済ませることはできません. この状態ではまだ写像が定義できていないからです. 写像を 1 つ具体的に定義するには,「写像 $f: \mathbb{R} \longrightarrow \mathbb{R}$ を $f(x) = 2x - 1$ によって定義する」のように, 元の対応規則も書かなければなりません.

演習 25-2* $\mathbb{R}$ から $(0, \infty) = \{y \in \mathbb{R} \mid y > 0\}$ への写像であって, 定値写像でないものの例を与えなさい.

● 写像の相等

2 つの写像 $f: A \longrightarrow B$ と $g: A' \longrightarrow B'$ が等しいとは, 次の 3 条件が成り立つときをいいます.

- $A = A'$ (定義域が等しい),
- $B = B'$ (終域が等しい),
- すべての $a \in A$ に対して $f(a) = g(a)$ (元の対応規則が等しい).

このとき, $f = g$ と書き表わします. 等しくないときには, $f \neq g$ と書き表わします.

例 25-3 写像 $f: \mathbb{R} \longrightarrow \mathbb{R}$ が $f(x) = x^2 \ (x \in \mathbb{R})$ によって定義されていて, 写像 $g: \mathbb{Q} \longrightarrow \mathbb{R}$ が $g(x) = x^2 \ (x \in \mathbb{Q})$ によって定義されているとき, これらの定義域は等しくないので, 写像としては $f \neq g$ である.

上の例のように, たとえ写像を定める<u>定義式が同じであっても, 定義域や終域が等しくなければ, 写像として等しくない</u>ということをしっかり覚えておきましょう.

演習 25-3 $A = \{1, 2, 3\}$ を定義域とし, $B = \{1, 2\}$ を終域とする写像をすべて求めなさい.

● 写像の合成

写像 $f: A \longrightarrow B$ と $g: B \longrightarrow C$ が与えられたとき，元 $a \in A$ をまず f で B の元 $f(a)$ に写し，その元 $f(a)$ をさらに g で C の元 $g(f(a))$ に写すことにより，A から C への写像を定義することができます（次図参照）．このようにして得られる A から C への写像を f と g の**合成写像**（composite map）といい，$g \circ f: A \longrightarrow C$ または単に $g \circ f$ と書き表わします．つまり，$g \circ f$ とは

$$(g \circ f)(a) = g(f(a)) \qquad (a \in A)$$

によって定義される A から C への写像のことをいいます．

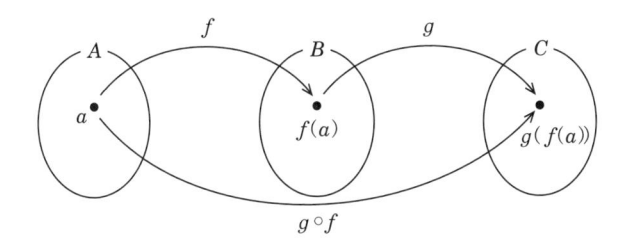

例 25-4 $f: \{\bigcirc, \triangle, \square\} \longrightarrow \{ア, イ, ウ, エ\}$ を

$$f(\bigcirc) = イ, \qquad f(\triangle) = ア, \qquad f(\square) = ウ$$

によって与えられる写像とし，$g: \{ア, イ, ウ, エ\} \longrightarrow \{1, 2, 3\}$ を

$$g(ア) = 1, \qquad g(イ) = 2, \qquad g(ウ) = 2, \qquad g(エ) = 3$$

によって与えられる写像とする．このとき，合成写像 $g \circ f$ は

- 定義域が $\{\bigcirc, \triangle, \square\}$，
- 終域が $\{1, 2, 3\}$，
- 元の対応規則が $(g \circ f)(\bigcirc) = 2$, $(g \circ f)(\triangle) = 1$, $(g \circ f)(\square) = 2$

によって与えられる写像である．

演習 25-4[*] 関数 $f: \mathbb{R} \longrightarrow \mathbb{R}$ と関数 $g: \mathbb{R} \longrightarrow \mathbb{R}$ を次のように定義します．

$$f(x) = x^2 + 2x - 4, \quad g(x) = 3x + 4 \qquad (x \in \mathbb{R}).$$

このとき，合成写像 $g \circ f$ と $f \circ g$ によって各 $x \in \mathbb{R}$ はそれぞれどのような実数に写されるのかを答えなさい．また，$g \circ f = f \circ g$ かそうでないかを調べなさい．

補題 25-5 写像の合成に関して，次が成り立つ．
（1） 任意の写像 $f: A \longrightarrow B$ について，$f \circ \mathrm{id}_A = f$，$\mathrm{id}_B \circ f = f$．
（2） 任意の3つの写像 $f: A \longrightarrow B$，$g: B \longrightarrow C$，$h: C \longrightarrow D$ について，
$$(h \circ g) \circ f = h \circ (g \circ f).$$

証明 （1）は写像の合成，恒等写像の定義，写像の相等の定義よりただちに従う．（2）を証明する．

2つの写像 $(h \circ g) \circ f$，$h \circ (g \circ f)$ について，どちらの定義域も A であり，どちらの終域も D である．さらに，各 $a \in A$ に対して，
$$((h \circ g) \circ f)(a) = (h \circ g)(f(a)) = h(g(f(a))),$$
$$(h \circ (g \circ f))(a) = h((g \circ f)(a)) = h(g(f(a)))$$
が成り立つ，すなわち，$(h \circ g) \circ f$ と $h \circ (g \circ f)$ による $a \in A$ の像が一致する．したがって，$(h \circ g) \circ f = h \circ (g \circ f)$ である． □

この補題(2)から，有限個の写像の合成において，合成をとる順番は気にしなくてよいことがわかります（定理17-3の証明を参照）．したがって，写像の合成を記述する際には，$h \circ g \circ f$ のように，括弧をつける必要がありません．

演習 25-5 $a \in \mathbb{C}$ に対して写像 $T_a: \mathbb{C} \longrightarrow \mathbb{C}$，$T_a': \mathbb{C} - \{a\} \longrightarrow \mathbb{C} - \{0\}$ を
$$T_a(z) = z - a \ (z \in \mathbb{C}), \qquad T_a'(z) = z - a \ (z \in \mathbb{C} - \{a\})$$
によって定義し，$r > 0$ に対して $S_r: \mathbb{C} \longrightarrow \mathbb{C}$ を $S_r(z) = rz \ (z \in \mathbb{C})$ によって定義し，$R: \mathbb{C} - \{0\} \longrightarrow \mathbb{C}$ を $R(z) = \dfrac{1}{z} \ (z \in \mathbb{C} - \{0\})$ によって定義する．このとき，写像
$$F: \mathbb{C} - \{1\} \longrightarrow \mathbb{C}, \qquad F(z) = \frac{2z}{z-1} \ (z \in \mathbb{C} - \{1\})$$
を T_a，$T_a' \ (a \in \mathbb{C})$，$S_r \ (r > 0)$，$R$ の合成で表わしなさい．

● 写像のグラフ

集合 A から集合 B への写像 $f: A \longrightarrow B$ の**グラフ**（graph）とは，直積集合 $A \times B$ の部分集合

$$G_f := \{(a, f(a)) \mid a \in A\}$$

のことをいいます.

例 25-6 関数 $f : \mathbb{R} \longrightarrow \mathbb{R}$, $f(x) = x^2$ のグラフ G_f は

$$G_f = \{(a, a^2) \mid a \in \mathbb{R}\}$$

によって与えられる $\mathbb{R} \times \mathbb{R}$ の部分集合である. 下図はこれを (x, y)-平面に図示したものである.

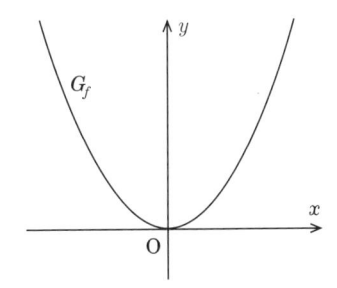

写像 $f : A \longrightarrow B$ のグラフ G_f は次の条件を満たしています ($\exists!$ は「一意的に存在する」ということを表わす記号だったことを思い出しましょう).

$$\forall a \in A, \ \exists! b \in B \ \ \text{s.t.} \ \ (a, b) \in G_f.$$

逆に, $A \times B$ の (空でない) 部分集合 G が

$(*)$ $\qquad\qquad \forall a \in A, \ \exists! b \in B \ \ \text{s.t.} \ \ (a, b) \in G$

を満たしているとします. このとき, 各 $a \in A$ に対して, $(a, b) \in G$ となるような $b \in B$ を対応させることにより, 写像 $f : A \longrightarrow B$ が定まります. つまり, A から B への写像を与えることと, $A \times B$ の部分集合 G であって, 条件 $(*)$ を満たすものを与えることとは同値になります. このことは, A から B への写像を, 直積集合 $A \times B$ の $(*)$ を満たす部分集合として定義することができる, ということを示唆しています.

トレーニング 26
全単射と逆写像

与えられた写像がどのような写像かを調べる際に，それが単射かどうか，全射かどうかを知ることは基本的な問題です．というのは，これらの概念が逆写像（逆関数）の存在と関連しているからです．ここでは，写像に対する全射，単射，全単射および逆写像の概念を学びます．

● 単射と全射

写像に対し，単射，全射，全単射は次のように定義されます．

> **定義 26-1**　（1）　f が**単射**（injection）または **1 対 1 の写像**（one-to-one mapping）であるとは，A の異なる 2 つの元が f によって B の異なる 2 つの元に写されるときをいう．すなわち，
>
> (26a)　　すべての $a, a' \in A$ について「$a \neq a' \Rightarrow f(a) \neq f(a')$」
>
> が成り立つときをいう．
>
> （2）　f が**全射**（surjection）または**上への写像**（onto mapping）であるとは，B に属するどの元も A に属するある元の f による像となっているときをいう．すなわち，
>
> (26b)　　　　　　　$\forall b \in B, \exists a \in A$　s.t.　$f(a) = b$
>
> が成り立つときをいう．
>
> （3）　f が**全単射**（bijection）または **1 対 1 かつ上への写像**であるとは，f が単射でありかつ全射であるときをいう．

注意　（1）　写像 $f : A \longrightarrow B$ が単射であるための条件 (26a) は，「　」の中の対偶をとることにより，

(26c)　　すべての $a, a' \in A$ について「$f(a) = f(a') \Rightarrow a = a'$」

と同値になることがわかります．したがって，写像が単射であることを証明するときには，条件 (26c) が成り立つことを確かめてもよいわけです．

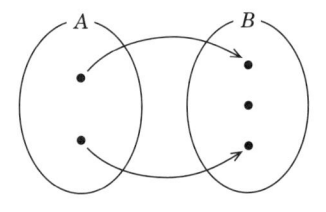

単射であるが全射でない　　　　　全射であるが単射でない

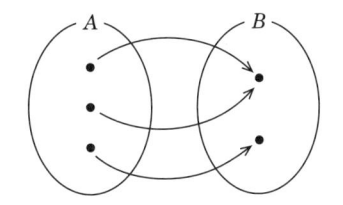

（2）写像 $f : A \longrightarrow B$ と A の部分集合 S に対し，B の部分集合 $f(S)$ を
$$f(S) := \{f(s) \mid s \in S\}$$
によって定め，これを f による S の像 (image) といいます．$f(A)$ は f の値域 (range) と呼ばれます．f が全射であるとは，$f(A) = B$ となることであると言い換えることができます．

（3）単射と全射の定義を逆さに覚えてしまう人もいるようです．「単」には，「単発」という言葉から連想されるように，ひとつひとつバラバラというイメージがあります．(26a) が満たされるとき，定義域の元が全部バラバラに写されるので，単射と呼ぶわけです．一方，「全」には，「全部」という言葉から連想されるように，「すべて」というイメージがあります．(26b) が満たされるとき，終域のすべての元が定義域のある元を写したものになっている，つまり，定義域が終域全体に写るので，全射と呼ぶわけです．「単」と「全」というそれぞれの言葉が持っている響きを大切にすれば，どっちが全射でどっちが単射なのか，迷わなくなるでしょう．

例 26-1
（1）任意の集合 A ($\neq \emptyset$) に対して，恒等写像 id_A は全単射である．
（2）$f(x) = x^2$ ($x \in \mathbb{R}$) によって定義される関数 $f : \mathbb{R} \longrightarrow \mathbb{R}$ は，$f(1) = 1 = f(-1)$ となるので単射でなく，$f(x) = -1$ となる $x \in \mathbb{R}$ は存在しないから全射でもない．
（3）写像 $f : \mathbb{Z} \longrightarrow \mathbb{Z}$ を $f(n) = 2n$ によって定義する．f は単射であるが全射でない．実際，$n \neq m$ ならば $2n \neq 2m$ なので，f は単射である．これに

対して，$f(n) = 1$ となる $n \in \mathbb{Z}$ は存在しないので，f は全射でない．

演習 26-1[*] 次の各写像について，単射であるかどうか，全射であるかどうかを調べなさい．

(1) $f : [0, \pi] \longrightarrow [-1, 1]$, $f(x) = \sin x$ $(x \in [0, \pi])$.

(2) $g : \mathbb{R} \longrightarrow \{0, 1\}$, $g(x) = \begin{cases} 0 & (x \text{ が有理数のとき}), \\ 1 & (x \text{ が無理数のとき}). \end{cases}$

単射性，全射性，全単射性は合成をとる操作の下で保たれます．すなわち，次が成り立ちます．

補題 26-2 写像 $f : A \longrightarrow B$ と写像 $g : B \longrightarrow C$ が与えられたとき，

(1) f, g が共に単射ならば合成写像 $g \circ f$ も単射である．

(2) f, g が共に全射ならば合成写像 $g \circ f$ も全射である．

(3) f, g が共に全単射ならば合成写像 $g \circ f$ も全単射である．

演習 26-2 上の補題を証明しなさい．

補題 26-2 の逆は成立しませんが，次のことは言えます．

補題 26-3 写像 $f : A \longrightarrow B$ と写像 $g : B \longrightarrow C$ が与えられたとき，

(1) 合成写像 $g \circ f$ が単射ならば f は単射である．

(2) 合成写像 $g \circ f$ が全射ならば g は全射である．

(3) 合成写像 $g \circ f$ が全単射ならば f は単射で g は全射である．

証明 (1) $a, a' \in A$ に対して，$f(a) = f(a')$ であるとすると，$(g \circ f)(a) = g(f(a)) = g(f(a')) = (g \circ f)(a')$ が成り立つ．$g \circ f$ は単射であるから，$a = a'$ を得る．よって，f は単射である．

(2) 任意に $c \in C$ をとる．$g \circ f$ は全射だから，$(g \circ f)(a) = c$ となる $a \in A$ が存在する．$g(f(a)) = c$ であるから，$g(b) = c$ を満たす $b \in B$ として $b = f(a)$ が存在する．よって，g は全射である．

(3)は(1),(2)からの直接の帰結である． □

● 逆写像

写像 $f: A \longrightarrow B$ が全単射であるとき，任意の $b \in B$ について $f(a) = b$ となる $a \in A$ は存在し（∵ f は全射），かつ，そのような $a \in A$ は唯一（∵ f は単射）です．したがって，全単射 $f: A \longrightarrow B$ に対しては，各 $b \in B$ に対して $f(a) = b$ となる $a \in A$ を対応させることによって，B から A への写像を定めることができます．この写像を f の**逆写像**（inverse map）といい，$f^{-1}: B \longrightarrow A$ または単に f^{-1} によって表わします．記号 f^{-1} は「エフ インヴァース」と読みます．逆写像の定義により，$f: A \longrightarrow B$ が全単射であるとき，$a \in A$, $b \in B$ について

(26d) $$f^{-1}(b) = a \iff b = f(a)$$

が成り立ちます．

例 26-4 次の写像 f は全単射であることを示し，その逆写像 f^{-1} を求めなさい．
$$f: \mathbb{R} \longrightarrow \mathbb{R}, \quad f(x) = 3x + 4 \quad (x \in \mathbb{R}).$$

解 ● 単射性：$x_1, x_2 \in \mathbb{R}$ について $f(x_1) = f(x_2)$ と仮定し，$x_1 = x_2$ となることを示せばよい．

$f(x_1) = f(x_2)$ とする．すると，$3x_1 + 4 = 3x_2 + 4$ である．この両辺に -4 を加えてから，$\dfrac{1}{3}$ 倍することにより，$x_1 = x_2$ が得られる．よって，f は単射である．

● 全射性：$y \in \mathbb{R}$ を任意にとったとき，$y = f(x)$ となる $x \in \mathbb{R}$ が存在することを示せばよい．

まず，このような x が存在したと仮定すると，x はどのようなものでなければならないかを考える．そのために，$y = f(x) = 3x + 4$ を x について解く．すると，$x = \dfrac{y-4}{3}$ となることがわかる．そこで，$y \in \mathbb{R}$ に対して $x = \dfrac{y-4}{3} \in \mathbb{R}$ を取る．すると，

$$f(x) = 3x + 4 = 3 \times \frac{y-4}{3} + 4 = y$$

となる．よって，f は全射である．

f は単射であって全射であることが示されたから，全単射である．よって，逆

写像が存在する．その逆写像 f^{-1} は，f が全射になることの証明から，次のように与えられることがわかる：
$$f^{-1}:\mathbb{R}\longrightarrow\mathbb{R},\qquad f^{-1}(y)=\frac{y-4}{3}\quad(y\in\mathbb{R}).\qquad\square$$

演習 26-3[*] 写像 $f:\mathbb{R}-\{1\}\longrightarrow\mathbb{R}-\{2\}$ を次の式で定義する：
$$f(x)=\frac{2x-3}{x-1}\quad(x\in\mathbb{R}-\{1\}).$$
f は全単射であることを示し，その逆写像 f^{-1} を求めなさい（定義域と終域も書くこと）．

● **全単射の言い換え**

全単射および逆写像の定義から次の補題が成り立つことがわかります．

補題 26-5 写像 $f:A\longrightarrow B$ が全単射であるとき，
（1） $f^{-1}\circ f=\mathrm{id}_A$ かつ $f\circ f^{-1}=\mathrm{id}_B$ が成り立つ．
（2） $f^{-1}:B\longrightarrow A$ は全単射であり，$(f^{-1})^{-1}=f$ が成り立つ．

演習 26-4 上の補題を証明しなさい．

全単射が登場する場面では，その定義や背景から全単射であることが容易に想像される場合が多々あります．このようなときには，全射かつ単射を示すのではなく，逆写像（となるべき写像）を先に与えてしまうことによって全単射であることを示す方法がとられます．この方法の正当性を保証するのが次の定理です．

定理 26-6 写像 $f:A\longrightarrow B$ について，次の2つは同値である．
（i） f は全単射である．
（ii） 写像 $g:B\longrightarrow A$ であって，$g\circ f=\mathrm{id}_A$ かつ $f\circ g=\mathrm{id}_B$ を満たすものが存在する．
このとき，さらに，$g=f^{-1}$ が成り立つ．

証明 ● (i) $\Longrightarrow$ (ii) の証明：f が全単射ならば，逆写像 f^{-1} が存在する．これを g とおけば，定理の条件(ii)を満たす（補題 26-5）．

● (ii) $\Longrightarrow$ (i) の証明：恒等写像は全単射なので，補題 26-3 の(3)からただちに証明が終わるが，ここではそれを用いずに，直接証明する．

定理の条件(ii)を満たす写像 $g : B \longrightarrow A$ が存在したと仮定する．このとき，f が全単射であることを示す．

（1） f が単射であること：$a, a' \in A$ を任意にとる．もし，$f(a) = f(a')$ であれば，この両辺に g を作用させて，$g(f(a)) = g(f(a'))$ となる．ここで，$g \circ f = \mathrm{id}_A$ を使って，
$$a = \mathrm{id}_A(a) = (g \circ f)(a) = g(f(a)) = g(f(a')) = (g \circ f)(a') = \mathrm{id}_A(a') = a'$$
を得る．よって，f は単射である．

（2） f が全射であること：$b \in B$ を任意にとる．$a = g(b) \in A$ を考える．g は $f \circ g = \mathrm{id}_B$ を満たしているから，
$$f(a) = f(g(b)) = (f \circ g)(b) = \mathrm{id}_B(b) = b$$
となる．よって，f は全射である．

● 最後に条件(ii)の g が f の逆写像 f^{-1} と等しいことを示す．g も f^{-1} も B から A への写像であることに注意する．さて，任意に $b \in B$ をとり，$a = g(b)$ とおく．上で示したように $b = f(a)$ となるから，
$$f^{-1}(b) = f^{-1}(f(a)) = a = g(b)$$
が成り立つ．よって，$g = f^{-1}$ である． □

例 26-7 平面 $\mathbb{R}^2$ における単位円周 $C = \{(x,y) \in \mathbb{R}^2 \mid x^2 + y^2 = 1\}$ を考え，写像 $f : C - \{(0,1)\} \longrightarrow \mathbb{R}$ を
$$f(x,y) = \frac{x}{1-y} \qquad ((x,y) \in C - \{(0,1)\})$$
によって定義します．f は全単射であることを示しなさい．

解 写像 f は次のように作られている．点 $(x,y) \in C - \{(0,1)\}$ に対し，点 $(0,1)$ から (x,y) へ向かう半直線を引く．すると，この半直線と x-軸との交点の座標がちょうど $\left(\dfrac{x}{1-y}, 0\right)$ になる．つまり，f は (x,y) に対し，この x 座標を対応させる写像になっている（次ページの図を参照）．

f が全単射であることを示すために，逆写像を構成しよう．まず，任意に $x \in$

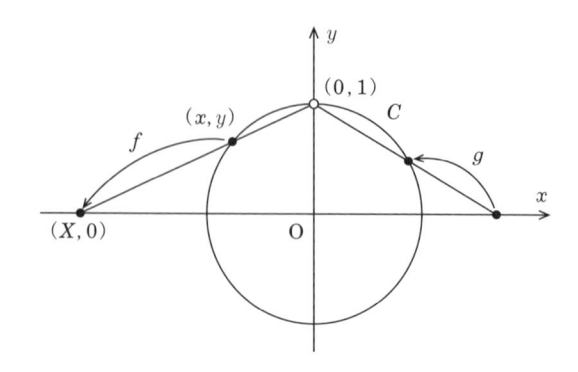

178 トレーニング 26 全単射と逆写像

$\mathbb{R}$ をとる.今度は点 $(x, 0)$ と $(0, 1)$ を結ぶ直線

(26e) $\qquad l : (X, Y) = t(x, -1) + (0, 1) \qquad (t \in \mathbb{R})$

を考える.この直線と単位円周

(26f) $\qquad\qquad\qquad C : X^2 + Y^2 = 1$

との交点のうち $(0, 1)$ でない方の交点を連立方程式を解いて求める.すると,$(X, Y) = \left(\dfrac{2x}{x^2+1}, \dfrac{x^2-1}{x^2+1} \right)$ であることがわかる.そこで,写像 $g : \mathbb{R} \longrightarrow C - \{(0, 1)\}$ を

$$g(x) = \left(\frac{2x}{x^2+1}, \frac{x^2-1}{x^2+1} \right) \qquad (x \in \mathbb{R})$$

によって定義する.このとき,次の2点が簡単に確かめられる.

- 任意の $(x, y) \in C - \{(0, 1)\}$ に対して $(g \circ f)(x, y) = (x, y)$.
- 任意の $x \in \mathbb{R}$ に対して $(f \circ g)(x) = x$.

したがって,$g \circ f = \mathrm{id}_{C-\{(0,1)\}}$,$f \circ g = \mathrm{id}_{\mathbb{R}}$ であり,f は全単射である.そして,その逆写像は上で定義した g によって与えられる. $\square$

演習 26-5 写像 $f : A \longrightarrow B$ と $g : B \longrightarrow C$ が共に全単射であるとき,$g \circ f$ は全単射であって,次の等式が成り立つことを示しなさい:

$$(g \circ f)^{-1} = f^{-1} \circ g^{-1}.$$

トレーニング 27 置換

ここでは，全単射の例として n 文字の置換を詳しく調べていきます．その考察には，置換をあみだくじとして見る方法が役に立ちます．

あみだくじはよく知られているくじ引きの一種です．例えば，A 君，B 君，C 君の 3 兄弟がいて，家事の分担をあみだくじで決めることになったとします．紙を用意して，その上に縦に 3 本，平行な線を引きます．次に，みんなで勝手に 1 本目と 2 本目，2 本目と 3 本目の間に，横線をいくつか入れていきます．ただし，1 本目と 2 本目の間に入れた横線と 2 本目と 3 本目の間に入れた横線が一直線にならないようにします．最後に，縦線の 3 つの下端に分担する家事の種類を書き入れます．これであみだくじの完成です．

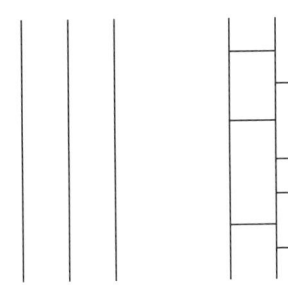

Step 1：縦に 3 本，平行に線を引く
Step 2：適当に横線を何本か引く
Step 3：縦線の下端に分担したい家事の種類を書く
くじの引き方の例

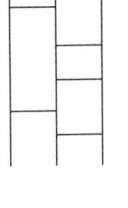

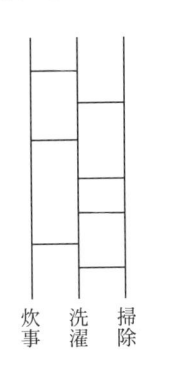

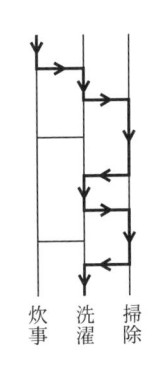

あみだくじの引き方は簡単です．まず最初に，3 人それぞれどの縦線の上端を引くのかを決めます．次に，選んだ縦線の上端からそれぞれ出発し，線に沿って進んでいきます．進んでいく途中で横線に出会ったら，その横線をつたって隣りの縦線に移動し，再び下端に向かって進んでいきます．これを繰り返せば最後に

は下端にたどりつき，自分の担当する仕事が決まります．

少し不思議に思えるのは，どの場所に横線を入れても，また，横線の数を増やしても，くじ引きの結果は 3 人とも互いに異なる，つまり，出発する上端が違えば到達する下端が違う，ということです．あみだくじを視覚化された置換と考えることで，その理由が見えてきます．

● 置換

n を 2 以上の自然数とします．このとき，集合 $\{1, 2, \cdots, n\}$ から $\{1, 2, \cdots, n\}$ への全単射な写像を n 文字の置換 (permutation) と呼びます．n 文字の置換 σ を表わすには，次のような表を用いると便利です（上段に 1 から n までの数字を並べ，下段にその置換による像 $\sigma(1), \cdots, \sigma(n)$ を並べます）：

$$\begin{pmatrix} 1 & 2 & \cdots & n \\ \sigma(1) & \sigma(2) & \cdots & \sigma(n) \end{pmatrix}.$$

例 27-1 $\sigma = \begin{pmatrix} 1 & 2 & 3 & 4 \\ 4 & 2 & 1 & 3 \end{pmatrix}$ は，$\sigma(1) = 4$, $\sigma(2) = 2$, $\sigma(3) = 1$, $\sigma(4) = 3$ であるような 4 文字の置換 $\sigma : \{1, 2, 3, 4\} \longrightarrow \{1, 2, 3, 4\}$ を表わす．

n 文字の置換を表で表わす際に，常に「1 から n の順番で書く」のは少しわずらわしいので，上の数字と下の数字の組 $\begin{pmatrix} i \\ \sigma(i) \end{pmatrix}$ をひと固まりとして，並べ方の順番を変えたものも同じ置換を表わすことにします．この約束により，例えば，次の等式が成立します．

$$\begin{pmatrix} 1 & 2 & 3 \\ 2 & 3 & 1 \end{pmatrix} = \begin{pmatrix} 2 & 1 & 3 \\ 3 & 2 & 1 \end{pmatrix} = \begin{pmatrix} 3 & 2 & 1 \\ 1 & 3 & 2 \end{pmatrix}.$$

n 文字の置換全体からなる集合を $\mathfrak{S}_n$ という記号で表わします（$\mathfrak{S}$ は英語の S に相当するドイツ文字です）．$\mathfrak{S}_n$ は元の個数が $n!$ であるような有限集合です．

2 つの置換 $\sigma = \begin{pmatrix} 1 & 2 & \cdots & m \\ \sigma(1) & \sigma(2) & \cdots & \sigma(m) \end{pmatrix}$ と $\tau = \begin{pmatrix} 1 & 2 & \cdots & n \\ \tau(1) & \tau(2) & \cdots & \tau(n) \end{pmatrix}$ は，それらが写像として等しいとき，等しいと呼ばれます．このとき，$\sigma = \tau$ と書き表わします．すなわち，$\sigma = \tau$ とは，$n = m$ であって，すべての $i = 1, \cdots, n$ について $\sigma(i) = \tau(i)$ となるときをいいます．

演習 27-1 3 文字の置換をすべて列挙しなさい．

● あみだくじと置換との対応関係

n 本 $(n \geq 2)$ の縦線からなるあみだくじが 1 つ与えられたとします．そのあみだくじの左から i 番目の上端を引いたときに到達する下端が，左から a_i 番目

であったとします．すると，このあみだくじによって，1 から n までの各数字 i を 1 から n までのある数字 a_i にうつす対応規則が与えられます．このようにして，n 本の縦線からなるあみだくじから，n 文字の置換 $\begin{pmatrix} 1 & 2 & \cdots & n \\ a_1 & a_2 & \cdots & a_n \end{pmatrix}$ が定まります．

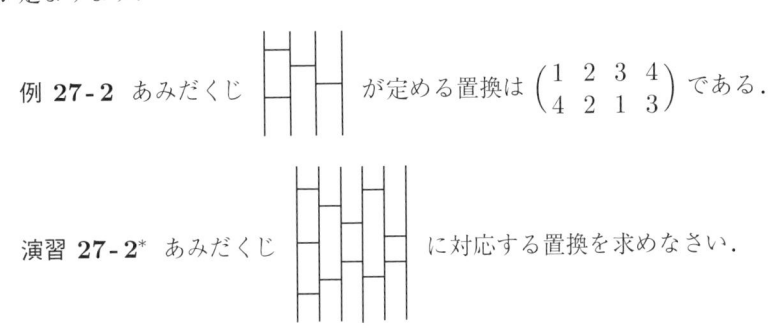

例 27-2 あみだくじ が定める置換は $\begin{pmatrix} 1 & 2 & 3 & 4 \\ 4 & 2 & 1 & 3 \end{pmatrix}$ である．

演習 27-2* あみだくじ に対応する置換を求めなさい．

● 置換の積

2 つの n 文字の置換 τ, σ から，
$$\tau\sigma := \begin{pmatrix} 1 & 2 & \cdots & n \\ \tau(\sigma(1)) & \tau(\sigma(2)) & \cdots & \tau(\sigma(n)) \end{pmatrix}$$
により定義される n 文字の置換 $\tau\sigma$ を考えることができます．これを τ と σ の積といいます．積 $\tau\sigma$ は合成写像 $\tau \circ \sigma : \{1, 2, \cdots, n\} \longrightarrow \{1, 2, \cdots, n\}$ のことに他なりません．

例 27-3 2 つの置換 $\sigma = \begin{pmatrix} 1 & 2 & 3 & 4 \\ 4 & 2 & 1 & 3 \end{pmatrix}$ と $\tau = \begin{pmatrix} 1 & 2 & 3 & 4 \\ 4 & 3 & 1 & 2 \end{pmatrix}$ について，
$$\tau\sigma = \begin{pmatrix} 1 & 2 & 3 & 4 \\ 2 & 3 & 4 & 1 \end{pmatrix}, \quad \sigma\tau = \begin{pmatrix} 1 & 2 & 3 & 4 \\ 3 & 1 & 4 & 2 \end{pmatrix}$$
である．特に，$\sigma\tau \neq \tau\sigma$ である． □

注意 上で定義した $\tau \circ \sigma$ のことを $\sigma\tau$ と書く流儀があるので，他の本を参照するときには気をつけてください．上の例で示されているように，置換の積は交換法則を満たさないので，記法の約束が異なると，同じ $\tau\sigma$ と書かれていても，積をとった結果は一致しません．

演習 27-3* 次の 4 文字の置換 σ と τ の積 $\tau\sigma$ を求めなさい．

(1) $\sigma = \begin{pmatrix} 1 & 2 & 3 & 4 \\ 2 & 3 & 4 & 1 \end{pmatrix}, \tau = \begin{pmatrix} 1 & 2 & 3 & 4 \\ 4 & 3 & 2 & 1 \end{pmatrix}$.

（2） $\sigma = \begin{pmatrix} 1 & 2 & 3 & 4 \\ 1 & 2 & 4 & 3 \end{pmatrix}$, $\tau = \begin{pmatrix} 1 & 2 & 3 & 4 \\ 2 & 3 & 4 & 1 \end{pmatrix}$.

置換の積はあみだくじを使って解釈することができます．n 本の縦線からなるあみだくじ A と B が与えられたとします．このとき，A の下に B を継ぎ足すことによって，新しいあみだくじを作ることができます（下図参照）．これを BA と書いて，A と B の積と呼ぶことにします．A が定める n 文字の置換を σ とし，B が定める n 文字の置換を τ とするとき，積 BA が定める n 文字の置換は，σ と τ の積 $\tau\sigma$ になっています．

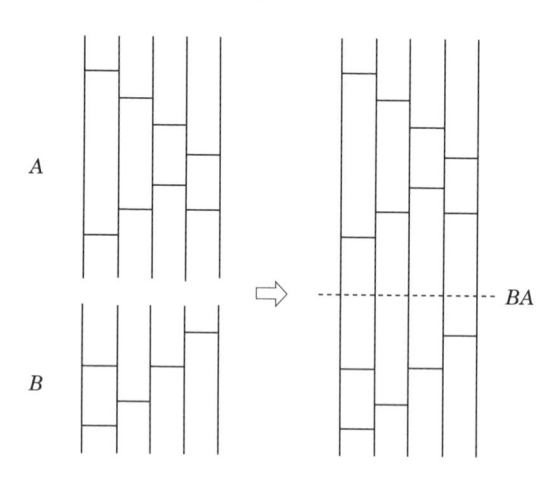

3 つの置換 $\rho, \sigma, \tau \in \mathfrak{S}_n$ について，結合法則 $(\tau\sigma)\rho = \tau(\sigma\rho)$ が成り立ちます（補題 25-5）．このことから，k 個の置換 $\sigma_1, \cdots, \sigma_k$ について，積 $\sigma_1 \cdots \sigma_k$ が括弧の付け方によらずに定まることがわかります（トレーニング 17 参照）．

● 互換

ある 2 つの数字だけを入れ換えるような置換を **互換**（transposition）といいます．すなわち，互換とは，2 以上のある自然数 n とある 2 つの数字 $i, j \in \{1, 2, \cdots, n\}$, $i \neq j$ について，

$$\begin{pmatrix} 1 & \cdots & i & \cdots & j & \cdots & n \\ 1 & \cdots & j & \cdots & i & \cdots & n \end{pmatrix}$$

（ただし，$\cdots$ の部分は上下同じ数字が並びます）のように表わされる置換のことをいいます．2 つの数字 i と j を入れ換える互換は $(i\ j)$ と表わすことが多い

のですが，この書き方をするときには，何文字の置換として扱っているのかを意識しながら，読み書きしなければなりません．

例 27-4 $\mathfrak{S}_4$ における互換 $(13), (23), (14), (12)$ の積 $\sigma = (13)(23)(14)(12)$ はどのような置換なのかを調べよう．まず，置換 σ の下で，1 は
$$1 \xmapsto{(12)} 2 \xmapsto{(14)} 2 \xmapsto{(23)} 3 \xmapsto{(13)} 1$$
のように写される (合成をとる順番に注意)．同様に，2, 3, 4 はそれぞれ σ によって 4, 2, 3 に写されることがわかる．したがって，σ は $\begin{pmatrix} 1 & 2 & 3 & 4 \\ 1 & 4 & 2 & 3 \end{pmatrix}$ という 4 文字の置換である．

互換というのは 2 つの数字だけを入れかえるような特別な置換なのですが，次の定理が示すように，互換は置換を考察する上で基本的です．

定理 27-5 任意の置換は有限個の互換の積として書くことができる．

上の定理の厳密な証明は群論の教科書に委ねることにします．ここでは，例を見ることによりこの定理の正しさを実感してもらうことにします．

例 27-6 置換 $\sigma = \begin{pmatrix} 1 & 2 & 3 & 4 & 5 \\ 4 & 1 & 5 & 2 & 3 \end{pmatrix}$ を互換の積で表わしなさい．

解 まず，上下に 5 個の点を用意し，上側の 1, 2, 3, 4, 5 番目の点と下側の 4, 1, 5, 2, 3 番目の点をそれぞれ曲線で結び，下図のようにあみだくじを作る．

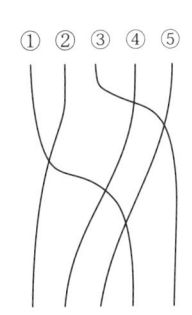

Step 1：曲線で結ぶ

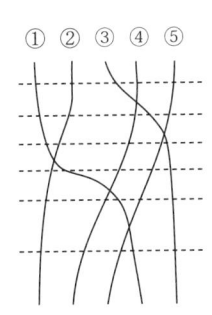

Step 2：各区間に曲線の交差が 1 つだけ含まれるように水平線で区切る

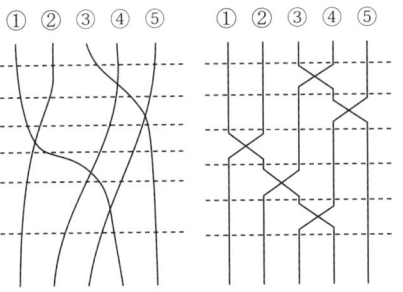

Step 3：各区間ごとに図形を単純化する

Step 4：Step 3 の交差の部分を横線でおきかえてできあがり

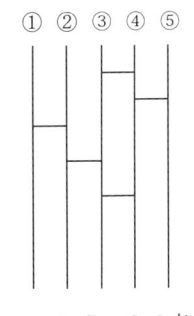

このあみだくじを，次図のように，横線がちょうど一本だけのあみだくじに分割する．

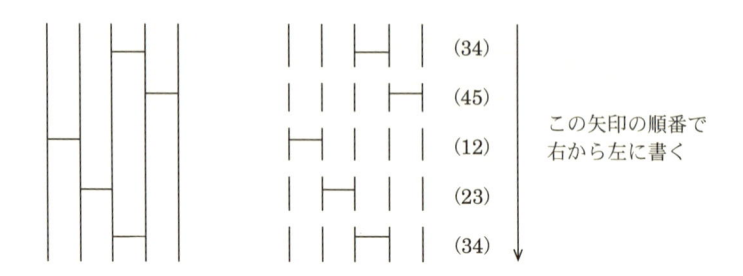

```
| | | | |   | | | H |  (34)
|H| | |    | | | H |  (45)
| |H| |    H | | | |  (12)
| | |H|    | |H| | |  (23)
|H| | |    | | | H |  (34)
```

この矢印の順番で右から左に書く

置換 σ はこれらの「輪切り」にされたあみだくじに対応する置換を順番に掛け合わせたものに等しい．よって，$\sigma = (34)(23)(12)(45)(34)$ と表わすことができる． □

n 文字の置換はいつでも互換の積として表わされます（定理 27-5）が，その表わし方に一意性はありません．

例 27-7 $\sigma = \begin{pmatrix} 1 & 2 & 3 & 4 & 5 \\ 4 & 1 & 5 & 2 & 3 \end{pmatrix}$ は，上の例で見たように，
$$\sigma = (34)(23)(12)(45)(34)$$
と表わすことができる．また，σ は，$\sigma = (35)(14)(24)$ と表わすこともできる．

演習 27-4[*] 上の例で述べられている事実を確認しなさい．つまり，等号
$$(34)(23)(12)(45)(34) = \begin{pmatrix} 1 & 2 & 3 & 4 & 5 \\ 4 & 1 & 5 & 2 & 3 \end{pmatrix} = (35)(14)(24)$$
が成立することを示しなさい．

トレーニング 28

濃度

　数学では集合の "元の個数" を濃度と呼びます．集合には，その元の個数を数え上げることのできる有限集合とそれができない無限集合があります．無限集合にも，元に番号を付けることのできる可算集合とそれができない非可算集合があります．ここでの目標は，$\mathbb{Q}$ が可算で，$\mathbb{R}$ が非可算であることの証明方法を知ることです．

　このトレーニングを通じて，$n \in \mathbb{N}$ に対して，1 から n までの自然数全体からなる集合を $N(n)$ で表わします：$N(n) := \{1, 2, \cdots, n\}$．

● 有限集合と無限集合

　集合 A が有限であるとは，それを構成している元の個数が有限個である場合をいいます．したがって，A が有限集合かどうかを調べるためには，それに属する元を $1, 2, 3, \cdots$ と数えていって，数え尽くせるかどうかを調べればよいわけです．「集合 A の元の個数を数える」ことは「A から $\mathbb{N}$ への（単射な）写像を作る」ことに対応していますから，有限集合は次のようにとらえられます：

　　　集合 A が**有限集合**（finite set）

　　$\iff$ $\begin{cases} A \text{ は空集合である，または，} \\ n \in \mathbb{N} \text{ および全単射 } f: A \longrightarrow N(n) \text{ が存在する．} \end{cases}$

空集合 $\emptyset$ が有限集合に含まれていますが，これは約束です．有限集合でない集合を**無限集合**（infinite set）といいます．定義により，$\emptyset, \{a\}, \{a, b\}, \{a, b, c\}$ 等は有限集合です．

● 有限集合の濃度

　A が空でない有限集合ならば，自然数 n と全単射 $f: A \longrightarrow N(n)$ が存在します．そこで，この n のことを "A に属する元の個数" と定義したいのですが，このような n は A に対して一意的でしょうか？　この問題を解決するためには

次の補題が必要になります．

> **補題 28-1** n を自然数とし，A を $N(n)$ の空でない部分集合とする．このとき，全単射 $f : A \longrightarrow N(n)$ が存在するならば，$A = N(n)$ である．

上の補題は n に関する数学的帰納法を使って証明されますが，少し込み入った議論を要するので証明は付録 A にまわし，先に進むことにします．補題 28-1 から次が示されます．

> **系 28-2** 集合 A に対して，2 つの自然数 m, n と 2 つの全単射 $f : A \longrightarrow N(m)$, $g : A \longrightarrow N(n)$ が存在したと仮定する．このとき，$m = n$ である．

証明 一般性を失うことなく，$m \leq n$ であると仮定してよい．このとき，$N(m) \subset N(n)$ となる．また，仮定により，$g \circ f^{-1} : N(m) \longrightarrow N(n)$ は全単射である．したがって，補題 28-1 により，$N(m) = N(n)$ でなければならない．特に，$n \in N(n) = N(m)$ であり，その結果，$n \leq m$ を得る．これで，$m = n$ が示された． □

系 28-2 から次の定義が意味を持ちます．

> **定義 28-1** 有限集合 A に対して，以下のように定義される 0 以上の整数 $\sharp A$ を A の**濃度**（power）または**基数**（cardinal number）または A に属する元の個数という．
>
> $A = \emptyset$ のとき：$\sharp A = 0$ と定める．
>
> $A \neq \emptyset$ のとき：有限集合の定義により，自然数 n と全単射 $f : A \longrightarrow N(n)$ が存在する．この n を $\sharp A$ と定める．

注意 $\sharp A$ の代わりに $|A|$ や $\operatorname{card} A$ という記号が使われることもあります．また，$\sharp A = n$ であるような有限集合を "(ちょうど) n 個の元からなる集合" ということがあります．

● 濃度が等しい集合

有限集合ばかりでなく，無限集合に対しても濃度を定義することはできますが，少し面倒です．そこで，本書では濃度自体を定義することは避け，濃度が等しいということを定義することにします．

2つの集合 A と B がともに空集合であるか，または，それらの間に全単射 $f: A \longrightarrow B$ が存在するとき，A と B の**濃度は等しい**，または，A と B は**対等**（equipotent）であると呼ばれます．このとき，$A \sim B$ と表わします．

補題 28-3 集合 A, B, C について次が成り立つ．
(i) $A \sim A$.
(ii) $A \sim B \implies B \sim A$.
(iii) $A \sim B, B \sim C \implies A \sim C$.

演習 28-1 補題 28-3 を証明しなさい．

例 28-4
（1） $\mathbb{R}$ と区間 $(-1, 1)$ の濃度は等しい．
（2） 区間 $(0, 1)$ と区間 $(0, 1]$ の濃度は等しい．

証明 （1） 写像 $f: (-1, 1) \longrightarrow \mathbb{R}$ を次で定義する：
$$f(x) = \frac{x}{1 - |x|} \qquad (x \in (-1, 1)).$$
f は全単射である．実際，f は次式で定義される写像 $g: \mathbb{R} \longrightarrow (-1, 1)$ を逆写像に持つ：
$$g(x) = \frac{x}{1 + |x|} \qquad (x \in \mathbb{R}).$$

（2） $A = (0, 1] - \left\{ \dfrac{1}{n} \,\middle|\, n \in \mathbb{N} \right\}$ とおき，写像 $f: (0, 1] \longrightarrow (0, 1)$ を
$$f(x) = \begin{cases} \dfrac{1}{n+1} & (x = \dfrac{1}{n},\ n \in \mathbb{N}\ \text{のとき}) \\ x & (x \in A\ \text{のとき}) \end{cases}$$
によって定義する（右図参照）．

$$(0, 1] = \left\{ 1, \frac{1}{2}, \frac{1}{3}, \cdots \right\} \cup A$$
$$f \downarrow \quad \downarrow \downarrow \downarrow \qquad \qquad \downarrow \mathrm{id}$$
$$(0, 1) = \left\{ \frac{1}{2}, \frac{1}{3}, \frac{1}{4}, \cdots \right\} \cup A$$

容易に確かめられるように，f は全単射である． □

注意 (2)と同じ証明方法で，$(0,1), [0,1), [0,1]$ の濃度はすべて等しいことがわかります．また，$f(x) = \dfrac{1}{x^2+1}$ $(x \in \mathbb{R})$ によって定義される写像 $f: \mathbb{R} \to (0, \infty)$ は全単射なので，$\mathbb{R}$ と $(0, \infty)$ の濃度は等しいこともわかります．これらのことや次の演習 28-2 から，任意の区間は $\mathbb{R}$ と同じ濃度を持つことがわかります．

演習 28-2* 開区間 (a, b) と $(-1, 1)$ の濃度は等しいことを示しなさい．

補題 28-5 集合 A, B, A', B' について，$A \sim A'$ かつ $B \sim B'$ ならば $A \times B \sim A' \times B'$ である．

証明 $A \sim A'$ より全単射 $f: A \longrightarrow A'$ が存在し，$B \sim B'$ より全単射 $g: B \longrightarrow B'$ が存在する．このとき，写像 $h: A \times B \longrightarrow A' \times B'$ を
$$h(a, b) = (f(a), g(b)) \quad (a \in A, b \in B)$$
により定義する．h は全単射である．実際，f, g は全単射であるから，逆写像を持つ．写像 $k: A' \times B' \longrightarrow A \times B$ を
$$k(a', b') = (f^{-1}(a'), g^{-1}(b')) \quad (a' \in A', b' \in B')$$
によって定めると，$k \circ h = \mathrm{id}_{A \times B}$, $h \circ k = \mathrm{id}_{A' \times B'}$ であることが確かめられる．したがって，h は全単射であり，k はその逆写像である． □

● 可算集合

集合 A が**可算** (countable) であるとは，A が自然数全体のなす集合 $\mathbb{N} = \{1, 2, 3, \cdots\}$ と濃度が等しいときをいいます．このとき，A を**可算集合**といいます．定義により，$\mathbb{N}$ は可算集合です．

例 28-6 $\mathbb{Z}$ は可算集合である．なぜならば，全単射 $f: \mathbb{Z} \longrightarrow \mathbb{N}$ を次のように作ることができるからである：$f(0) = 1$, $f(n) = 2n$, $f(-n) = 2n+1$ $(n \in \mathbb{N})$． □

演習 28-3* 偶数全体からなる集合 $2\mathbb{Z} = \{\cdots, -4, -2, 0, 2, 4, \cdots\}$ は可算であることを示しなさい．

● $\mathbb{Q}$ の可算性

可算集合については次の定理が基本的です．

定理 28-7 （1） 集合 A, B が可算ならば，直積集合 $A \times B$ も可算である．
（2） 可算集合の部分集合は有限または可算である．

証明 （1） 集合 A, B が可算ならば，$A \sim \mathbb{N}, B \sim \mathbb{N}$ である．補題 28-5 より，$A \times B \sim \mathbb{N} \times \mathbb{N}$ となる．これより，$\mathbb{N} \times \mathbb{N}$ が可算集合であることを示せばよい（補題 28-3 (iii)）．

さて，$\mathbb{N} \times \mathbb{N}$ の元は下のように番号付けることができる．実際，全単射 $f: \mathbb{N} \times \mathbb{N} \longrightarrow \mathbb{N}$ が次式によって与えられる：
$$f(m,n) = \frac{(m+n-1)(m+n-2)}{2} + m \quad (m, n \in \mathbb{N}).$$
したがって，$\mathbb{N} \times \mathbb{N}$ は可算集合である．

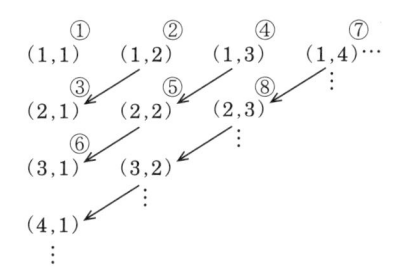

```
      ①       ②       ④       ⑦
    (1,1)   (1,2)   (1,3)   (1,4)···
      ③       ⑤       ⑧
    (2,1)   (2,2)   (2,3)
      ⑥
    (3,1)   (3,2)
    (4,1)
```

（2） $\mathbb{N}$ の任意の部分集合 A が有限または可算であることを示せば十分である．A が有限集合ならば示すべきことはなにもないので，A が無限集合のとき可算集合であることを示す．A が無限集合であることと自然数の整列性を使って，A の元からなる数列 $a_1, a_2, a_3, \cdots$ を次のように帰納的に定義することができる．

$$a_1 := \min A, \quad a_k := \min(A - \{a_1, \cdots, a_{k-1}\}) \quad (k = 2, 3, 4, \cdots).$$

すると $A = \{a_1, a_2, \cdots\}$ が成り立つ．実際，もし，$A \neq \{a_1, a_2, \cdots\}$ と仮定すると，$\{a_1, a_2, \cdots\}$ に属さない A の元 m が存在する．特に，$m \notin \{a_1, a_2, \cdots, a_m\}$，すなわち，$m \in A - \{a_1, \cdots, a_m\}$ である．これより，$m+1$

$\leq a_{m+1} \leq m$ を得る（1番目の不等号は $\{a_n\}_{n=1}^{\infty}$ が自然数の狭義単調増加数列であることから，2番目の不等号は a_{m+1} の定め方と $m \in A - \{a_1, \cdots, a_m\}$ から従う）．これは矛盾である．よって，$A = \{a_1, a_2, \cdots\}$ であり，全単射 $f : \mathbb{N} \longrightarrow A$, $f(n) = a_n$ $(n \in \mathbb{N})$ が得られた． □

系 28-8 $\mathbb{Q}$ は可算集合である．

演習 28-4[*] 上の系を示しなさい．（ヒント：有理数を既約分数で表わし，まず，正の有理数全体 $\mathbb{Q}^+$ が可算であることを示します．）

● $\mathbb{R}$ の非可算性

可算でない無限集合は**非可算**（uncountable）であると呼ばれます．

定理 28-9 $\mathbb{R}$ は非可算集合である．

証明 背理法で証明する．$\mathbb{R}$ が可算集合であると仮定すると，例 28-4 (1)，演習 28-2, 補題 28-3 により，$(0,1)$ も可算集合である．よって，全単射 $f : \mathbb{N} \longrightarrow (0,1)$ が存在する．各 $n \in \mathbb{N}$ に対して，$f(n) \in (0,1)$ を

$$(*) \qquad f(n) = 0.a_{n1}a_{n2}a_{n3}\cdots\cdots \qquad (a_{nj} \in \{0,1,\cdots,9\})$$

のように無限 10 進小数で表わすことにする．ただし，$\dfrac{1}{2} = 0.50000\cdots\cdots = 0.49999\cdots\cdots$ のように 2 通りの 10 進小数表示を持つ実数に対しては，ある位から先は 0 が無限に続く表示を用いることにする．このように決めておくと，$(0,1)$ に属する任意の実数は $(*)$ のような無限 10 進小数の形に一意的に書き表わすことができる（トレーニング 24 参照）．

$$f(1) = 0.\ a_{11}\ a_{12}\ a_{13}\cdots\cdots a_{1n}\cdots\cdots$$
$$f(2) = 0.\ a_{21}\ a_{22}\ a_{23}\cdots\cdots a_{2n}\cdots\cdots$$
$$f(3) = 0.\ a_{31}\ a_{32}\ a_{33}\cdots\cdots a_{3n}\cdots\cdots$$
$$\vdots \qquad \vdots \qquad \ddots \qquad \vdots$$
$$f(n) = 0.\ a_{n1}\ a_{n2}\ a_{n3}\cdots\cdots a_{nn}\cdots\cdots$$
$$\vdots \qquad \vdots \qquad \qquad \vdots$$

この表の小数点以下の "対角線部分" $a_{11}, a_{22}, a_{33}, \cdots$ に着目し，各 $n \in \mathbb{N}$ に

対して b_n を

$$b_n = \begin{cases} 2 & (a_{nn} = 1 \text{ のとき}) \\ 1 & (a_{nn} \neq 1 \text{ のとき}) \end{cases}$$

と定め，$0.b_1b_2b_3\cdots\cdots b_n\cdots\cdots$ という無限10進小数表示を持つ実数を x とおく．$x \in (0,1)$ である．一方，任意の $n \in \mathbb{N}$ について $b_n \neq a_{nn}$ であるから，$x \neq f(n)$ である．これは f が全射であることに反する．ゆえに，$\mathbb{R}$ は可算集合ではない． □

注意 （1） 上の証明法はカントールが発明した方法で，**対角線論法**（diagonal argument）と呼ばれています．

（2） $\mathbb{Q}$ は可算集合なのに $\mathbb{R}$ は非可算集合なので，有理数よりも無理数のほうが"はるかに多く"存在することがわかります．

● カントール-シュレーダー-ベルンシュタインの定理と $\mathbb{C}$ の濃度

次の定理が知られています．証明は集合と位相に関する教科書などを参照してください．

定理 28-10（カントール-シュレーダー-ベルンシュタインの定理）
集合 A から集合 B へ単射が存在し，B から A へ単射が存在するならば，$A \sim B$ である．

この定理を使って，次を証明することができます．

定理 28-11 $\mathbb{R}$ と $\mathbb{C}$ の濃度は等しい．

証明 $\mathbb{R} \sim (0,1)$，$\mathbb{C} = \mathbb{R} \times \mathbb{R} \sim (0,1) \times (0,1)$ なので，$(0,1) \sim (0,1) \times (0,1)$ を示せばよい．

$(0,1)$ から $(0,1) \times (0,1)$ への単射として写像

$$f : (0,1) \longrightarrow (0,1) \times (0,1), \quad f(a) = (a,a) \quad (a \in (0,1))$$

が考えられる．一方，$(0,1) \times (0,1)$ から $(0,1)$ への単射として，$a,b \in (0,1)$ に対して次のように定義される実数 $g(a,b)$ を対応させる写像 g が考えられる：

$$a = 0.a_1a_2a_3\cdots, \quad b = 0.b_1b_2b_3\cdots \quad （無限小数表示）$$

と表わすとき, $g(a,b) = 0.a_1 b_1 a_2 b_2 a_3 b_3 \cdots$. ただし, a, b が 2 通りの無限小数表示を持つ場合には, ある位から先はすべて 0 が続く表示を用いることにする. 無限小数表示 $0.a_1 b_1 a_2 b_2 a_3 b_3 \cdots$ においてある位から先がすべて 9 になることはないので, g は確かに単射である. 以上から, カントール-シュレーダー-ベルンシュタインの定理により, $(0,1) \sim (0,1) \times (0,1)$ を得る. □

注意 集合 A から集合 B への単射は存在するけれども全単射は存在しないとき, B の濃度は A の濃度よりも大きいといいます. 上の定理を見ると, $\mathbb{R}$ の濃度よりも大きい濃度を持つ集合は存在しないような印象を持つかもしれませんが, そうではありません. 任意の集合 A に対して, そのべき集合 $\mathcal{P}(A)$ の濃度は常に A の濃度よりも大きいことを証明することができます.

トレーニング 29

ユークリッドの互除法

ユークリッドの互除法は最大公約数を求めるための強力なアルゴリズムです．ユークリッドの互除法では除法の原理が繰り返し使われます．除法の原理とは，小学校以来よく計算してきた，整数を 0 でない別の整数で割って商と余りを求める操作を裏付ける原理のことです．この節では，除法の原理の証明方法とユークリッドの互除法による最大公約数の求め方を学びます．

● 除法の原理

除法の原理は自然数の整列性を使って証明されます．

> **定理 29-1**（除法の原理） 任意の $a, b \in \mathbb{Z}$, $a > 0$ に対して，次の条件を満たす整数 $q, r \in \mathbb{Z}$ が一意的に存在する： $b = qa + r$, $0 \leq r < a$.

証明 （I） q, r の存在： 集合
$$M = \{b - na \mid n \in \mathbb{Z}, \ b - na \geq 0\}$$
を考える．$b - (-|b|)a \geq 0$ より，$M \neq \emptyset$ がわかる．よって，M に最小元 r が存在する（自然数の整列性）．$r = b - qa$ $(q \in \mathbb{Z})$ と書く．この q と r が定理の条件を満たす 2 つの整数となる．実際にそうなっていることを示すには，$0 \leq r < a$ が満たされていることを確かめればよい．

$r \in M$ なので，$0 \leq r$ は満たされている．$r < a$ となることを証明する．背理法で示す．$r \geq a$ であると仮定する．すると，$0 \leq r - a = b - (q+1)a$ となる．これは M が r より真に小さい元 $r - a$ を含むことを意味し，r が M の最小元であることに反する．よって，$r < a$ でなければならない．

（II） q, r の一意性： b が次のように 2 通りに表わされたとする．
$$b = qa + r = q'a + r', \qquad 0 \leq r, r' < a.$$

$q = q'$ かつ $r = r'$ となることを証明すればよい．まず，式変形して，
(*) $$(q - q')a = r' - r$$
を得る．ここで，$q - q' \neq 0$ であると仮定すると，等式 (*) の両辺の絶対値をとって，$|r' - r| = |q - q'|a \geq a$ を得る．一方，$0 \leq r, r' < a$ であるから，$|r - r'| < a$ である．ここに矛盾が生じた．よって，$q = q'$ であり，したがってまた，等式 (*) より，$r = r'$ である． □

● 約数の記号

整数 a ($\neq 0$) が整数 b の約数であること，すなわち，$b = qa$ となる $q \in \mathbb{Z}$ が存在することを記号 $a \mid b$ で表わします．$a \mid b$ でないことを $a \nmid b$ で表わします．例えば，$2 \mid 4$ ですが，$3 \nmid 4$ です．

初学者はよくこの約数の記号を混乱するようです．縦線の左側には割る数が入り，右側には割られる数が入ります．割り算の筆算の形 $a\overline{)b}$ を連想すると間違えないかもしれません．

整数 a ($\neq 0$), b ($\neq 0$), c, d, m, n に対して次が成り立ちます．
（ⅰ）$a \mid b,\ b \mid c \implies a \mid c$．
（ⅱ）$a \mid b,\ b \mid a \implies a = \pm b$．
（ⅲ）$a \mid c,\ b \mid d \implies ab \mid cd$．
（ⅳ）$a \mid c,\ a \mid d \implies a \mid (mc + nd)$．

● 最大公約数

2 つの整数 a ($\neq 0$), b に対して，$d \mid a,\ d \mid b$ を満たす整数 d を a, b の公約数 (common divisor) といいます．a, b の正の公約数の中で最大のものを a, b の最大公約数 (greatest common divisor) といいます．a, b の最大公約数を $\gcd(a, b)$ または単に，(a, b) で表わします．

定理 29-2 整数 a, b ($a \neq 0$) の最大公約数は，$\mathbb{Z}$ の部分集合 $\{xa + yb \mid x, y \in \mathbb{Z}\}$ に属する正の整数の中の最小元として特徴付けられる．

証明

$$I := \{xa + yb \mid x, y \in \mathbb{Z}\}$$

とおく．$0 \neq \pm a \in I$ であるから，I は 0 でない正の整数を含む．したがって，I に属する最小の正の整数 d_0 が存在する（自然数の整列性）．この d_0 が a, b の最大公約数に一致することを示す．a, b の最大公約数を d とおくとき，$d \geq d_0$ かつ $d_0 \geq d$ となることを示せばよい．

（1）$d_0 \geq d$ の証明：$d \mid a$, $d \mid b$ より，任意の $x, y \in \mathbb{Z}$ に対して，$d \mid (xa + yb)$, すなわち，任意の $h \in I$ に対して $d \mid h$ となる．$d_0 \in I$ なので，特に，$d \mid d_0$ が成り立つ．これより，$d_0 \geq d$ を得る．

（2）$d \geq d_0$ の証明：これを示すには，d_0 が a, b の公約数であること，すなわち，$d_0 \mid a$ かつ $d_0 \mid b$ であることを示せばよい．
$a = qd_0 + r$ $(q, r \in \mathbb{Z},\ 0 \leq r < d_0)$ と書き表わすと，$d_0 \in I$ ゆえ，$d_0 = xa + yb$ $(x, y \in \mathbb{Z})$ と表わされる．すると，
$$r = a - qd_0 = (1 - qx)a + (-qy)b \in I$$
となるので，d_0 の選び方から $r = 0$ とわかる．よって，$d_0 \mid a$ である．同様にして，$d_0 \mid b$ が示される． □

注意 $a \in \mathbb{Z}$ の倍数全体からなる集合を $a\mathbb{Z}$ で表わします：$a\mathbb{Z} = \{ax \mid x \in \mathbb{Z}\}$. また，$\mathbb{Z}$ の部分集合 I, J に対して $\mathbb{Z}$ の部分集合 $I + J$ を
$$I + J = \{i + j \mid i \in I,\ j \in J\}$$
によって定義します．このとき，整数 a $(\neq 0)$ と b の最大公約数とは，定理 29-2（の証明）より，$a\mathbb{Z} + b\mathbb{Z} = d\mathbb{Z}$ となる正の整数 d のことであるといえます．

演習 29-1 2つの整数 a, b $(a \neq 0)$ に対して，$a\mathbb{Z} \cap b\mathbb{Z} = m\mathbb{Z}$ となる正の整数 m は何を表わしているか，答えなさい．

0 でない整数 a, b の最大公約数が 1 のとき，すなわち，$\gcd(a, b) = 1$ のとき，a, b は**互いに素**（relatively prime）であると呼ばれます．定理 29-2 の系としてただちに次が示されます．

系 29-3 整数 a, b $(a \neq 0)$ の最大公約数を d とするとき，$ax + by = d$ を満たす $x, y \in \mathbb{Z}$ が存在する．特に，a, b が互いに素ならば，$ax + by = 1$ を満たす $x, y \in \mathbb{Z}$ が存在する．

さらに，上の系の応用として，次が得られます．

> **系 29-4** 整数 a, b, s, t ($a \neq 0$, $b \neq 0$) に対して，
> （1） $a \,|\, st$, $\gcd(a, s) = 1$ $\implies$ $a \,|\, t$.
> （2） $a \,|\, s$, $b \,|\, s$, $\gcd(a, b) = 1$ $\implies$ $ab \,|\, s$.

証明　（1）系 29-3 により，$ax + sy = 1$ を満たす整数 x, y が存在する．この両辺に t を掛けると，$tax + tsy = t$ となる．仮定 $a \,|\, st$ により，$a \,|\, (tax + tsy)$ となるから，$a \,|\, t$ が示された．

（2）$a \,|\, s$ より，$s = aa'$ ($a' \in \mathbb{Z}$) と書くことができる．$b \,|\, a'$ を示せばよい．$\gcd(a, b) = 1$ なので，$ua + vb = 1$ となる $u, v \in \mathbb{Z}$ が存在する（系 29-3）．この両辺に a' を掛けると，$us + va'b = uaa' + vba' = a'$ となる．$b \,|\, s$ であるから，$b \,|\, (us + va'b)$ である．よって，$b \,|\, a'$ が示された． □

● ユークリッドの互除法

与えられた整数 a, b の最大公約数を求める 1 つの方法は，a, b を素因数分解して，共通因数を取り出すことです．しかし，大きな整数を素因数分解するのは困難です．ユークリッドの互除法はいかなる大きな整数に対しても，単純な手続きを経て，常に最大公約数を求めることができる点で，素因数分解による方法よりも優れているといえます．

ユークリッドの互除法の基礎にあたるのが次の命題です．

> **命題 29-5**　a, b ($b > 0$) を 0 でない 2 つの整数とし，a は b，および，ある $q, r \in \mathbb{Z}$ により $a = qb + r$ ($0 \leq r < b$) と表わされているとする．このとき，$\gcd(a, b) = \gcd(b, r)$ が成り立つ．

証明　$d = \gcd(a, b)$, $d_1 = \gcd(b, r)$ とおく．$d \,|\, a$ と $d \,|\, b$ より $d \,|\, (a - qb)$, すなわち，$d \,|\, r$ を得る．よって，d は b と r の公約数，つまり，$d \,|\, d_1$ である．他方，$d_1 \,|\, b$ と $d_1 \,|\, r$ より $d_1 \,|\, (qb + r)$, すなわち，$d_1 \,|\, a$ を得る．よって，$d_1 \,|\, d$ である．$d \,|\, d_1$ と $d_1 \,|\, d$ から $d = \pm d_1$ になるが，$d, d_1 > 0$ だから $d = d_1$ を得る． □

命題 29-5 を $a \geq b$ の場合に適用することにより，a と b の最大公約数を求

める問題がより小さい整数 b と r の最大公約数を求める問題に帰着されることがわかります．したがって，命題 29-5 を繰り返し適用していけば最後には割り切れる状態になり，最大公約数が求まります．このようにして最大公約数を求める方法を**ユークリッドの互除法**（Euclidean algorithm）といいます．

演習 29-2 $3822, 1729, 5796$ の最大公約数をユークリッドの互除法により求めなさい．

注意 整数 $a, b, c\ (a \ne 0)$ の最大公約数 $\gcd(a, b, c)$ とは $d \mid a,\ d \mid b,\ d \mid c$ を満たす正の整数 d の中で最大なものを意味し，それは次の式で求められます：$\gcd(a, b, c) = \gcd(\gcd(a, b), c)$．

● **1 次不定方程式**

ユークリッドの互除法により a, b の最大公約数 d が求められるばかりでなく，$ax + by = d$ を満たす $x, y \in \mathbb{Z}$ も求めることができます．

例 29-6 $d := \gcd(123, 33)$ を求め，$123x + 33y = d$ を満たす整数 x, y を 1 組求めなさい．

解
$$123 = 3 \cdot 33 + 24,$$
$$33 = 1 \cdot 24 + 9,$$
$$24 = 2 \cdot 9\ + 6,$$
$$9 = 1 \cdot 6\ + 3,$$
$$6 = 2 \cdot 3.$$

上の計算結果から，$d = \gcd(6, 3) = 3$ とわかる．また，上の計算過程の最後から 2 番目の式より順次上にさかのぼっていくことにより
$$3 = 9 - 1 \cdot 6 = 9 - 1 \cdot (24 - 2 \cdot 9) = \cdots = -4 \cdot 123 + 15 \cdot 33$$
を得る．こうして，$123x + 33y = 3$ を満たす整数の 1 組 $(x, y) = (-4, 15)$ が見つかる．

演習 29-3[*] $d := \gcd(15640, 1037)$ を求め，$15640x + 1037y = d$ を満たす整数 x, y を 1 組求めなさい．

一般に，0 でない 2 つの整数 a, b および整数 k に対して，$aX + bY = k$ という形の X, Y についての方程式を **1 次不定方程式**（indeterminate equation）といいます．k が $d = \gcd(a, b)$ の倍数のとき，系 29-3 によって，不定方程式 $aX + bY = k$ は必ず整数解を持ちます．そして，不定方程式 $aX + bY = d$ の 1 つの整数解から，次の命題のようにして，不定方程式 $aX + bY = k$ のすべての整数解を求めることができます．

命題 29-7 a, b を 0 でない整数とし，k を $d = \gcd(a, b)$ の倍数とする．このとき，不定方程式 $aX + bY = k$ は解を持つ．さらに，$(X, Y) = (x_0, y_0)$ を不定方程式 $aX + bY = d$ の 1 つの整数解とすると，不定方程式 $aX + bY = k$ のすべての整数解は次式によって与えられる：
$$(X, Y) = \left(\frac{k}{d} x_0 + \frac{b}{d} t, \ \frac{k}{d} y_0 - \frac{a}{d} t \right) \quad (t \in \mathbb{Z}).$$

証明 ● 不定方程式 $aX + bY = k$ が解を持つこと：

系 29-3 により，不定方程式 $aX + bY = d$ は整数解を持つ．その整数解を $(X, Y) = (x_0, y_0)$ とすると，次式が成り立つ：

($\diamond$) $\qquad\qquad\qquad ax_0 + by_0 = d.$

一方，k は d の倍数なので，$k = dm$ となる $m \in \mathbb{Z}$ が存在する．($\diamond$) の両辺を m 倍して，等式

($\sharp$) $\qquad\qquad\qquad a(x_0 m) + b(y_0 m) = dm = k$

得る．よって，不定方程式 $aX + bY = k$ は整数解 $(X, Y) = (x_0 m, y_0 m)$ を持つ．

● 不定方程式 $aX + bY = k$ のすべての整数解を求めること：

$(X, Y) = (x, y)$ を不定方程式 $aX + bY = k$ の整数解とすると，$ax + by = k$ が満たされる．この等式から等式 ($\sharp$) の各辺を引くと等式

($\star$) $\qquad\qquad\qquad a(x - x_0 m) + b(y - y_0 m) = 0$

が得られる．$d = \gcd(a, b)$ であるから，互いに素な整数 a', b' を使って，$a = da', b = db'$ と表わすことができる．このとき，($\star$) の両辺を d で割り，後ろの項を移項すると，

$$a'(x - x_0 m) = b'(y_0 m - y)$$

が得られる．これより，$a' \mid b'(y_0 m - y)$ がわかるが，$\gcd(a', b') = 1$ なので，$a' \mid (y_0 m - y)$ である（系 29-4 (1)）．よって，$y_0 m - y = ta'$ $(t \in \mathbb{Z})$ とおくことができる．これを $a'(x - x_0 m) = b'(y_0 m - y)$ に代入し，両辺を a' で割って，$x - x_0 m = b't$ が得られる．こうして，$(X, Y) = (x, y)$ が不定方程式 $aX + bY = k$ の整数解であれば，

$$(x, y) = (x_0 m + tb', \ y_0 m - ta') = \left(\frac{k}{d} x_0 + \frac{b}{d} t, \ \frac{k}{d} y_0 - \frac{a}{d} t \right) \quad (t \in \mathbb{Z})$$

と表わされることがわかった．逆に，上の形をした整数の組が不定方程式 $aX + bY = k$ の解になっていることは容易に確かめられる． □

例 29-8 不定方程式 $20X + 9Y = 2$ の整数解をすべて求めなさい．

解 2 は $\gcd(20, 9) = 1$ の倍数であるから，不定方程式 $20X + 9Y = 2$ は整数解を持つ．（ユークリッドの互除法を用いることにより）不定方程式 $20X + 9Y = 1$ の 1 つの解として $(X, Y) = (-4, 9)$ が見つかる．よって，不定方程式 $20X + 9Y = 2$ の整数解は次で与えられる（命題 29-7）：

$$(X, Y) = (2 \cdot (-4) + 9t, \ 2 \cdot 9 - 20t) = (-8 + 9t, \ 18 - 20t) \quad (t \in \mathbb{Z}). \ \square$$

演習 29-4[*] 不定方程式 $36X - 100Y = 32$ は解を持つかどうか調べなさい．持つ場合にはその解をすべて求めなさい．

トレーニング 30
整数に対する合同の概念

自然数 m を1つ固定します．m で割ったとき余りが等しい2つの整数は m を法として合同であると呼ばれます．ここでは，合同が等号とよく似た性質を持つことを観察し，1次の合同方程式の解の存在条件と求め方を学びます．その後，合同式を「関係」という視点でとらえ直し，同値関係の概念を導入します．

● m を法とする合同

m を自然数とします．2つの整数 a, b について，$a - b$ が m の倍数であるとき，すなわち，$a - b = qm$ となる整数 q が存在するとき，

$$a \equiv b \pmod{m}$$

と書いて，a は b に m を法として合同 (congruent modulo m) であるといいます．$\mod m$ は「モジュロ エム」または「モッド エム」などと読みます．a が b に m を法として合同でないことを $a \not\equiv b \pmod{m}$ で表わします．例えば，$100 \equiv 0 \pmod{2}$ ですが，$100 \not\equiv 0 \pmod{3}$ です．

● 合同式の基本的性質

$m \in \mathbb{N}$ とします．"$\equiv \pmod{m}$" は以下の3つの補題で述べられる性質を持ちます．

補題 30-1 $a, b, c \in \mathbb{Z}$ に対して，次が成り立つ．
 (i)（反射律） $a \equiv a \pmod{m}$.
 (ii)（対称律） $a \equiv b \pmod{m} \Rightarrow b \equiv a \pmod{m}$.
 (iii)（推移律） $a \equiv b \pmod{m}, b \equiv c \pmod{m} \Rightarrow a \equiv c \pmod{m}$.

証明 (i) $a - a = 0$ は m の倍数であるから，$a \equiv a \pmod{m}$ が成り立つ．
(ii) $a \equiv b \pmod{m}$ であると仮定すると，$a - b = qm$ となる $q \in \mathbb{Z}$ が存在

する．このとき，$b - a = -qm = (-q)m$ と書けて，$-q \in \mathbb{Z}$ であるから，$b \equiv a \pmod{m}$ となる．

(iii) $a \equiv b \pmod{m}$ かつ $b \equiv c \pmod{m}$ と仮定する．すると，$a - b = q_1 m$, $b - c = q_2 m$ となる $q_1, q_2 \in \mathbb{Z}$ が存在する．このとき，

$$a - c = (a - b) + (b - c) = q_1 m + q_2 m = (q_1 + q_2)m$$

と書けて，$q_1 + q_2 \in \mathbb{Z}$ であるから $a \equiv c \pmod{m}$ となる． □

補題 30-2 $a, b, a', b' \in \mathbb{Z}$ が $a \equiv a' \pmod{m}$, $b \equiv b' \pmod{m}$ を満たすとき，次が成り立つ．
(i) $a + b \equiv a' + b' \pmod{m}$.
(ii) $a - b \equiv a' - b' \pmod{m}$.
(iii) $ab \equiv a'b' \pmod{m}$.

証明 (i)を証明し，(ii), (iii)は演習問題として残す．$a \equiv a' \pmod{m}$, $b \equiv b' \pmod{m}$ なので，$a - a' = q_1 m$, $b - b' = q_2 m$ となる $q_1, q_2 \in \mathbb{Z}$ が存在する．このとき，

$$(a + b) - (a' + b') = (a - a') + (b - b') = (q_1 + q_2)m$$

と書けるが，$q_1 + q_2 \in \mathbb{Z}$ であるから，$a + b \equiv a' + b' \pmod{m}$ が成り立つ． □

演習 30-1[*] 上の補題の(ii), (iii)を証明しなさい．

演習 30-2 $11 \times 13 \times 19 \times 23 + 29 \times 31 \times 37$ を 7 で割ったときの余りを求めなさい．

補題 30-3 $m \in \mathbb{N}$, $a, b, c \in \mathbb{Z}$ とする．$\gcd(c, m) = 1$ のとき，
$$ca \equiv cb \pmod{m} \Rightarrow a \equiv b \pmod{m}.$$

証明 $ca \equiv cb \pmod{m}$ ならば $m \mid (ca - cb)$ である．$\gcd(c, m) = 1$ なので，系 29-4 により，$m \mid (a - b)$ となる．ゆえに，$a \equiv b \pmod{m}$ が成り立つ． □

● 剰余と合同式

m を自然数とします．除法の原理により，任意の整数 a に対して
$$a = qm + r \quad (0 \le r < m)$$
となる整数 q, r が存在します．このとき，$a \equiv r \pmod{m}$ が成り立ちます．r の取りうる値は $0, 1, \cdots, m-1$ のいずれかなので，任意の整数は $0, 1, \cdots, m-1$ のいずれかと m を法として合同になることがわかります．

例 30-4 任意の整数は 6 を法とすると，$0, 1, 2, 3, 4, 5$ のいずれかに合同である．例えば，$-8 = (-6) + (-2) \equiv -2 \equiv 4 \pmod{6}$ である．

● 1 次の合同方程式

m を 2 以上の整数とし，X を不定元とする整数係数の 1 次式
$$aX + b \quad (ただし，m \nmid a)$$
を考えます．整数 x が $ax + b \equiv 0 \pmod{m}$ を満たすとき，x は**合同方程式** $aX + b \equiv 0 \pmod{m}$ の解である，あるいは，合同方程式 $aX \equiv -b \pmod{m}$ の解である，といいます．整数 x が合同方程式 $aX + b \equiv 0 \pmod{m}$ の解であるとき，$x \equiv x' \pmod{m}$ を満たすすべての整数 x' も解になります．したがって，合同方程式 $aX + b \equiv 0 \pmod{m}$ の解を求めるときには，m を法として合同な整数は同じ解とみなして求めれば十分です．m を法として合同な整数は同じ解とみなして，合同方程式 $aX + b \equiv 0 \pmod{m}$ の解をすべて求めることを，合同方程式 $aX + b \equiv 0 \pmod{m}$ を解くといいます．m が小さい場合には，X に $0, 1, 2, \cdots, m-1$ をひとつひとつ代入して合同方程式を解くことができます．

例 30-5 代入計算により，$x = 0, 1, 2, 3, 4, 5$ の中で $4x \equiv 2 \pmod{6}$ を満たすものは $x = 2, 5$ だけであることがわかる．よって，合同方程式 $4X \equiv 2 \pmod{6}$ の解を 6 を法として求めると 2 と 5 である．

● 合同方程式の解の存在条件

合同方程式 $aX \equiv b \pmod{m}$ が解を持つか否かは次の定理を使って知ることができます．

定理 30-7 m を 2 以上の整数, a を $m \nmid a$ を満たす整数, b を任意の整数とし, $d = \gcd(a, m)$ とおく. このとき, 合同方程式 $aX \equiv b \pmod{m}$ の解が存在するための必要十分条件は $d \mid b$ である.

証明 I. 合同方程式 $aX \equiv b \pmod{m}$ は解を持つと仮定する. $x \in \mathbb{Z}$ をその解とすると, $b = ax + qm$ となる $q \in \mathbb{Z}$ が存在する. d は a と m の最大公約数だから, $d \mid a$ かつ $d \mid m$ であり, したがって, $d \mid (ax + qm)$ となる. これで, $d \mid b$ が示された.

II. $d \mid b$ であると仮定し, $b = cd$ $(c \in \mathbb{Z})$ と書く. 系 29-3 により, $ax + my = d$ を満たす $x, y \in \mathbb{Z}$ が存在する. 両辺を c 倍して, $cax + cmy = cd = b$ を得る. これより, $a(cx) \equiv b \pmod{m}$ がわかるから, 合同方程式 $aX \equiv b \pmod{m}$ は解 $cx \in \mathbb{Z}$ を持つ. □

上の定理から次の系が導かれます (この系は系 29-3 を使って直接導くこともできます).

系 30-7 m を 2 以上の整数, a を任意の整数とするとき,
$$ax \equiv 1 \pmod{m} \text{ となる } x \in \mathbb{Z} \text{ が存在する} \iff \gcd(a, m) = 1.$$

注意 $\gcd(a, m) = 1$ のとき, $ax \equiv 1 \pmod{m}$ を満たす $x \in \mathbb{Z}$ は m を法として唯一です. なぜなら, $x' \in \mathbb{Z}$ も $ax' \equiv 1 \pmod{m}$ を満たしていたとすると, $x' = 1 \cdot x' \equiv (ax)x' = x(ax') \equiv x \cdot 1 = x \pmod{m}$ となるからです.

例 30-8 合同方程式 $2X \equiv 1 \pmod{14}$ は, $\gcd(2, 14) = 2 \neq 1$ より, 解を持たない. 他方, 合同方程式 $3X \equiv 1 \pmod{14}$ は, $\gcd(3, 14) = 1$ より, 解を持つ. 実際, $X = 5$ は解である.

● 合同方程式の解き方

m を 2 以上の整数, a を $m \nmid a$ を満たす整数, b を任意の整数とし, $d = \gcd(a, m)$ とおきます. 定理 30-6 により, $d \mid b$ ならば合同方程式 $aX \equiv b \pmod{m}$ は解を持ちます.

$$aX \equiv b \pmod{m} \iff \exists Y \in \mathbb{Z} \text{ s.t. } aX - b = mY$$

なので，合同方程式 $aX \equiv b \pmod{m}$ を解くには，X, Y についての不定方程式 $aX - mY = b$ を解けばよいことがわかります．この不定方程式は，ユークリッドの互除法を使えば解けます．

演習 30-3 合同方程式 $36X \equiv 32 \pmod{100}$ を解きなさい．

合同方程式 $aX \equiv b \pmod{m}$ はまた次のようにして解くこともできます．まず，$d = \gcd(a, m)$ として

$$a = da', \quad m = dm', \quad b = db' \quad (a', m', b' \in \mathbb{Z})$$

とおきます．与えられた合同方程式を解くことと合同方程式 $a'X \equiv b' \pmod{m'}$ を解くことは同値です（ただし，合同方程式 $aX \equiv b \pmod{m}$ の解を求めるには，合同方程式 $a'X \equiv b' \pmod{m'}$ の解を <u>m を法として考える必要があります</u>）．$\gcd(a', m') = 1$ なので，系 30-7 と注意により，$a'x \equiv 1 \pmod{m'}$ を満たす $x \in \mathbb{Z}$ が唯一存在します．このような x を m' を法として求めれば，合同方程式 $a'X \equiv b' \pmod{m'}$ の解は $X \equiv xb' \pmod{m'}$ によって求めることができます．つまり，合同方程式 $aX \equiv b \pmod{m}$ を解くことは，合同方程式 $a'X \equiv 1 \pmod{m'}$ を解くことに帰着されるのです．

例 30-9 合同方程式 $9X \equiv 1 \pmod{16}$ を解こう．そのためには，不定方程式 $9X - 16Y = 1$ を解けばよい．この不定方程式の 1 組の解は，ユークリッドの互除法により，$(X, Y) = (-7, -4)$ であることがわかる．よって，合同方程式 $9X \equiv 1 \pmod{16}$ の解は，$X = -7 \equiv 9 \pmod{16}$ である．

このことから，例えば，合同方程式 $18X \equiv 2 \pmod{32}$ の解は，32 を法として，9 と $9 + 16 = 25$ の 2 つであることがわかる．

● 関係と合同式

これまで，合同式を，m で割った余りを求めたり，整数についての方程式を解くための便利な道具として扱ってきました．ここでは，合同式を「関係」の視点からとらえ直しましょう．日常生活で使われる「関係」という言葉は数学では専門用語として使われます．

空でない集合 X 上の（二項）**関係** (relation) とは，X の 2 元 x, y について，$x \sim y$ であるか，$x \sim y$ でないかのどちらか一方だけが成り立つような "$\sim$ のこと" をいいます．正確には，直積集合 $X \times X$ の部分集合のことを指します．

R を X 上の関係とし，x, y を X の元とします．この x, y が $(x, y) \in R$ を満たすとき，x と y の間に関係 R が成立するといい，xRy と表わします．

例 30-11
（1）等号 $=$ は任意の集合 $X \,(\neq \emptyset)$ 上に関係 $\{(x, y) \in X \times X \mid x = y\}$ を定める．この関係を X 上の**等号関係**という．
（2）m を法とする合同式は $\mathbb{Z}$ 上に関係 $\{(x, y) \in \mathbb{Z} \times \mathbb{Z} \mid x \equiv y \pmod{m}\}$ を定義する．この関係を $\mathbb{Z}$ 上の m を法とする**合同関係**という．
（3）不等号 $\leq$ は $\mathbb{Q}$ 上に関係 $\{(x, y) \in \mathbb{Q} \times \mathbb{Q} \mid x \leq y\}$ を定める．この関係を $\mathbb{Q}$ 上の**大小関係**という．

関係を定義したいとき，次のような書き方をよくします．

例 30-11
$\mathbb{R}$ 上の関係 R を次で定義する：$x, y \in \mathbb{R}$ に対して
$$xRy \overset{\text{def}}{\iff} x - y \in \mathbb{Z}.$$
この場合，$R = \{(x, y) \in \mathbb{R} \times \mathbb{R} \mid x - y \in \mathbb{Z}\}$ という $\mathbb{R}$ 上の関係を考えていることになります．

● 同値関係

単に X 上の関係と言えば，$X \times X$ のどんな部分集合でもよいので，そこから新しい理論は何も生まれません．そこで，補題 30-1 で挙げられている合同式と同じ性質を持つ関係に着目しましょう．

> **定義 30-1** 集合 $X \,(\neq \emptyset)$ 上の関係 R が次の 3 条件を満たすとき，R は X 上の**同値関係**（equivalence relation）であると呼ばれる．
> （ⅰ）（**反射律**）任意の $x \in X$ に対して，xRx である．
> （ⅱ）（**対称律**）任意の $x, y \in X$ について，「xRy ならば yRx」である．
> （ⅲ）（**推移律**）任意の $x, y, z \in X$ について，「「xRy かつ yRz」ならば xRz」である．

例 30-12
（1）$\mathbb{Z}$ 上の m を法とする合同関係 $\equiv \pmod{m}$ は，補題 30-1 により，$\mathbb{Z}$ 上の同値関係である．また，任意の空でない集合 X に対して，等号関係は同値関係である．

（2） $\mathbb{Q}$ 上の大小関係 $\leq$ （例 30-10 (3)）は，同値関係ではない．なぜなら，$1 \leq 2$ であるのに $2 \leq 1$ ではないからである．

同値関係は合同関係などの特別なものを除き，記号 $\sim$ を用いて表わすのが普通です．今後，この慣例に従います．

演習 30-4*　$X := \mathbb{Z} \times (\mathbb{Z} - \{0\})$ 上に関係 $\sim$ を，$(a,x), (b,y) \in X$ について
$$(a,x) \sim (b,y) \stackrel{\mathrm{def}}{\iff} ay = bx$$
によって定義します．$\sim$ は X 上の同値関係であることを示しなさい．

トレーニング 31 同値類

同値関係で結ばれているものどうしを"同じもの"とみなすことにより，同値類や商集合の概念が得られます．ここでは，その考え方と有用性を学びます．最初に，合同関係 $\equiv \pmod m$ から生じる同値類と商集合を考察します．各 $r \in \{0, 1, \cdots, m-1\}$ に対し，m で割ったときの余りが r であるような整数全体からなる集合を考え，それらの間に和と積が定義されることを観察します．そして，その性質を調べます．

● m を法とする整数の剰余集合

2 以上の整数 m と $a \in \mathbb{Z}$ に対して，$\mathbb{Z}$ の部分集合

$$[a]_m = \{\, x \in \mathbb{Z} \mid x \equiv a \pmod m \,\}$$

を m による a の**剰余類**（residue class）といいます．m による剰余類の全体からなる集合を $\mathbb{Z}/m\mathbb{Z}$ と書き，$\mathbb{Z}$ の m **を法とする剰余集合**と呼びます：

$$\mathbb{Z}/m\mathbb{Z} = \{\, [a]_m \mid a \in \mathbb{Z} \,\}.$$

商を意味する斜めの線 / は "over" と読みます．$\mathbb{Z}/m\mathbb{Z}$ は「ゼット・オヴァ・エムゼット」のように読みます．

補題 31-1 m を 2 以上の整数とする．$a, b \in \mathbb{Z}$ に対して次が成り立つ．

(1) $[a]_m = [b]_m \iff a \equiv b \pmod m$.

(2) $\mathbb{Z}/m\mathbb{Z} = \{[0]_m, [1]_m, \cdots, [m-1]_m\}$.

証明 (1)「$\Longrightarrow$」の証明：補題 30-1 (i) より $a \in [a]_m = [b]_m$ であるから，$a \equiv b \pmod m$ となる．

「$\Longleftarrow$」の証明：任意に $x \in [a]_m$ をとると，$x \equiv a \pmod m$ である．これと $a \equiv b \pmod m$ から $x \equiv b \pmod m$ を得る（補題 30-1 (iii)）．したがって，

$x \in [b]_m$ であり，$[a]_m \subset [b]_m$ が示された．$[a]_m \supset [b]_m$ は補題 30-1 (ii), (iii) を用いて示される．よって，$[a]_m = [b]_m$ である．

（2）$Q = \{[0]_m, [1]_m, \cdots, [m-1]_m\}$ とおくと，剰余集合の定義から，$Q \subset \mathbb{Z}/m\mathbb{Z}$ である．$\mathbb{Z}/m\mathbb{Z} \subset Q$ を示す．$C \in \mathbb{Z}/m\mathbb{Z}$ を任意にとる．$C = [a]_m \ (a \in \mathbb{Z})$ と書くことができる．除法の原理から，$a = qm + r \ (0 \leq r < m)$ を満たす $q, r \in \mathbb{Z}$ が存在する．このとき，$a \equiv r \pmod{m}$ となる．よって，(1)により，$C = [a]_m = [r]_m \in Q$ である． □

C を剰余集合 $\mathbb{Z}/m\mathbb{Z}$ の元とすると，定義により $C = [a]_m \ (a \in \mathbb{Z})$ と表わすことができます．このような a を C の**代表元**（representative）と呼びます．

例 31-2 剰余集合 $\mathbb{Z}/2\mathbb{Z}$ は，補題 31-1 (2)から 2 つの剰余類 $[0]_2 = \{2n \mid n \in \mathbb{Z}\}$, $[1]_2 = \{2n+1 \mid n \in \mathbb{Z}\}$ からなる．$C = [0]_2$, $D = [1]_2$ とすると，補題 31-1 (1)から C, D はそれぞれ $C = [2]_2$, $D = [-1]_2$ とも表わされる．$0, 2$ は C の代表元であり，$1, -1$ は D の代表元である．

● **整数の剰余集合における和と積**

剰余集合 $\mathbb{Z}/m\mathbb{Z}$ には，$\mathbb{Z}$ や $\mathbb{R}$ と同様に，和と積が定義されます．その方法を説明します．

任意に $C, D \in \mathbb{Z}/m\mathbb{Z}$ をとります．$C = [a]_m$, $D = [b]_m$ となる代表元 $a, b \in \mathbb{Z}$ を使い，$C + D$, CD を
$$C + D := [a+b]_m, \qquad CD := [ab]_m$$
によって定めます．$C + D$ と CD は代表元 a, b を用いて定義されていますが，実は，それらの選び方に依存していません．これを示すため，$C = [a']_m$, $D = [b']_m$ でもあったとします．すると，補題 31-1 (1)により $a \equiv a' \pmod{m}$, $b \equiv b' \pmod{m}$ となります．補題 30-2 から
$$a + b \equiv a' + b' \pmod{m}, \qquad ab \equiv a'b' \pmod{m}$$
がわかるので，再び補題 31-1 (1)により，$[a+b]_m = [a'+b']_m$, $[ab]_m = [a'b']_m$ を得ます．こうして，任意の $C, D \in \mathbb{Z}/m\mathbb{Z}$ に対して，$C + D, CD \in \mathbb{Z}/m\mathbb{Z}$ が代表元の選び方によらずに定まることが示されました．$C + D$, CD をそれぞれ C と D の**和**，**積**といいます．

上のように，表示の仕方がたくさんあるもののうちの 1 つを使って，元や写像などを定義することがあります．用いた表示の仕方によらずにそれが定まるとき，その元や写像は**矛盾なく定義されている**（well-defined）と表現します．この言い方にならい，$C+D$ と CD は矛盾なく定義されていると言うことができます．well-defined には決まった日本語訳はなく，板書では英語のまま書かれることが多いでしょう．

例 31-3 $\overline{0} = [0]_2, \overline{1} = [1]_2$ とおき，和の表と積の表を作ると次のようになる．

+	$\overline{0}$	$\overline{1}$
$\overline{0}$	$\overline{0}$	$\overline{1}$
$\overline{1}$	$\overline{1}$	$\overline{0}$

×	$\overline{0}$	$\overline{1}$
$\overline{0}$	$\overline{0}$	$\overline{0}$
$\overline{1}$	$\overline{0}$	$\overline{1}$

ただし，左の表は，$\overline{a}, \overline{b}$ をそれぞれ各表の縦，横に並ぶ $\mathbb{Z}/2\mathbb{Z}$ の元とするとき，縦と横の交わる部分に和 $\overline{a} + \overline{b}$ と積 $\overline{a}\overline{b}$ の計算結果を書き入れて作られている．

演習 31-1[*] $\overline{a} = [a]_4 \ (a = 0, 1, 2, 3)$ とおき，$\mathbb{Z}/4\mathbb{Z}$ における和と積の表を作成しなさい．

● $\mathbb{Z}/m\mathbb{Z}$ の和と積の性質

$\mathbb{Z}/m\mathbb{Z}$ の和と積は，$\mathbb{Z}$ の和と積と類似の性質を持っています．

命題 31-4

(R1) 任意の $\overline{a}, \overline{b}, \overline{c} \in \mathbb{Z}/m\mathbb{Z}$ に対して，
 (ⅰ) 結合法則：$(\overline{a} + \overline{b}) + \overline{c} = \overline{a} + (\overline{b} + \overline{c}), \ (\overline{a}\overline{b})\overline{c} = \overline{a}(\overline{b}\overline{c})$．
 (ⅱ) 交換法則：$\overline{a} + \overline{b} = \overline{b} + \overline{a}, \ \overline{a}\overline{b} = \overline{b}\overline{a}$．
 (ⅲ) 分配法則：$\overline{a}(\overline{b} + \overline{c}) = \overline{a}\overline{b} + \overline{a}\overline{c}, \ (\overline{a} + \overline{b})\overline{c} = \overline{a}\overline{c} + \overline{b}\overline{c}$．

(R2) **0 の存在**：$\overline{0} := [0]_m$ と定めると，任意の $\overline{a} \in \mathbb{Z}/m\mathbb{Z}$ に対して，
$$\overline{a} + \overline{0} = \overline{a} = \overline{0} + \overline{a}.$$

(R3) **1 の存在**：$\overline{1} = [1]_m$ と定めると，$\overline{1} \neq \overline{0}$ であって，任意の $\overline{a} \in \mathbb{Z}/m\mathbb{Z}$ に対して，
$$\overline{1} \cdot \overline{a} = \overline{a} = \overline{a} \cdot \overline{1}.$$

> (R4) **和に関する逆元の存在**：任意の $\bar{a} \in \mathbb{Z}/m\mathbb{Z}$ に対して，その代表元 $a \in \mathbb{Z}$ を1つとり，$-\bar{a} = [-a]_m \in \mathbb{Z}/m\mathbb{Z}$ と定めると，
> $$\bar{a} + (-\bar{a}) = (-\bar{a}) + \bar{a} = \bar{0}.$$

注意 (1) (R4)における $-\bar{a}$ は，補題 30-2 により，矛盾なく定義されていることがわかります．

(2) $\mathbb{Z}/m\mathbb{Z}$ の和は，上記のように，$\mathbb{Z}$ の和と同じ性質を持ちます．しかし，積に関しては次の点で異なります．それは，$\mathbb{Z}$ における積は，**簡約法則**「$c \neq 0$, $ac = bc \Rightarrow a = b$」を満たす一方，$\mathbb{Z}/m\mathbb{Z}$ における積は一般にこれを満たさないという点です（演習 31-1 を参照）．実は，

$$\mathbb{Z}/m\mathbb{Z} \text{ における積が簡約法則を満たす} \iff m \text{ は素数}$$

が成立します（下の系 31-6 を参照）．

● $\mathbb{Z}/m\mathbb{Z}$ の可逆元

$\bar{a} \in \mathbb{Z}/m\mathbb{Z}$ に対して，$\overline{ax} = \bar{1}$ となる $\bar{x} \in \mathbb{Z}/m\mathbb{Z}$ が存在するとき，$\bar{a}$ は**可逆元**（invertible element），あるいは，**単元**（unit）であるといいます．また，この $\bar{x}$ を $\bar{a}$ の（積に関する）**逆元**（inverse element）といいます．$\mathbb{Z}/m\mathbb{Z}$ の元が可逆元かどうかは，次の命題を使って判定することができます．

> **命題 31-5** m を 2 以上の整数とする．$\bar{a} \in \mathbb{Z}/m\mathbb{Z}$ とし，$a \in \mathbb{Z}$ をその代表元（すなわち，$\bar{a} = [a]_m$）とするとき，次が成り立つ：
> $$\overline{ax} = \bar{1} \text{ となる } \bar{x} \in \mathbb{Z}/m\mathbb{Z} \text{ が存在する} \iff \gcd(a, m) = 1.$$

証明 系 30-7 により，$\gcd(a, m) = 1$ であることと $ax \equiv 1 \pmod{m}$ となる $x \in \mathbb{Z}$ が存在することとは同値である．$ax \equiv 1 \pmod{m}$ となる $x \in \mathbb{Z}$ が存在することと $[a]_m[x]_m = \bar{1}$ となる $x \in \mathbb{Z}$ が存在することとは同値であるから，命題の主張が成立する． □

演習 31-2* $\mathbb{Z}/10\mathbb{Z}$ における可逆元をすべて求めなさい．また，各可逆元の逆元を求めなさい．

上の命題から，ただちに次の系が得られます．

系 31-6 p を素数とする．このとき，$\overline{0}$ でない任意の $\overline{a} \in \mathbb{Z}/p\mathbb{Z}$ は $\mathbb{Z}/p\mathbb{Z}$ において逆元を持つ．

$\mathbb{Z}/m\mathbb{Z}$ の和と積の性質(R1)–(R4)と系 31-6 を合わせると，素数 p に対し，$\mathbb{Z}/p\mathbb{Z}$ は $\mathbb{R}$ や $\mathbb{C}$ が持つ四則演算に関する性質とまったく同じ性質を持つことがわかります．つまり，$\mathbb{Z}/p\mathbb{Z}$ は体と呼ばれる，和と積を伴った集合になっているのです．$\mathbb{Z}/p\mathbb{Z}$ は位数 p の**有限体**と呼ばれ，現代数学のさまざまな場面に登場します．

● 同値類

このトレーニングの冒頭部分で，$\mathbb{Z}$ 上の合同関係 $\equiv \pmod{m}$ を用いて，整数 a の剰余類 $[a]_m$ や m を法とする剰余集合 $\mathbb{Z}/m\mathbb{Z}$ を作りました．これらの構成方法は以下のように一般化されます．

X を空でない集合とし，$\sim$ をその上の同値関係とします．このとき，各 $a \in X$ に対して，X の部分集合 $[a]$ を

$$[a] := \{ x \in X \mid x \sim a \}$$

によって定め，これを $\sim$ に関する a の**同値類**（equivalence class）といいます．X の部分集合 C が $\sim$ に関する同値類であるとは，ある $a \in X$ によって $C = [a]$ と表わされるときをいいます．このような a を同値類 C の**代表元**（representative）といいます．

集合の元をある視点からいくつかのグループに分けたいとき，同値関係を導入します．同値関係で結ばれる元どうしを同じグループとみなします．同値類とはそのようにして生じるひとつひとつのグループのことです．例えば，ここに，青色で○の形，青色で△の形，青色で□の形，黄色で○の形，黄色で△の形，赤色で○の形をしたビスケットがあったとしましょう．

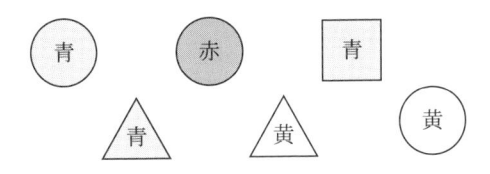

これらのビスケットを形だけに着目して分けてみましょう．すると，次図のよ

うなグループ分けが得られます．

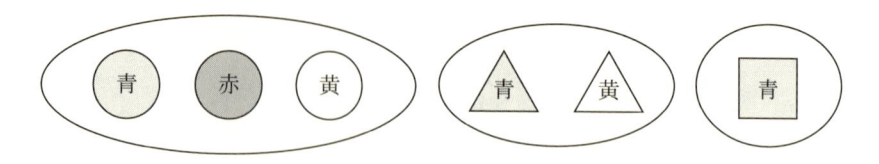

次に，色だけに着目して，青いもの，黄色いもの，赤いものに分けてみましょう．

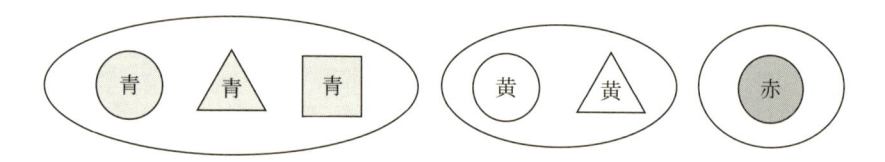

このようにしても，1つのグループ分けが得られます．もっと細かく，色と形の両方に着目して分けることもできます．今度は，ひとつひとつが独立したグループ分けになります．

このように，集合 X 上に同値関係を与えることは，X のどんな元どうしを同じものとみなし，違うものとみなすかという，ある視点に基づいた判断条件を与えることに他なりません．

同値類については，次の定理が基本的です．(ii)と(iii)の同値性は，同値類どうしに共通部分があったとすれば，その2つは完全に一致してしまうということを主張しています（(i)と(iii)が同値であることの意味は次の商集合のところで説明します）．

定理 31-7 $\sim$ を集合 X ($\neq \emptyset$) 上の同値関係とする．$x, y \in X$ について，次の3つは同値である．

(i) $x \sim y$, (ii) $[x] \cap [y] \neq \emptyset$, (iii) $[x] = [y]$.

証明 「(iii) $\Rightarrow$ (ii) $\Rightarrow$ (i) $\Rightarrow$ (iii)」の順番で示す．

(iii) $\Rightarrow$ (ii)：反射律により $x \in [x]$ であるから，$[x] = [y]$ ならば $x \in [x] \cap [y]$ である．よって，$[x] \cap [y] \neq \emptyset$ である．

(ii) ⇒ (i)：$[x] \cap [y] \neq \varnothing$ なので，元 $z \in [x] \cap [y]$ が存在する．$z \in [x]$ より $z \sim x$ であり，対称律により $x \sim z$ である．一方，$z \in [y]$ より $z \sim y$ である．したがって，$x \sim z$ かつ $z \sim y$ が成り立つ．推移律を使うと，$x \sim y$ がいえる．

(i) ⇒ (iii)：この証明は演習問題として残しておく． □

演習 31-3*　上の定理の「(i) ⇒ (iii)」を証明しなさい．

● 商集合

$\sim$ を集合 X ($\neq \varnothing$) 上の同値関係とするとき，X の同値類全体からなる集合を $X/\sim$ によって表わし，$\sim$ による X の **商集合**（quotient set），または，**剰余集合**（residue set）といいます：

$$X/\sim = \{[a] \mid a \in X\}.$$

例 31-8　m を 2 以上の整数とし，$\mathbb{Z}$ 上の同値関係 $\sim$ として合同関係 $\equiv \pmod{m}$ を考える．このとき，$\sim$ に関する a の同値類は $[a]_m = \{x \in \mathbb{Z} \mid x \equiv a \pmod{m}\}$ であり，商集合 $\mathbb{Z}/\sim$ は m を法とする剰余集合 $\mathbb{Z}/m\mathbb{Z}$ に他ならない．

定理 31-7 の(i)と(iii)の同値性は，X と $X/\sim$ との間を行ったり来たりするときに使われます．この同値を介して，X において $\sim$ を使って記述される問題が $X/\sim$ では ＝ の問題に書き換えられます（等号 ＝ は扱いやすいので，これが使えるのはとてもありがたいのです）．逆に，$X/\sim$ の中で計算した結果を，(i)と(iii)の同値を介して，X における結果に翻訳することができます．

● 類別

集合 X ($\neq \varnothing$) 上の同値関係 $\sim$ に対し，商集合 $\mathcal{S} := X/\sim$ は X の部分集合族です．この部分集合族は次の 3 条件を満たしていることが同値関係の定義と定理 31-7 によりわかります：

 (1)　$\forall x \in X, \exists C \in \mathcal{S}$ s.t. $x \in C$.
 (2)　$C, C' \in \mathcal{S}, C \neq C' \implies C \cap C' = \varnothing$.
 (3)　$\forall C \in \mathcal{S}, C \neq \varnothing$.

したがって，X は，互いに交わらない空でない部分集合たちの和集合として，$X = \bigcup_{C \in \mathcal{S}} C$ のように表わされます．X を互いに交わらない空でない部分集合

たちの和集合に表わすことを，X を**類別**するといいます．X 上に同値関係 $\sim$ を定義することと X を類別すること（つまり，(1), (2), (3)を満たす X の部分集合族 $\mathcal{S}$ を与えること）とは同値です．

例 31-9 m を 2 以上の自然数とし，各 $r \in \{0, 1, \cdots, m-1\}$ に対して $C_r := \{x \in \mathbb{Z} \mid x$ は m で割ると余りが $r\}$ とおく．$\mathcal{S} = \{C_0, C_1, \cdots, C_{m-1}\}$ は $\mathbb{Z}$ に類別を定義する．この類別から定まる同値関係 $\sim$ は次で与えられる：

$$x \sim y \iff \exists r \in \{0, 1, \cdots, m-1\} \text{ s.t. } x, y \in C_r.$$

この同値関係 $\sim$ は $\mathbb{Z}$ 上の m を法とする合同関係 $\equiv \pmod{m}$ に他ならない．

演習 31-4 m, n を自然数とし，$k = \min\{m, n\}$ とおきます．各 $r \in \{0, 1, \cdots, k\}$ に対して，実数を成分とする (m, n)-行列の全体 $\mathrm{M}_{mn}(\mathbb{R})$ の部分集合 C_r を

$$C_r = \{A \in \mathrm{M}_{mn}(\mathbb{R}) \mid \mathrm{rank}\, A = r\}$$

により定めます．$\mathcal{S} = \{C_0, C_1, \cdots, C_k\}$ は $\mathrm{M}_{mn}(\mathbb{R})$ に類別を定めることを示しなさい．（行列の階数 $\mathrm{rank}\, A$ については適当な線形代数の教科書を参照してください．）

トレーニング 32

有理数の構成方法

有理数とは，整数 p と 0 でない整数 q を用いて $\frac{p}{q}$ の形に書かれる数のことをいいました．$\frac{p}{q}$ は分数と呼ばれ，p, q をそれぞれ**分子**，**分母**と呼ぶのでした．分数の計算規則により，$\frac{2p}{2q} = \frac{p}{q}$ のように，分母と分子に同じ数が掛けられていれば"約す"ことができました．この約す操作に同値類の考え方が使われています．ここでは，同値類の概念を使って，整数から有理数を構成する方法を説明します．最後に，ごく簡単に，順序体の概念と実数体の公理を紹介します．

● 有理数の構成方法および和と積の定義

演習 30-4 において，$X := \mathbb{Z} \times (\mathbb{Z} - \{0\})$ 上の次の同値関係 $\sim$ を考えました：
$$(a, x) \sim (b, y) \iff ay = bx.$$
この同値関係 $\sim$ に関する $(a, x) \in X$ の同値類を $[a, x]$ と書き，商集合 $X/\sim\, = \{[a, x] \mid (a, x) \in X\}$ を $Q(\mathbb{Z})$ と書くことにします．$Q(\mathbb{Z})$ の 2 元 $[a, x], [b, y]$ に対して，$[a, x] + [b, y]$ と $[a, x] \cdot [b, y]$ を次のように定めます．

(※) $\qquad [a, x] + [b, y] = [ay + bx, xy], \qquad [a, x] \cdot [b, y] = [ab, xy].$

演習 32-1 $[a, x], [b, y] \in Q(\mathbb{Z})$ に対して，$[a, x] + [b, y]$ と $[a, x] \cdot [b, y]$ は，代表元の選び方によらずに，矛盾なく定義されていることを示しなさい．

● $Q(\mathbb{Z})$ の和と積の性質

上で定めた $Q(\mathbb{Z})$ の和 $[a, x] + [b, y]$ と積 $[a, x] \cdot [b, y]$ は以下の性質を満たすことが確かめられます（したがって，$Q(\mathbb{Z})$ は体をなします）．

命題 32-1

(F_Q1) 任意の $r, s, t \in Q(\mathbb{Z})$ に対して,
　（ⅰ）結合法則：$(r+s)+t = r+(s+t)$, $(rs)t = r(st)$.
　（ⅱ）交換法則：$r+s = s+r$, $rs = sr$.
　（ⅲ）分配法則：$r(s+t) = rs+rt$, $(r+s)t = rt+st$.

(F_Q2) **0** の存在：$\mathbf{0} := [0,1]$ と定めると, 任意の $r \in Q(\mathbb{Z})$ に対して,
$$r + \mathbf{0} = r = \mathbf{0} + r.$$

(F_Q3) **1** の存在：$\mathbf{1} := [1,1]$ と定めると, $\mathbf{1} \neq \mathbf{0}$ であって, 任意の $r \in Q(\mathbb{Z})$ に対して $\mathbf{1} \cdot r = r = r \cdot \mathbf{1}$.

(F_Q4) 和に関する逆元の存在：$r = [a, x] \in Q(\mathbb{Z})$ $(a, x \in \mathbb{Z}, x \neq 0)$ に対して, $-r = [-a, x] \in Q(\mathbb{Z})$ と定めると,
$$r + (-r) = \mathbf{0} = (-r) + r.$$

(F_Q5) 積に関する逆元の存在：$r = [a, x] \in Q(\mathbb{Z})$ が **0** でなければ, $r^{-1} = [x, a] \in Q(\mathbb{Z})$ を考えることができ（∵ $[a, x] \neq \mathbf{0}$ より $a \neq 0$ なので $[x, a] \in Q(\mathbb{Z})$ を考えることができる）,
$$rr^{-1} = \mathbf{1} = r^{-1}r.$$

さて, $[a, x] \in Q(\mathbb{Z})$ を $\dfrac{a}{x}$ という「分数」の形で改めて書き表わし, 等式 (※) を書き直すと,
$$\frac{a}{x} + \frac{b}{y} = \frac{ay+bx}{xy}, \qquad \frac{a}{x} \cdot \frac{b}{y} = \frac{ab}{xy}$$
となります. これは今まで使ってきた有理数に対する和, 積と同じ式です. さらに, $Q(\mathbb{Z})$ における差と商を次のように定義します.
$$\frac{a}{x} - \frac{b}{y} := \frac{a}{x} + \left(-\frac{b}{y}\right) = \frac{a}{x} + \frac{-b}{y} = \frac{ay-bx}{xy},$$
$$\frac{a}{x} \div \frac{b}{y} := \frac{a}{x} \cdot \left(\frac{b}{y}\right)^{-1} = \frac{a}{x} \cdot \frac{y}{b} = \frac{ay}{xb}.$$

これらは, 私たちが通常, 分数の計算において使っている差と商の計算規則と一致しています. 以上から, $\mathbb{Q}$ における和差積商は商集合 $Q(\mathbb{Z})$ 上の和差積商として実現されることがわかりました.

● 有理数の大小関係

有理数に対しては和と積の他に大小関係を考えることができました．$\mathbb{Q}$ 上の大小関係に相当する $Q(\mathbb{Z})$ 上の関係 $\leq$ は，$Q(\mathbb{Z}) \ni r = [a, x]$，$s = [b, y]$（$x > 0$，$y > 0$）に対して，

($\sharp$) $$r \leq s \overset{\text{def}}{\iff} ay \leq bx$$

により与えられます．ただし，右辺の不等号は整数における通常の大小関係を表わしています．この関係 $\leq$ が矛盾なく定義されていることを見ておきましょう．$r = [a', x']$，$s = [b', y']$（$x' > 0$，$y' > 0$）とも書けているとします．すると，次が得られます：

$$(a'y')xy = (a'x)yy' = (ax')yy' = (ay)x'y'$$
$$\leq (bx)x'y' = xx'(by') = xx'(b'y) = (b'x')xy.$$

$x, y > 0$ なので，上の不等式から $a'y' \leq b'x'$ が従います．これで，$Q(\mathbb{Z})$ 上の関係 $\leq$ が矛盾なく定義されていることが示されました．

● $Q(\mathbb{Z})$ 上の関係 $\leq$ の性質

$Q(\mathbb{Z})$ 上に定義された関係 $\leq$ は次の性質を持ちます．任意の $r, s, t \in Q(\mathbb{Z})$ に対して

- （反射律） $r \leq r$．
- （反対称律） $r \leq s$，$s \leq r \implies r = s$．
- （推移律） $r \leq s$，$s \leq t \implies r \leq t$．
- （全順序性） $r \leq s$ または $s \leq r$ が成立する．

さらに，加法，乗法と $\leq$ との間に次が成り立ちます．任意の $r, s, t \in Q(\mathbb{Z})$ に対して

- $r \leq s \implies r + t \leq s + t$．
- $r \leq s$，$0 \leq t \implies rt \leq st$．

演習 32-2 $r, s \in Q(\mathbb{Z})$ に対して $r \leq s$ か $s \leq r$ の少なくとも一方が成り立つことを示しなさい．

こうして，$Q(\mathbb{Z})$ 上の関係 $\leq$ は，有理数の間の不等式の計算に用いてきたあらゆる性質を持つことがわかります．以上より，有理数どうしの計算を行う際に使ってきたすべての規則や法則が，商集合 $Q(\mathbb{Z})$ を舞台として実現されることがわかりました．

● 「$\mathbb{Z} \subset \mathbb{Q}$」の意味

私たちは有理数の計算の際に「$\mathbb{Z} \subset \mathbb{Q}$」という事実をしばしば使います.「整数は有理数の一部である」ということは有理数の構成的な定義からは当たり前のことではありません. ここで,「$\mathbb{Z} \subset \mathbb{Q}$」の意味を説明します.

各 $a \in \mathbb{Z}$ に $[a,1] \in Q(\mathbb{Z})$ を対応させる写像 $j : \mathbb{Z} \longrightarrow Q(\mathbb{Z})$ を考えます. この写像は単射です. なぜならば, $a, b \in \mathbb{Z}$ に対して, $[a,1] = [b,1]$ であったとすると, $a = a \cdot 1 = b \cdot 1 = b$ となるからです. そこで, この単射 j を通して $\mathbb{Z} \subset Q(\mathbb{Z})$ とみなすことにします. すなわち, $a \in \mathbb{Z}$ を $[a,1] \in Q(\mathbb{Z})$ と同一視して, $a = [a,1]$ と約束するのです. $a, b \in \mathbb{Z}$ に対して

- $[a,1] + [b,1] = [a+b, 1]$
- $[a,1][b,1] = [ab, 1]$
- $a \leq b \iff [a,1] \leq [b,1]$

が成立するので, $Q(\mathbb{Z})$ における和と積の演算, 大小関係を $\mathbb{Z}$ 上に制限して考えると, それらは $\mathbb{Z}$ にもともとあった演算, 大小関係に一致していることがわかります. このことは, 演算, 大小関係を込めて $\mathbb{Z} \subset Q(\mathbb{Z})$ とみなされうることを意味します. j によって $\mathbb{Z}$ における $0, 1$ が $Q(\mathbb{Z})$ における $\mathbf{0}, \mathbf{1}$ にそれぞれ写されることに注意しましょう.

● 順序関係

$Q(\mathbb{Z})$ 上の関係 $\leq$ が持つ 6 つの性質のうち, 最初の 3 つ——反射律, 反対称律, 推移律——を満たす関係は順序関係と呼ばれています. 一般に, 空でない集合 X 上の関係 O が次の 3 つの条件を満たすとき, O は**順序関係**(order relation)である, または, **順序**(order)であるといいます.

（ⅰ）(**反射律**) 任意の $x \in X$ に対して, xOx である.

（ⅱ）(**反対称律**) 任意の $x, y \in X$ に対して,「「xOy かつ yOx」ならば $x = y$」である.

（ⅲ）(**推移律**) 任意の $x, y, z \in X$ に対して,「「xOy かつ yOz」ならば xOz」である.

順序関係は通常, 記号 $\leq$ を使って表わすことが慣例になっているので, 今後は O の代わりに $\leq$ を使います. $a, b \in X$ に対して, $b \leq a$ のことを $a \geq b$ とも書きます. また, $b \leq a$ かつ $b \neq a$ であることを $b < a$ または $a > b$ で表わします.

例 32-2

（1） $X = \mathbb{N}, \mathbb{Z}, \mathbb{Q}, \mathbb{R}$ において，いつも使っている不等号 $\leq$ を考えると，これは X の順序である．この順序を X 上の**大小関係**という．

（2） S を集合として，$\mathcal{P}(S) = \{S \text{ の部分集合全体}\}$ を考える．$\mathcal{P}(S)$ 上の関係 $\leq$ を次のように定義する．$A, B \in \mathcal{P}(S)$ に対して，

$$A \leq B \iff A \subset B.$$

関係 $\leq$ は $\mathcal{P}(S)$ 上の順序である．この順序を**包含関係による順序**という．

演習 32-3[*] $X = \mathbb{R} \times \mathbb{R}$ 上の関係 $\preceq$ を，$(a_1, a_2), (b_1, b_2) \in X$ に対して，

$$(a_1, a_2) \preceq (b_1, b_2) \iff \text{「}a_1 < b_1\text{」または「}a_1 = b_1 \text{ かつ } a_2 \leq b_2\text{」}$$

と定義する．ただし，$\leq$ は $\mathbb{R}$ の大小関係である．$\preceq$ は X 上の順序であることを示せ．

● 全順序

集合 $X \, (\neq \varnothing)$ 上の順序 $\leq$ が，条件

「任意の $x, y \in X$ に対して，$x \leq y$ または $y \leq x$ である」

を満たすとき，X 上の**全順序** (total order) であるといいます．

$\mathbb{N}, \mathbb{Z}, \mathbb{Q}, \mathbb{R}$ 上の大小関係や演習 32-3 の $\mathbb{R} \times \mathbb{R}$ 上の順序 $\preceq$ は全順序ですが，例 32-2 (2) の $\mathcal{P}(S)$ 上の順序 $\subset$ は，S の元の個数が 2 個以上のとき，全順序ではありません．

● 順序体

体という言葉はトレーニング 13 やトレーニング 31 において登場していますが，明確な定義を与えてきませんでした．体は次のように定義されます．

定義 32-1 集合 $\mathbb{K} \, (\neq \varnothing)$ 上に，和と呼ばれる二項演算 $+$ と，積と呼ばれる二項演算 $\cdot$ が定義されていて，以下の条件が満たされるとき，組 $(\mathbb{K}, +, \cdot)$ を**体** (field) という．

(F1) 任意の $a, b, c \in \mathbb{K}$ に対して，

　　（ⅰ）**結合法則**：$(a + b) + c = a + (b + c), \quad (a \cdot b) \cdot c = a \cdot (b \cdot c).$

　　（ⅱ）**交換法則**：$a + b = b + a, \quad a \cdot b = b \cdot a.$

（iii）　分配法則：$a\cdot(b+c) = a\cdot b + a\cdot c$　$(a+b)\cdot c = a\cdot c + b\cdot c$.
　（F2）　零元の存在：次の条件を満たす元 $0_\mathbb{K} \in \mathbb{K}$ が存在する：
　　　　　　任意の $a \in \mathbb{K}$ に対して $a + 0_\mathbb{K} = a = 0_\mathbb{K} + a$.
　（F3）　単位元の存在：次の条件を満たす元 $(0_\mathbb{K} \neq)$ $1_\mathbb{K} \in \mathbb{K}$ が存在する：
　　　　　　任意の $a \in \mathbb{K}$ に対して，$a \cdot 1_\mathbb{K} = a = 1_\mathbb{K} \cdot a$.
　（F4）　和に関する逆元の存在：任意の $a \in \mathbb{K}$ に対して，次の条件を満たす元 $x \in \mathbb{K}$ が存在する：$a + x = 0_\mathbb{K} = x + a$．（ただし，$0_\mathbb{K}$ は(F2)と同じ $\mathbb{K}$ の元である．）
　（F5）　積に関する逆元の存在：任意の $(0_\mathbb{K} \neq)$ $a \in \mathbb{K}$ に対して，次の条件を満たす元 $x \in \mathbb{K}$ が存在する：$a \cdot x = x \cdot a = 1_\mathbb{K}$．（ただし，$1_\mathbb{K}$ は(F3)と同じ $\mathbb{K}$ の元である．）

体 $\mathbb{K} = (\mathbb{K}, +, \cdot)$ 上に全順序 $\leq$ が与えられており，次の 2 条件が満たされるとき，組 $(\mathbb{K}, +, \cdot, \leq)$ は**順序体**（ordered field）であるといいます．

（OF1）　任意の $x, y, z \in \mathbb{K}$ に対して，「$x \leq y$ ならば $x + z \leq y + z$」である．
（OF2）　任意の $x, y, z \in \mathbb{K}$ に対して，「「$x \leq y$ かつ $0 \leq z$」ならば $xz \leq yz$」である．

例えば，有理数体 $\mathbb{Q}$，実数体 $\mathbb{R}$ は通常の和と積，大小関係に関して順序体になります（先に述べた $Q(\mathbb{Z})$ 上の関係 $\leq$ の 6 個の性質は，$(Q(\mathbb{Z}), +, \cdot, \leq)$ が順序体であるということを言っていたわけです）．一方，複素数体 $\mathbb{C}$ にいかなる全順序を導入しても順序体にはならないことが知られています．また，実数体 $\mathbb{R}$ を，順序体 $(\mathbb{K}, +, \cdot, \leq)$ であって，次の**連続性の公理**を満たすものとして特徴付けることができます．

（Archimedes）
　$a, b \in \mathbb{K}$, $a, b > 0$ に対して，$a < nb$ となる自然数 n が存在する．
（Cantor）
　$\mathbb{K}$ における閉区間の任意の減少列 $I_1 \supset I_2 \supset \cdots$ に対して，$\bigcap_{n=1}^{\infty} I_n \neq \emptyset$.

実数とは，連続性の公理を満たす順序体，すなわち，実数体の元のことを指す

わけです．

注意 （1）（Archimedes）における nb は n 個の b の和をとって得られる $\mathbb{K}$ の元 $\overbrace{b+\cdots+b}^{n\text{個}}$ を表わしています．

（2） $\mathbb{K}=\mathbb{R}$ のときには，(Archimedes)と(Cantor)はそれぞれ，トレーニング 21 で説明したアルキメデスの公理とトレーニング 23 で説明したカントールの公理に他なりません．

● **最後に**

実数体 $\mathbb{R}$ は，上記のように，連続性の公理を満たす順序体としてとらえられることがわかりましたが，このことはその存在を保証しているわけではありません．連続性の公理を満たす順序体が存在することを示すには，実際にそれを 1 つ構成して見せる必要があります．そのためのヒントは $\mathbb{R}$ が持っている次の 2 つの性質にあります．

- （$\mathbb{R}$ の**完備性**(completeness)） 実数列 $\{a_n\}_{n=1}^{\infty}$ が収束するための必要十分条件は，その数列が**コーシー列**（Cauchy sequence）[21]であること，すなわち，
$$\forall \varepsilon > 0, \exists N \in \mathbb{N} \text{ s.t. } m, n > N \Rightarrow |a_m - a_n| < \varepsilon$$
を満たすことである．

- （$\mathbb{Q}$ の $\mathbb{R}$ における**稠密性**） 任意の実数のいくらでも近くに有理数が存在する，すなわち，
$$\forall a \in \mathbb{R}, \forall \varepsilon > 0, \exists r \in \mathbb{Q} \text{ s.t. } |a - r| < \varepsilon$$
が成り立つ（定理 21-2）．

これらの性質を逆手に取って，連続性の公理を満たす順序体を有理数体 $\mathbb{Q}$ から構成することができます（コーシー列をなす有理数列の全体からなる集合を考え，その集合上にある同値関係を導入し，その商集合として構成します）．紙数の都合上これ以上詳しくは述べられませんが，その構成法を記した本は多数出版されていますので，興味を持たれた方は，例えば [8] などで学ばれるとよいと思います．

---

21) **基本列**ともいいます．

付録A　有限集合と濃度

　トレーニング 28 で，有限集合の濃度について少しだけ触れました．付録 A では，本文中で証明しなかった補題 28-1 の証明を与え，有限集合の間の写像に関する定理を補足します．

● 補題 28-1 の証明

　トレーニング 28 で定義したように，自然数 $n \in \mathbb{N}$ に対して，$N(n)$ を 1 から n までの自然数全体からなる集合とします：
$$N(n) := \{1, 2, \cdots, n\}.$$
補題 28-1 を再掲しましょう．

> **補題 A-1**　n を自然数とし，A を $N(n)$ の空でない部分集合とする．このとき，全単射 $f : A \longrightarrow N(n)$ が存在するならば，$A = N(n)$ である．

この補題を証明します．任意の $a \in N(n)$ について $a \leq n$ であり，$n+1 \notin N(n)$ であることに注意しましょう．

（補題 A-1 の証明）　すべての自然数 n について
　　$P(n)$：全単射 $f : A \longrightarrow N(n)$ が存在するような $\varnothing \neq A \subset N(n)$ は
　　　　　　$A = N(n)$ に限る
が成り立つことを数学的帰納法で証明する．

　I.　$P(1)$ が成立すること：
　$N(1) = \{1\}$ の空でない部分集合は $N(1)$ のみであるから，命題 $P(1)$ は成立する．

II. $n \in \mathbb{N}$ について $P(n)$ が成り立っていると仮定する．A を $N(n+1)$ の空でない部分集合とし，全単射 $f : A \longrightarrow N(n+1)$ が存在すると仮定する．

$n+1 \in A$ である．実際，もし，$n+1 \notin A$ と仮定すると，$A \subset N(n)$ である．f は全射なので，$f(a) = n+1$ となる $a \in A$ が存在する．今，写像 $g : A - \{a\} \longrightarrow N(n)$ を

$$g(x) = f(x) \qquad (x \in A - \{a\})$$

によって定める．g は全単射であり，$A - \{a\} \subset N(n)$ であるから，帰納法の仮定により，$A - \{a\} = N(n)$ が成り立つ．ゆえに，$a \notin N(n)$ である．このことと $a \in A \subset N(n+1)$ を合わせて $a = n+1$ が得られるが，これは仮定 $n+1 \notin A$ に矛盾する．

さて，上のように $f(a) = n+1$ となる $a \in A$ をとり，全単射 $g : A-\{a\} \longrightarrow N(n)$ を定める．また，写像 $h : A - \{n+1\} \longrightarrow A - \{a\}$ を次のように定める．

場合1 $a = n+1$ のとき，$h = \mathrm{id}_{A - \{n+1\}}$．
場合2 $a \neq n+1$ のとき，各 $x \in A - \{n+1\}$ に対して

$$h(x) = \begin{cases} n+1 & (x = a \text{ のとき}), \\ x & (x \neq a \text{ のとき}). \end{cases}$$

h は全単射なので，$g \circ h : A - \{n+1\} \longrightarrow N(n)$ も全単射である．$A - \{n+1\} \subset N(n)$ であるから，帰納法の仮定により，$A - \{n+1\} = N(n)$ を得る．これより，

$$A = (A - \{n+1\}) \cup \{n+1\} = N(n) \cup \{n+1\} = N(n+1)$$

が示され，帰納法の証明が完成した． □

補題 A-1 から次を証明することができます．

系 A-2 $\mathbb{N}$ は無限集合である．

証明 $\mathbb{N}$ が有限集合であったと仮定すると，ある自然数 n と全単射 $f : \mathbb{N} \longrightarrow N(n)$ が存在する．$A := f(N(n+1))$ とおくと，f を $N(n+1)$ に制限することにより，全単射 $g : N(n+1) \longrightarrow A$ が得られる．その逆写像 $g^{-1} : A \longrightarrow$

$N(n+1)$ も全単射であり，また，$A \subset N(n) \subset N(n+1)$ であるから，補題 A-1 により，$A = N(n+1)$ でなければならない．これは $N(n) = N(n+1)$ を導くので，矛盾が生じる．よって，$\mathbb{N}$ は有限集合ではない，すなわち，無限集合である． □

● 有限集合の部分集合

有限集合の部分集合は有限集合になります．ここでは，この当たり前の事実を証明しましょう．その証明を記述するのに便利な言葉と記号を導入しておきます．

> **定義 A-1** 集合 A の部分集合 B が A に等しくないとき，B は A の真部分集合 (proper subset) であるといい，記号で $B \subsetneq A$ あるいは $A \supsetneq B$ と書き表わす．

注意 30 ページでも注意しましたが，集合 B が集合 A の部分集合であることを $B \subseteq A$ あるいは $A \supseteq B$ と記す本もあります（本書ではこれを $B \subset A$ あるいは $A \supset B$ によって表わしています）．このような記法を採用する本では，$\subset, \supset$ は真部分集合の意味で用いられることが多いようです．

> **定理 A-3** A を有限集合とする．このとき，
> (1) A の任意の部分集合 B は有限集合であり，$\sharp B \leq \sharp A$ である．
> (2) $B \subset A$ かつ $\sharp B = \sharp A$ ならば $B = A$ である．

証明 すべての自然数 n に対して，

$P(n)$：$N(n)$ の任意の真部分集合 A は有限集合であり，$\sharp A < n$

が成り立つことを数学的帰納法で証明する．これが証明されれば，(1), (2) は同時に証明されたことになる．

I. $P(1)$ が成り立つこと：

$N(1) = \{1\}$ の真部分集合は $\emptyset$ のみである．これは有限集合であり，その濃度は $0 \; (< 1)$ である．

II. $n \in \mathbb{N}$ とし，$P(n)$ が成り立っていると仮定する．$A \subsetneq N(n+1)$ とする．

場合 1 $n+1 \notin A$ の場合：

$A \subset N(n)$ となるので，帰納法の仮定により，A は有限集合であり，$\sharp A \leq n < n+1$ である．

場合 2 $n+1 \in A$ の場合：

$A \neq N(n+1)$ より，$m \notin A$ となる $m \in N(n+1)$ が存在する．写像 $\sigma : N(n+1) \longrightarrow N(n+1)$ を m と $n+1$ の互換とする．このとき，$n+1 \notin \sigma(A) \subset N(n+1)$ となるから，場合1により，$\sigma(A)$ は有限集合であり，$\sharp \sigma(A) \leq n < n+1$ である．$\sigma|_A : A \longrightarrow \sigma(A)$ を，σ の定義域と終域をそれぞれ A と $\sigma(A)$ に制限することにより定義される写像とすると，これは全単射であるから，A もまた有限集合であり，$\sharp A = \sharp \sigma(A) < n+1$ がわかる．

これで，$P(n+1)$ も成立することがわかった． □

演習 A-1 A, B が有限集合ならば，$A \cup B$ も有限集合であり，$\sharp(A \cup B) = \sharp A + \sharp B - \sharp(A \cap B)$ が成り立つことを示しなさい．(ヒント：(ⅰ) $A \cap B = \varnothing$ のとき $\sharp(A \cup B) = \sharp A + \sharp B$ となること，および，(ⅱ) $B \subset A$ のとき $\sharp(A - B) = \sharp A - \sharp B$ となることを示せばよい．)

演習 A-1 の結果を応用して次の命題を証明することができます．

> **命題 A-4** A, B が有限集合ならば，直積集合 $A \times B$ も有限集合であって，$\sharp(A \times B) = \sharp A \times \sharp B$ である．

証明 $\sharp A = m$ とおき，$A = \{a_1, \cdots, a_m\}$ とおく．また，各 $i = 1, \cdots, m$ に対して，
$$X_i := \{a_1, a_2, \cdots, a_i\} \times B$$
とおく．すると，$X_m = A \times B$ であり，$i = 1, \cdots, m-1$ に対して

($\diamondsuit$) $X_{i+1} = X_i \cup (\{a_{i+1}\} \times B), \qquad X_i \cap (\{a_{i+1}\} \times B) = \varnothing$

が成り立つ．

X_i ($i = 1, \cdots, m$) は有限集合であり，$\sharp X_i = i \times \sharp B$ となることを数学的帰納法で証明する．

I. $X_1 = \{a_1\} \times B$ と B との間に全単射が存在するから，X_1 は有限集合であり，$\sharp X_1 = \sharp B$ が成り立つ．

II. $1 \leq i \leq m-1$ とし，X_i は有限集合であり，$\sharp X_i = i \times \sharp B$ であるとする．このとき，($\diamondsuit$) と演習 A-1 により，X_{i+1} は有限集合であり，

$$\sharp X_{i+1} = \sharp X_i + \sharp(\{a_{i+1}\} \times B) = i \times \sharp B + \sharp B = (i+1) \times \sharp B$$

となることがわかる．

以上で帰納法が完成した．よって，$X_m = A \times B$ は有限集合であり，$\sharp X_m = m \times \sharp B = \sharp A \times \sharp B$ である． $\square$

● 有限集合の間の写像の全単射性

次の命題が成り立つことは直感によく合致していて，当然のように思えることでしょう．

> **命題 A-5** 空でない有限集合 A から有限集合 B への写像 $f : A \longrightarrow B$ について，次が成り立つ．
> （1）f が単射ならば，$\sharp A \leq \sharp B$ である．
> （2）f が全射ならば，$\sharp B \leq \sharp A$ である．

証明 $m = \sharp A$, $n = \sharp B$ とおく．全単射 $g : A \longrightarrow N(m)$, $h : B \longrightarrow N(n)$ が存在する．

（1）f が単射なので，

$$k := h \circ f \circ g^{-1} : N(m) \longrightarrow N(n)$$

は単射である．$C := k(N(m))$ とおくと，k は $N(m)$ から C への全単射と思える．このとき，その逆写像 $k^{-1} : C \longrightarrow N(m)$ は全単射である．

もし，$n < m$ であったと仮定すると，$C \subset N(n) \subset N(m)$ となるから，補題 A-1 により，$C = N(m)$ を得る．これは $N(n) = N(m)$ を導く．特に，$m \in N(m) = N(n)$ より，$m \leq n$ が得られて，矛盾が生じる．したがって，$m \leq n$ でなければならない．

（2）f が全射なので，

$$k = h \circ f \circ g^{-1} : N(m) \longrightarrow N(n)$$

は全射である．したがって，各 $b \in N(n)$ に対して，$\{x \in N(m) \mid k(x) = b\}$ は空集合でない．よって，

$$j(b) := \min\{\,x \in N(m) \mid k(x) = b\,\}$$

が存在する（自然数の整列性）．このとき，写像 $j : N(n) \longrightarrow N(m)$ は単射であるから，(1)により，$n \leq m$ を得る． □

上の命題の証明と同様の手法で次の命題を証明することができます．

命題 A-6 A, B を $\sharp A = \sharp B$ であるような空でない有限集合とする．写像 $f : A \longrightarrow B$ について，

$$f \text{ が単射} \iff f \text{ が全射}$$

が成り立つ．

演習 A-2 命題 A-6 を証明しなさい．

付録B　m進記数表記

付録Bでは，トレーニング24で説明した m 進小数表示に関する事実の補足説明をします．

除法の原理と累積的帰納法を使って，次を証明することができます．

> **命題 B-1** $m \in \mathbb{N}\,(m \neq 1)$ を固定すると，任意の自然数 n は
> $$n = r_0 + r_1 m + r_2 m^2 + \cdots + r_k m^k$$
> (ただし，$k \geq 0$ であり，$r_0, r_1, \cdots, r_k$ は $r_k \neq 0$ かつ $0 \leq r_0, r_1, \cdots, r_k < m$ を満たす整数) の形に一意的に書き表わされる．この表示を n の m **進記数表示**という．

証明 すべての自然数 n に対して次が成り立つことを帰納法で証明する．

$$P(n):\begin{cases} n \text{ は } n = r_0 + r_1 m + r_2 m^2 + \cdots + r_k m^k \text{ (ただし，} k \geq 0 \text{ であ} \\ \text{り，} r_0, r_1, \cdots, r_k \in \mathbb{Z} \text{ は } r_k \neq 0 \text{ かつ } 0 \leq r_0, r_1, \cdots, r_k < m \\ \text{を満たす) の形に一意的に書き表わされる．} \end{cases}$$

I.　$n = 1, 2, \cdots, m-1$ のとき，$P(n)$ は成り立つ ($k = 0$, $r_0 = n$ にとればよい)．

II.　$n \in \mathbb{N}$, $n \geq m$ であるとし，$i < n$ を満たすすべての $i \in \mathbb{N}$ に対して $P(i)$ は成り立つと仮定する．除法の原理より，

$$n = r_0 + qm \quad (0 \leq r_0 < m)$$

となる $r_0, q \in \mathbb{Z}$ が一意的に存在する．$n \geq m$ により $1 \leq q < n$ であるから，q について帰納法の仮定を適用することができて，q は

$$q = r_1 + r_2 m + \cdots + r_k m^{k-1}$$

(ただし，$k \geq 1$ であり，$r_1, \cdots, r_k$ は $r_k \neq 0$ かつ $0 \leq r_1, \cdots, r_k < m$

を満たす整数) のように一意的に書き表わされる．したがって，n は，$0 \leq r_0, r_1, \cdots, r_k < m$ かつ $r_k \neq 0$ を満たす整数 $r_0, r_1, \cdots, r_k$ によって，
$$n = r_0 + (r_1 + r_2 m + \cdots + r_k m^{k-1})m = r_0 + r_1 m + r_2 m^2 + \cdots + r_k m^k$$
のように書き表わされる．

次に，この書き表わし方が一意的であることを示す．n が $0 \leq s_0, s_1, \cdots, s_l < m$ かつ $s_l \neq 0$ を満たす整数 $s_0, s_1, \cdots, s_l$ によって
$$n = s_0 + s_1 m + s_2 m^2 + \cdots + s_l m^l$$
のようにも書き表わされたとする．$n \geq m$ により $l \geq 1$ でなければいけないことがわかる．$n = s_0 + (s_1 + s_2 m + \cdots + s_l m^{l-1})m$ と書けるので，商と余りの一意性により，$s_0 = r_0$ かつ $q = s_1 + s_2 m + \cdots + s_l m^{l-1}$ であることがわかる．さらに，帰納法の仮定により，q の書き表わし方は一意的であるから，$k = l$ かつ $r_i = s_i$ $(i = 1, \cdots, k)$ であることがわかる．これで，n の書き表わし方が一意的であることがわかった．

以上で，$P(n)$ が成り立つことが示された．

I, II から，すべての自然数 n に対して $P(n)$ は成り立つ． □

1 以上の正の実数 x に対し，$n \leq x < n+1$ を満たす自然数 n をとり，$x - n \in [0, 1)$ に命題 24-7 を適用し，n を命題 B-1 のように m 進記数表示すれば，(◆) の表示
$$x = \sum_{i=0}^{k} r_i m^i + \sum_{i=1}^{\infty} \frac{a_i}{m^i} \quad (r_i, a_i \in \{0, 1, \cdots, m-1\},\ k \geq 0,\ r_k \neq 0)$$
を得ることができます．

次に，有限 m 進数の m 進小数表示は多くても 2 通りしかないことを示しましょう．

命題 B-2 m を 2 以上の整数とする．

$x \in (0, \infty)$ の m 進小数表示が一意的でないための必要十分条件は，x が有限 m 進数であることであり，このとき，x の m 進小数表示はちょうど 2 通りである．

証明 最初に $x \in (0, 1)$ の場合に証明する．

x が相異なる m 進小数表示 $x = (0.a_1a_2a_3\cdots)_m = (0.b_1b_2b_3\cdots)_m$ を持つとすると,

$$x = \sum_{i=1}^{\infty} \frac{a_i}{m^i} = \sum_{i=1}^{\infty} \frac{b_i}{m^i}$$

が成り立つ. 一般性を失うことなく, $a_1 = b_1, \cdots, a_{p-1} = b_{p-1}, a_p > b_p$ と仮定してよい. このとき,

$$\frac{a_p}{m^p} \leq \frac{a_p}{m^p} + \sum_{i=p+1}^{\infty} \frac{a_i}{m^i} = \frac{b_p}{m^p} + \sum_{i=p+1}^{\infty} \frac{b_i}{m^i} \leq \frac{b_p}{m^p} + \sum_{i=p+1}^{\infty} \frac{m-1}{m^i} = \frac{b_p}{m^p} + \frac{1}{m^p}$$

となるので, $a_p \leq b_p + 1$, したがって, $b_p < a_p \leq b_p + 1$ を得るが, $a_p, b_p \in \mathbb{Z}$ であるから, $a_p = b_p + 1$ でなければいけない. よって, 上の不等式から,

$$\sum_{i=p+1}^{\infty} \frac{a_i}{m^i} = 0, \qquad \sum_{i=p+1}^{\infty} \frac{b_i}{m^i} = \frac{1}{m^p}$$

を得る. この 2 式から,

$$\begin{cases} \text{すべての } i \geq p+1 \text{ について } a_i = 0 \text{ であり} \\ \text{すべての } i \geq p+1 \text{ について } b_i = m-1 \text{ である} \end{cases}$$

ことがわかる. (証明は背理法による. 例えば 2 番目の主張を示すには, ある $q \in \mathbb{N}$ に対して $b_{p+1} = \cdots = b_{p+q-1} = m-1, b_{p+q} < m-1$ であると仮定して矛盾を導く.)

以上より, $x \in (0,1)$ が相異なる m 進小数表示 $x = (0.a_1a_2a_3\cdots)_m = (0.b_1b_2b_3\cdots)_m$ を持てば, ある $p \in \mathbb{N}$ が存在して,

$$a_i = b_i \ (i=1,\cdots,p-1), \qquad a_p = b_p + 1,$$
$$a_j = 0, \qquad b_j = m-1 \ (j=p+1, p+2, \cdots)$$

または

$$a_i = b_i \ (i=1,\cdots,p-1), \qquad b_p = a_p + 1,$$
$$a_j = m-1, \qquad b_j = 0 \ (j=p+1, p+2, \cdots)$$

となることがわかった. よって, x は有限 m 進数であり, x の m 進小数表示は

$x = (0.a_1a_2\cdots a_p 00 \cdots\cdots)_m$ と

$x = (0.a_1a_2\cdots\ a_p{-}1\ m{-}1\ m{-}1\ \cdots\cdots)_m$ （ただし, $a_p \neq 0$）

の 2 通りのみである.

次に, $x \geq 1$ の場合を考える. x が相異なる m 進小数表示

$$x = (r_k r_{k-1} \cdots r_0.a_1 a_2 a_3 \cdots\cdots)_m = (s_l s_{l-1} \cdots s_0.b_1 b_2 b_3 \cdots\cdots)_m$$
を持っているとする. $m^k \leq x$ かつ $m^l \leq x$ となる.

$x < m^c$ を満たす $c \in \mathbb{N}$ を1つ固定する. $\dfrac{x}{m^c} \in (0,1)$ であり, $x' := \dfrac{x}{m^c}$ は 2 通りの m 進小数表示

$$x' = (0.\overbrace{0\cdots\cdots 0}^{c-k-1} r_k r_{k-1} \cdots r_0 a_1 a_2 a_3 \cdots\cdots)_m$$
$$= (0.\overbrace{0\cdots\cdots 0}^{c-l-1} s_l s_{l-1} \cdots s_0 b_1 b_2 b_3 \cdots\cdots)_m$$

を持つ. 先に証明したことにより, x' は有限 m 進数であり, $s_l, s_{l-1}, \cdots, s_0,$ $b_1, b_2, b_3, \cdots$ は $r_k, r_{k-1}, \cdots, r_0, a_1, a_2, a_3, \cdots$ によって決まる. したがってまた, x も有限 m 進数であって, その m 進小数表示は2通りしかない.

逆に, $x \in (0, \infty)$ を有限 m 進数とすると, x は

$$x = (a_{-k} a_{-(k-1)} \cdots a_0.a_1 a_2 \cdots a_p 000 \cdots\cdots)_m$$

(ただし, $a_i \in \{0, 1, \cdots, m-1\}$ ($i = -k, -(k-1), \cdots, 0, 1, \cdots, p$)) という m 進小数表示を持つ. $x \neq 0$ より, $a_{-k}, a_{-(k-1)}, \cdots, a_0, a_1, a_2, \cdots, a_p$ のうち 0 でないものが存在する. $a_i \neq 0$ であるような i のうち最大のものを改めて p とおく. このとき, x は

$$x = \begin{cases} (a_{-k} \cdots a_0.a_1 a_2 \cdots a_p{-}1\ m{-}1\ m{-}1\ m{-}1 \cdots\cdots)_m & (p \geq 1 \text{ のとき}) \\ (a_{-k} \cdots a_p{-}1\ m{-}1 \cdots m{-}1.m{-}1\ m{-}1 \cdots\cdots)_m & (p \leq 0 \text{ のとき}) \end{cases}$$

のようにも表わすことができる. よって, 有限 m 進数の表示は一意的でない.

□

考察のためのヒント・演習問題の解答例

考察 1-1　略．

考察 1-2
- 専門知識が身につく．
- 視野が広がり，さまざまな思い込みから解放される．
- 論理的に考える力が身につく．

考察 1-3
- 話の流れを理解しながらノートやメモをとることにより，たくさんの情報の中から本質的なことを掴む能力が養える．その分野の基本的な考え方が身につく．
- 得た知識どうしあるいは得た知識と既知の知識とを関連づけることにより，視野を広げ，ダイナミックに知識を活用できるようになる．
- 話の構成を理解することで，(論理的かつ科学的に) 順序立てて説明するためのヒントが得られる．

考察 2-1
- あなたが旅行店の店員だとして，お客さんから旅行プランの相談を受けたとき，お客さんはメモをとりやすいように話してくれるでしょうか．
- あなたが商品の設計者だとして，お客さんに要望を伺うとき，メモをとりやすいように答えてくれるでしょうか．
- あなたが先生だったとして，保護者の方と面談をしたとき，保護者はメモをとりやすいように話してくれるでしょうか．

考察 2-2
- 思い出すきっかけになる．
- 思考の整理になる．
- 読み返すことで，忘れかけていた記憶を再現できる．
- 理解できていない部分を確認することができる．
- 話の中から重要なことを判断して，ピックアップする訓練になる．

考察 2-3
- 授業で板書される内容を機械的にノートに書き写すだけでなく，先生が口頭で説明したことや自分が思ったことなどをメモしておく．

- 関連する事柄を線でつないでいき，その話題が話の全体中のどの位置にあたるのかを把握しながら聞く．
- あとで見たときに話の流れや組み立てを再現できるように書く．
- 今何について話をしているのか，キーワードを念頭において話を聞く．
- 話の変わり目に気を配る——「さて」「一方」「仮に」など．接続詞に注目する．

考察 3-1 テレビを見たり，話を聴いたりすることとの違いを考えてみよう（場所と時間，一過性と可遡性）．

考察 3-2 （1）結論を述べたいとき．（2）反対の主張を述べたいとき．（3）同じ内容を別の表現で言い換えたいとき．（4）理由を述べたいとき．（5）対比した内容を述べたいとき．（6）「…」という前提条件のもとで成立する結論を述べたいとき．

考察 3-3
- 著者の主張を正しく理解する．
- 著者が用いた根拠から本当に著者の主張を導くことができるのか，考える．
- 他の条件でも，その主張は成り立つかどうか考える．
- その根拠自体正しいものなのかどうか，疑ってみる．

演習 3-1 略．

演習 3-2 $\mathbb{C}\ \mathbb{N}\ \mathbb{Q}\ \mathbb{R}\ \mathbb{Z}\ \mathfrak{a}\ \mathfrak{b}\ \mathfrak{x}\ \mathfrak{y}$

演習 4-1 （1）命題と呼べる．（2）命題とは呼べない．（3）命題と呼べる．（理由は略）

演習 4-2 x, y が有理数であるとすると，a, b, c, d を整数，$b \neq 0, d \neq 0$ として，$x = \dfrac{a}{b}, y = \dfrac{c}{d}$ と書ける．このとき，$x + y$ を計算すると，$\dfrac{(\text{整数})}{(0\text{ でない整数})}$ の形に書けるから，$x + y$ もまた有理数である．

演習 4-3 $(|\vec{a}| + |\vec{b}|)^2 - |\vec{a} + \vec{b}|^2 = 2(|\vec{a}||\vec{b}| - \vec{a} \cdot \vec{b}) \geq 2(|\vec{a}||\vec{b}| - |\vec{a} \cdot \vec{b}|)$ と定理より従う．

演習 4-4 補題，（狭い意味の）命題，定理，系

演習 5-1 （1）$\{1, 2, 3, 4, 5, 6\}$, $\{x \mid x \text{ はサイコロの目の数}\}$ （2）$\{a, i, u, e, o\}$, $\{x \mid x \text{ はアルファベットの母音}\}$

演習 5-2 $1 = 2m + 3n$ となる整数 m, n が見つかるので，$1 \in \{2m + 3n \mid m \text{ と } n \text{ は整数}\}$ である．

演習 5-3　∅, {1}, {2}, {3}, {1,2}, {2,3}, {1,3}, {1,2,3} の 8 ($= 2^3$) 個.

演習 5-4　（1）成り立つ．A に属する各元は 3 で割ると 1 余る整数だから．（2）成り立つ．$C = \emptyset$ であり，空集合はすべての集合の部分集合であるから．（3）成り立たない．D の元 $\{4\}$ について，$\{4\} \notin A$ であるから．（4）成り立たない．A の元は 1 か 4 か 7 のいずれかであり，$\{1,7\}$ は A の元ではないから．（5）成り立たない．(4)と同様の理由による．（6）成り立たない．(5)と同じ理由による．

演習 6-1　（1）7 は 3 で割ると割り切れるか，または，2 余る整数である．（ただし，整数が全体集合であるとして否定命題の言い換えを作った場合．）（2）正しくない．単調増加でも単調減少でもない関数があるから．

演習 6-2　（1）x は $-5 \leq x < 2$ を満たす．（2）△ABC は直角二等辺三角形でない．

演習 6-3　$n = 1, 3, 4$ のときは真，$n = 2$ のときは偽．

演習 6-4

P	Q	$\overline{P}$	$\overline{P} \vee Q$
T	T	F	T
T	F	F	F
F	T	T	T
F	F	T	T

演習 7-1　$\overline{P \vee Q}$ と $\overline{P} \wedge \overline{Q}$ の真理表を作ると，それらが一致することからわかる．

演習 7-2　（1）例 7-2(2)と定理 7-1(2-b)より，$\overline{P \Rightarrow Q} \iff \overline{\overline{P} \vee Q}$ であり，ド・モルガンの法則と二重否定の除去により，$\overline{\overline{P} \vee Q} \iff \overline{\overline{P}} \wedge \overline{Q} \iff P \wedge \overline{Q}$ を得る．したがって，$\overline{P \Rightarrow Q} \iff P \wedge \overline{Q}$ が成り立つ．

（2）例 7-2(2)および二重否定の除去と交換律より，$P \Rightarrow Q \iff \overline{P} \vee Q \iff Q \vee \overline{P} \iff \overline{\overline{Q}} \vee \overline{P} \iff \overline{Q} \Rightarrow \overline{P}$ が成り立つ．

演習 7-3　$f(P, Q)$ が恒真式であることは次の真理表からわかる．

P	Q	$\overline{P}$	$Q \vee \overline{Q}$	$\overline{P} \Rightarrow (Q \vee \overline{Q})$	$(\overline{P} \Rightarrow (Q \vee \overline{Q})) \Rightarrow P$
T	T	F	F	T	T
T	F	F	F	T	T
F	T	T	F	F	T
F	F	T	F	F	T

$g(P,Q), h(P,Q,R)$ が恒真式であることも同様に真理表を作成することによってわかる．

演習 7-4　$\sqrt{2}$ が有理数であったと仮定すると，$\sqrt{2} = \dfrac{m}{n}$（m,n は互いに素な整数で，$n \neq 0$）と書くことができる．両辺を自乗して，分母を払うと $2n^2 = m^2$ が得られる．左辺は偶数なので，右辺の m^2 は偶数である．自乗して偶数となるのはその数自身が偶数のときに限られるから，m は偶数であることがわかる．そこで，$m = 2k$（k は整数）とおく．これを $2n^2 = m^2$ に代入すると，$n^2 = 2k^2$ が得られる．これより，再び n は偶数であることがわかる．以上から，m, n はともに偶数になるが，これは m, n が互いに素であることに矛盾する．背理法により，$\sqrt{2}$ は有数数でないこと，すなわち，無理数であることが証明された．

演習 7-5　a, b, c を $a^2 + b^2 = c^2$ を満たす互いに素な自然数とする．a, b, c の中で奇数であるものの個数は 2 でないと仮定する．次の 3 つの場合が考えられる．
- a, b, c はすべて偶数である．
- a, b, c はすべて奇数である．
- a, b, c のうち奇数であるものは 1 つだけである．

上の 3 つの場合のうち，最初の場合は a, b, c が互いに素という条件に反するので，ありえない．2 番目の状況も起こりえない．なぜならば，奇数の自乗は奇数であり，奇数と奇数の和は偶数になるからである．したがって，3 番目の場合のみ考えればよい．しかし，a が奇数，b, c が偶数とすると，奇数と偶数の和は奇数なので矛盾が生じ，同様に，b が奇数，a, c が偶数としても，c が奇数，a, b が偶数としても矛盾が生じる．こうして，3 番目の場合も起こりえないことがわかる．以上より，背理法により，a, b, c の中で奇数であるものの個数は 2 でなければならないことが示された．

演習 8-1　$m, n \in \mathbb{Z}$ とする．このとき，
$$n : m \text{ の倍数} \stackrel{\text{def}}{\iff} n = km \text{ となる } k \in \mathbb{Z} \text{ が存在する}$$

演習 8-2　（1）平面上の 3 点 A, B, C に対して，A, B, C が同一直線上にあるための必要十分条件は $\overrightarrow{AC} = k\overrightarrow{BC}$ となる実数 k が存在することである．

（2）$f(x)$ を $\mathbb{R}$ 上で定義された関数とする．このとき，$f(x)$ が奇関数であるとは，任意の実数 x に対して $f(-x) = -f(x)$ が成り立つときをいう．

演習 8-3　$\forall n \in \mathbb{N}, \exists r \in \mathbb{Q}$ s.t. $|\sqrt{2} - r| < \dfrac{1}{n}$.

演習 8-4　a が整数で，b が正の整数ならば，$a = qb + r$ かつ $0 \leq r < b$ を満たす整数 q, r が存在する．

演習 9-1　$A = B$ と C と D の 3 グループに分かれる．$2 \in A$ だが $2 \notin C$ なので，

$A \neq C$ である. $0 \in D$ だが $0 \notin A, 0 \notin C$ なので, $A \neq D, C \neq D$ である. $A = B$ となるのは集合の相当の定義による.

演習 9-2 最初の等号は次のベン図からわかる.

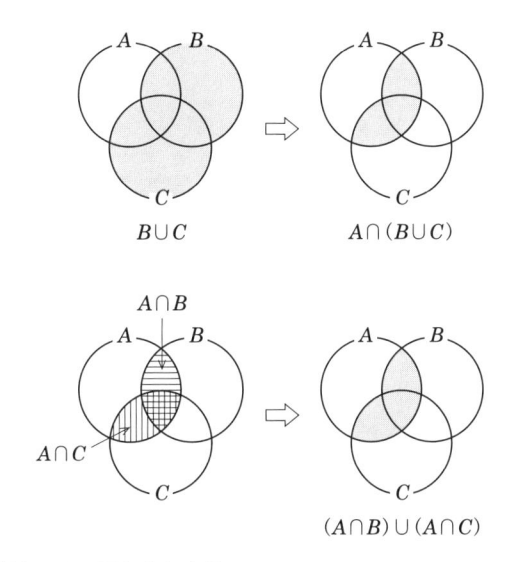

$B \cup C$　　　　$A \cap (B \cup C)$

$A \cap B$
$A \cap C$

$(A \cap B) \cup (A \cap C)$

2番目の等号は次のベン図からわかる.

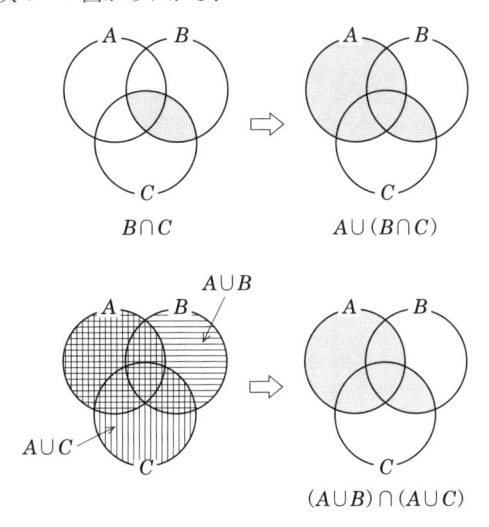

$B \cap C$　　　　$A \cup (B \cap C)$

$A \cup B$
$A \cup C$

$(A \cup B) \cap (A \cup C)$

演習 9-3 $A \times B = \{(1,1), (1,2), (1,3), (2,1), (2,2), (2,3)\}$.

演習 9-4 ここでは感覚的な説明を与える．

- $\bigcap_{n=1}^{\infty} I_n = \{0\}$ の説明：I_n の定義により，$[-1,1] = I_1 \supset I_2 \supset I_3 \supset \cdots$ であって，n を大きくしていくとき，I_n の幅は 0 を中心にしていくらでも小さくなる．このことから，0 でない実数 x は，十分大きな n に対して $x \notin I_n$ となる．これは，$x \notin \bigcap_{n=1}^{\infty} I_n$ を意味する．一方，0 はすべての I_n ($n=1,2,\cdots$) に含まれているので，$0 \in \bigcap_{n=1}^{\infty} I_n$ である．したがって，$\bigcap_{n=1}^{\infty} I_n = \{0\}$ と推察される．

- $\bigcup_{n=1}^{\infty} I_n = [-1,1]$ の説明：$[-1,1] = I_1 \supset I_2 \supset I_3 \supset \cdots$ なので，I_n に含まれる実数は I_1 に含まれる．したがって，$I_1, I_2, I_3, \cdots$ のいずれかに含まれる実数はすべて I_1 に含まれる．これより，$\bigcup_{n=1}^{\infty} I_n = I_1 = [-1,1]$ と推察される．

演習 10-1 （1）$A \subset B$ を示す．$a \in A$ を任意にとる．A の定義から，$a = \dfrac{1}{x^2+1}$ ($x \in \mathbb{R}$) と書ける．$x^2 \geq 0$ より $x^2+1 \geq 1$．したがって，$0 < \dfrac{1}{x^2+1} \leq 1$．これは $a \in B$ を意味する．

（2）$B \subset A$ を示す．$b \in B$ を任意にとる．$b \in A$ となることを示すには，$b = \dfrac{1}{x^2+1}$ となる実数 x が存在することを示せばよい．$b = \dfrac{1}{x^2+1}$ を x について解くことにより，$b = \dfrac{1}{x^2+1}$ となる実数 x として，$x = \sqrt{\dfrac{1-b}{b}} \in \mathbb{R}$ が見つかる．ゆえに，$b \in A$ である．

(1), (2) より $A = B$ は示された．

演習 10-2 （1）$A \cup (B \cap C) \subset (A \cup B) \cap (A \cup C)$ を示す．

$x \in A \cup (B \cap C)$ を任意にとる．$x \in A$ または $x \in B \cap C$ の少なくとも一方が成り立つ．$x \in A$ ならば，$x \in A \subset A \cup B$ かつ $x \in A \subset A \cup C$ である．よって，$x \in (A \cup B) \cap (A \cup C)$．$x \in B \cap C$ ならば，$x \in B$ かつ $x \in C$ である．$x \in B$ より，$x \in A \cup B$ であり，$x \in C$ より，$x \in A \cup C$ である．したがって，$x \in (A \cup B) \cap (A \cup C)$ を得る．$x \in A$ でも $x \in B \cap C$ でも $x \in (A \cup B) \cap (A \cup C)$ となることがわかったから，(1)は示された．

（2）$(A \cup B) \cap (A \cup C) \subset A \cup (B \cap C)$ を示す．

$x \in (A \cup B) \cap (A \cup C)$ を任意にとる．$x \in A \cup B$ であり，かつ，$x \in A \cup C$ である．これより，次の 4 つの場合が考えられる．（ i ）$x \in A$，（ ii ）$x \in A$ かつ $x \in C$，（iii）$x \in B$ かつ $x \in A$，（iv）$x \in B$ かつ $x \in C$．このうち，最初の 3 つの場合は $x \in A$ であることから，$x \in A \cup (B \cap C)$ となる．(iv)の場合には，$x \in B \cap C$ とな

ることから，$x \in A \cup (B \cap C)$ を得る．いずれの場合も $x \in A \cup (B \cap C)$ が示されたので，(2)は成立する．

(1), (2)より，$A \cup (B \cap C) \subset (A \cup B) \cap (A \cup C)$ は示された．

演習 10-3 $\Longrightarrow$ の証明：$x \in X - B$ を任意にとる．$x \in X$ かつ $x \notin B$ である．もし，$x \in A$ であると仮定すると，$A \subset B$ より，$x \in B$ となって矛盾が生じる．ゆえに，$x \notin A$ であり，したがって，$x \in X - A$ である．

$\Longleftarrow$ の証明：$X - A \supset X - B$ であるとき，すでに証明された「$\Longrightarrow$」の部分と定理 10-4 を用いて $A = X - (X - A) \subset X - (X - B) = B$ が成り立つ．

演習 10-4 (1)と定理 10-4 より，X の部分集合 A, B に対して，$A \cap B = X - (X - A \cap B) = X - ((X - A) \cup (X - B))$ が成り立つ．今，X の部分集合 A, B に対して，$A' = X - A$，$B' = X - B$ とおいて，今示した等式を A', B' に対して適用すると，$A' \cap B' = X - ((X - A') \cup (X - B'))$ を得る．これを A, B で書き換えると，示したい等式が得られる．

演習 10-5 任意の $n \in \mathbb{N}$ に対して $0 \in \left[-\dfrac{1}{n}, \dfrac{1}{n}\right]$ であるから，$0 \in \bigcap_{n=1}^{\infty} \left[-\dfrac{1}{n}, \dfrac{1}{n}\right]$ が成り立つ．よって，$\{0\} \subset \bigcap_{n=1}^{\infty} \left[-\dfrac{1}{n}, \dfrac{1}{n}\right]$ である．

逆に，$x \in \bigcap_{n=1}^{\infty} \left[-\dfrac{1}{n}, \dfrac{1}{n}\right]$ を任意にとる．任意の $n \in \mathbb{N}$ に対して $x \in \left[-\dfrac{1}{n}, \dfrac{1}{n}\right]$，すなわち，$|x| \leq \dfrac{1}{n}$ となる．もし，$x \neq 0$ であったとすると，$|x| > 0$ であるから，アルキメデスの公理より，$\dfrac{1}{n_0} < |x|$ となる $n_0 \in \mathbb{N}$ が存在する．これは，任意の $n \in \mathbb{N}$ に対して $|x| \leq \dfrac{1}{n}$ となることに矛盾する．ゆえに，$x = 0$ でなければならない．これで $\bigcap_{n=1}^{\infty} \left[-\dfrac{1}{n}, \dfrac{1}{n}\right] \subset \{0\}$ も示された．

演習 11-1 $T_P = \{n_0 \in \mathbb{N} \mid n_0 \text{ は奇数，または，4 の倍数}\}$．

演習 11-2 $5 \in A$ であるが，$P(5)$ は偽なので，全称命題 "$\forall x \in A, P(x)$" は偽である．一方，$1 \in A$ であり，$P(1)$ は真なので，存在命題 "$\exists x \in A \text{ s.t. } P(x)$" は真である．

演習 11-3 P は真の命題である．実際，任意に $x > 0$ を与えたとき，$y \in \mathbb{R}$ として $y = \dfrac{1}{x}$ をとれば，$xy = x \cdot \dfrac{1}{x} = 1 \geq 1$ が満たされる．

Q は偽の命題である．実際，もし，Q が真であったと仮定すると，"$\forall y > 0, x_0 > y$" となる $x_0 \in \mathbb{R}$ が存在することになる．今，y として $y = |x_0| + 1$ をとると，$y >$

0 だから x_0 の取り方から $x_0 > y$ となるはずだが，実際には $x_0 \leq |x_0| < |x_0| + 1 = y$ となるから矛盾が生じる．よって，Q は偽の命題である．

演習 12-1
　初期設定：$a, b \in \mathbb{Z}, a \neq 0$ とする．
　用語提示：a は b の<u>約数</u>（divisor）である．
　決定条件：$b = ac$ となる $c \in \mathbb{Z}$ が存在する．
　記号による表現：
$$a, b \in \mathbb{Z}, a \neq 0 \text{ とする．このとき，}$$
$$a \text{ は } b \text{ の約数 (divisor) である} \stackrel{\text{def}}{\iff} \exists c \in \mathbb{Z} \text{ s.t. } b = ac.$$

演習 12-2 n が奇数 $\implies \exists k \in \mathbb{Z}$ s.t. $11n^2 - 7 = 4k$.

演習 12-3
　初期設定：a を実数の定数，$f(x)$ を $\mathbb{R}$ 上で定義された関数とする．
　仮定：関数 $f(x)$ が連続で，$f(1) = a$ かつ任意の実数 x, y に対して $f(x+y) = f(x) + f(y)$ を満たす．
　結論：関数 $f(x)$ は関数 $g(x) = ax$ $(x \in \mathbb{R})$ に等しい．
　記号による表現：
$$a \in \mathbb{R}, f(x): \mathbb{R} \text{ 上で定義された関数 とする．このとき，}$$
$$\left. \begin{array}{l} f(x): \text{連続,} \\ f(1) = a, \\ \forall x, y \in \mathbb{R}, f(x+y) = f(x) + f(y) \end{array} \right\} \implies f(x) = ax \ (x \in \mathbb{R}).$$

演習 12-4
　前提：a, b, c は奇数である．
　結論：2 次方程式 $ax^2 + bx + c = 0$ は有理数解を持たない．
　記号による表現：a, b, c：奇数 $\implies \forall x \in \mathbb{Q}, \ ax^2 + bx + c \neq 0$.

演習 12-5 $\forall n \in \mathbb{N} - \{1\}, \exists r \in \mathbb{N}, \exists p_1, \cdots, p_r$：素数 s.t. $n = p_1 \cdots p_r$.

演習 13-1　（2）（i）$x = a^{-1}$ とおくと，(F5) より $a \cdot x = 1$ が成り立つ．この両辺に x^{-1} を掛けて，結合法則と (F5), (F3) を適用すると，等式 $(a^{-1})^{-1} = a$ が得られる．(ii) $x = ab$ とおく．結合法則と (F5), (F3) から $x(b^{-1}a^{-1}) = a(bb^{-1})a^{-1} = aa^{-1} = 1$ を得る．この両辺に x^{-1} を掛けると，結合法則と (F5) から等式 $b^{-1}a^{-1} = (ab)^{-1}$ が得られる．

　（3）$a \neq 0$ ならば，$ab = 0$ に a^{-1} を掛けて $b = 0$ が得られる．よって，$\implies$ が成り立つ．$\impliedby$ は系 13-2 (1)(i) による．

演習 13-2
- $a, b \geq 0$ または $a, b < 0$ ならば等号が成立する．
- $a \geq 0$ かつ $b < 0$ のときを考える．$a + b \geq 0$ ならば $|a+b| = a+b \leq a-b = |a|+|b|$ となる．$a+b < 0$ ならば $|a+b| = -(a+b) = -a-b \leq a-b = |a|+|b|$ となる．いずれにしても，$|a+b| \leq |a|+|b|$ は成立する．
- $a < 0$ かつ $b \geq 0$ のときも同様にして証明される．

演習 13-3 $a \neq 0$ であったと仮定すると，$\varepsilon := |a| > 0$ に対して $|a| < \varepsilon$ とならなければならない．これは矛盾した不等式 $0 < 0$ を導く．ゆえに，$a = 0$ でなければならない．

演習 13-4 最小元についてのみ解答例を与える．

（1）$[a,b]$ の定義より，$a \in [a,b]$ であり，任意の $x \in [a,b]$ に対して $a \leq x$ が成り立つ．ゆえに，a は $[a,b]$ の最小元である．

（2）(a,b) に最小元が存在したと仮定する．m をその最小元とする．$m \in (a,b)$ であるから，$a < m$ を満たす．$m' := \dfrac{a+m}{2}$ とおくと，$a < m' < m$ が成り立つ．よって，$m' \in (a,b)$ であり，しかも $m' < m$ である．これは m が (a,b) の最小元であることに反する．

演習 13-5 $\{n \in \mathbb{Z} \mid n < 0\}$ や $\{2n \mid n \in \mathbb{Z}\}$ など．$\mathbb{Z}$ 自身でも可．

演習 14-1 $\alpha - \beta = (a-c, b-d)$, $\dfrac{\alpha}{\beta} = \left(\dfrac{ac+bd}{c^2+d^2}, \dfrac{bc-ad}{c^2+d^2}\right)$

演習 14-2 $(|\alpha|+|\beta|)^2 - |\alpha+\beta|^2 \geq 0$ となることを示せばよい．
$(|\alpha|+|\beta|)^2 - |\alpha+\beta|^2 = |\alpha|^2 + |\beta|^2 + 2|\alpha||\beta| - (\alpha+\beta)\overline{\alpha+\beta} = 2|\alpha||\beta| - \alpha\overline{\beta} - \beta\overline{\alpha}$
であるから，
$$2|\alpha||\beta| \geq \alpha\overline{\beta} + \beta\overline{\alpha}$$
となることを示せばよい．今，
$$4|\alpha|^2|\beta|^2 - (\alpha\overline{\beta} + \beta\overline{\alpha})^2 = -(\alpha\overline{\beta} - \beta\overline{\alpha})^2 = 4\mathrm{Im}(\alpha\overline{\beta})^2 \geq 0$$
であるから，
$$2|\alpha||\beta| \geq |\alpha\overline{\beta} + \overline{\alpha}\beta| \geq \alpha\overline{\beta} + \beta\overline{\alpha}$$
が示された．

演習 14-3 （1）$3e^{\frac{\pi}{3}i}$ （2）$2e^{\frac{\pi}{2}i}$ （3）$\dfrac{1}{2\sqrt{2}}e^{\frac{7\pi}{4}i}$

演習 14-4 $n = 2$ のとき．$\cos 2\theta + i\sin 2\theta = (\cos\theta + i\sin\theta)^2$ の右辺を展開し，実部と虚部を比較することにより，$\cos 2\theta = \cos^2\theta - \sin^2\theta$, $\sin 2\theta = 2\sin\theta\cos\theta$ を

得る．

$n=3$ のとき．$\cos 3\theta + i\sin 3\theta = (\cos\theta + i\sin\theta)^3$ の右辺を展開し，実部と虚部を比較することにより，$\cos 3\theta = 4\cos^3\theta - 3\cos\theta$, $\sin 3\theta = 3\sin\theta - 4\sin^3\theta$ を得る．

演習 15-1 解の公式より，$x = \dfrac{-1-i \pm \sqrt{2i-1}}{2}$．ここで，$\sqrt{2i-1} = \pm\left(\sqrt{\dfrac{\sqrt{5}-1}{2}} + i\sqrt{\dfrac{\sqrt{5}+1}{2}}\right)$ であるから，これを x に代入し，$a+bi$ $(a,b\in\mathbb{R})$ の形に整理すれば求める解となる．

演習 15-2 解は $2\cos\dfrac{\pi}{9}, -2\cos\dfrac{2\pi}{9}, -2\cos\dfrac{4\pi}{9}$．

演習 15-3 1 の 3 乗根は次の 3 つ：$1, e^{\frac{2\pi}{3}i} = -\dfrac{1}{2} + i\dfrac{\sqrt{3}}{2}, e^{\frac{4\pi}{3}i} = -\dfrac{1}{2} - i\dfrac{\sqrt{3}}{2}$．

1 の 4 乗根は次の 4 つ：$1, e^{\frac{\pi}{2}i} = i, e^{\pi i} = -1, e^{\frac{3\pi}{2}i} = -i$．

1 の 6 乗根は次の 6 つ：$1, e^{\frac{\pi}{3}i} = \dfrac{1}{2} + i\dfrac{\sqrt{3}}{2}, e^{\frac{2\pi}{3}i} = -\dfrac{1}{2} + i\dfrac{\sqrt{3}}{2}, e^{\pi i} = -1, e^{\frac{4\pi}{3}i} = -\dfrac{1}{2} - i\dfrac{\sqrt{3}}{2}, e^{\frac{5\pi}{3}i} = \dfrac{1}{2} - i\dfrac{\sqrt{3}}{2}$．

1 の 8 乗根は次の 8 つ：$1, e^{\frac{\pi}{4}i} = \dfrac{1}{\sqrt{2}} + i\dfrac{1}{\sqrt{2}}, e^{\frac{\pi}{2}i} = i, e^{\frac{3\pi}{4}i} = -\dfrac{1}{\sqrt{2}} + i\dfrac{1}{\sqrt{2}}, e^{\pi i} = -1, e^{\frac{5\pi}{4}i} = -\dfrac{1}{\sqrt{2}} - i\dfrac{1}{\sqrt{2}}, e^{\frac{3\pi}{2}i} = -i, e^{\frac{7\pi}{4}i} = \dfrac{1}{\sqrt{2}} - i\dfrac{1}{\sqrt{2}}$．

$n=3, 4, 6, 8$ の各場合について，1 の n 乗根を図示して，それらを頂点とする図形を描くと，次ページの図のようになる．

演習 16-1 $n \in \mathbb{N}$ に対して

$P(n) : \{1, \cdots, n\}$ のべき集合 $\mathcal{P}(\{1, \cdots, n\})$ の元の個数は 2^n 個である

とおく．

I. $n=1$ のとき，$\mathcal{P}(\{1\})$ は $\varnothing$ と $\{1\}$ の 2 個からなる集合であるから，$P(1)$ は成り立つ．

II. $k \in \mathbb{N}$ とし，$P(k)$ が成り立つと仮定する．$X = \{1, \cdots, k, k+1\}$ とおく．このとき，$\mathcal{P}(X)$ の元は $k+1$ を含むものと含まないものとに分けられる．$k+1$ を含まないものは $\{1, \cdots, k\}$ のべき集合の元である．帰納法の仮定より，それらは全部で 2^k 個ある．一方，$k+1$ を含むものは $\{1, \cdots, k\}$ のべき集合の元に $k+1$ を付け加えた形をしている．したがって，それらはやはり全部で 2^k 個ある．以上の考察より，$\mathcal{P}(X)$ の元の個数は $2^k + 2^k = 2 \cdot 2^k = 2^{k+1}$ 個であることがわかる．ゆえに，$P(k+1)$ は成り立つ．

I, II と数学的帰納法により，すべての $n \in \mathbb{N}$ に対して $P(n)$ が真であることが証明された．

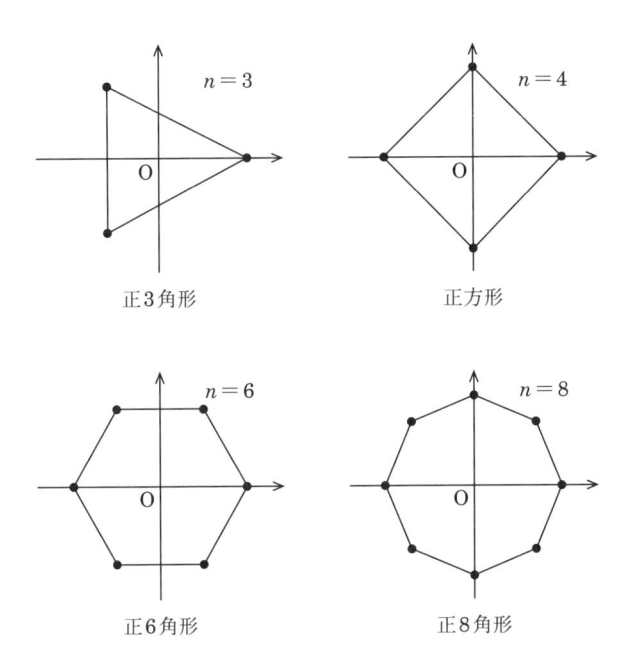

$n=3$	$n=4$
正3角形	正方形
$n=6$	$n=8$
正6角形	正8角形

演習 16-2 2以上の自然数 n に対して

$$P(n): n \text{ は有限個の素数の積の形に表わされる}$$

とおく．

I. 2は素数であるから，それ自身で素数の積であると考えられる．よって，$P(2)$ は成り立つ．

II. n を $n>2$ なる自然数とし，$2 \leq k < n$ なる任意の自然数 k に対して $P(k)$ は真であると仮定する．

• n が素数の場合：帰納法の第1段と同じ理由で，$P(n)$ は成り立つ．

• n が合成数の場合：$n = ab \ (2 \leq a, b < n)$ を満たす $a, b \in \mathbb{N}$ が存在する．帰納法の仮定により，$P(a), P(b)$ は成り立つので，a, b はそれぞれ有限個の素数の積の形に書くことができる：

$$a = p_1 \cdots p_r, \quad b = q_1 \cdots q_s \qquad (p_1, \cdots, p_r, q_1, \cdots, q_s \text{ はすべて素数}).$$

このとき，

$$n = ab = p_1 \cdots p_r q_1 \cdots q_s$$

と書け，n もまた有限個の素数の積の形に書けることがわかる．

これで，帰納法が完成し，2 以上の任意の自然数 n に対して n は有限個の素数の積の形に表わされることが証明された．

演習 16-3 $\Longleftarrow$ は自明なので，$\Longrightarrow$ を示す．$\log_{10} a$ が有理数であるとする．2 以上の自然数 a に対して $\log_{10} a$ は正になるから，$\log_{10} a = \dfrac{m}{n}$ ($m, n \in \mathbb{N}$) と既約分数の形に書くことができる．よって，$a^n = 10^m$ が成り立つ．a を
$$a = p_1^{e_1} \cdots p_k^{e_k} \quad (p_1 < \cdots < p_k \text{ は素数}, e_1, \cdots, e_k \in \mathbb{N})$$
のように素因数分解し，$a^n = 10^m$ に代入すると
$$p_1^{ne_1} \cdots p_k^{ne_k} = 2^m 5^m$$
が得られる．素因数分解の一意性により，$k = 2$, $p_1 = 2$, $p_2 = 5$, $ne_1 = m$, $ne_2 = m$ でなければいけない．これより，$a = 10^{e_1}$ と書けることがわかる．

演習 17-1 （1）0．（2）$*$ は結合法則を満たす．任意に $a, b, c \in \mathbb{R}$ をとると，
$$(a * b) * c = (a + b - 5) * c = (a + b - 5) + c - 5 = a + b + c - 10,$$
$$a * (b * c) = a * (b + c - 5) = a + (b + c - 5) - 5 = a + b + c - 10$$
となるから．

演習 17-2 次の 5 通りが考えられる．
 （1）$((a * b) * c) * d$ （2）$(a * (b * c)) * d$ （3）$a * (b * (c * d))$
 （4）$a * ((b * c) * d)$ （5）$(a * b) * (c * d)$．
 $*$ は結合法則を満たすから，$(a * b) * c = a * (b * c)$ である．この両辺に右から d を施すことにより，(1) = (2) がわかる．同様に，$(b * c) * d = b * (c * d)$ の両辺に左から a を施すことにより，(3) = (4) がわかる．$x = a * b$ とおく．x, c, d について結合法則 $(x * c) * d = x * (c * d)$ が成り立つので，(1) = (5) であることがわかる．同様に，$y = c * d$ とおくと，結合法則 $(a * b) * y = a * (b * y)$ が成り立つので，(3) = (5) であることがわかる．以上より，(1), $\cdots$, (5) はすべて等しいことが証明された．

演習 17-3 交換法則は満たさない．例えば，$A = \begin{pmatrix} 1 & 0 \\ 0 & 2 \end{pmatrix}$, $B = \begin{pmatrix} 0 & 1 \\ 2 & 0 \end{pmatrix}$ に対して AB と BA を計算してみるとよい．

演習 17-4 a, b, c, d の並べ方（順列）は全部で $4! = 24$ 通りある．そのそれぞれについて，括弧の付け方が 5 通りあるから，積の取り方は全部で $4! \times 5 = 24 \times 5$ 通りある．さて，定理 17-3 により，a, b, c, d の並べ方を 1 つ固定したとき，その順番を変えなければ得られる S の元は括弧の付け方によらないので，次の 24 個がすべて等しいことを示せばよい．

1. $((a*b)*c)*d$, $((a*c)*b)*d$, $((b*a)*c)*d$, $((b*c)*a)*d$, $((c*a)*b)*d$, $((c*b)*a)*d$,
2. $((a*b)*d)*c$, $((a*d)*b)*c$, $((b*a)*d)*c$, $((b*d)*a)*c$, $((d*a)*b)*c$, $((d*b)*a)*c$,
3. $((a*d)*c)*b$, $((a*c)*d)*b$, $((d*a)*c)*b$, $((d*c)*a)*b$, $((c*a)*d)*b$, $((c*d)*a)*b$,
4. $((d*b)*c)*a$, $((d*c)*b)*a$, $((b*d)*c)*a$, $((b*c)*d)*a$, $((c*d)*b)*a$, $((c*b)*d)*a$

上の表のうち，4つの各グループ内の 6 個どうしは例 17-5 によりすべて等しい．したがって，
$$((a*b)*c)*d \stackrel{(1)}{=} ((a*b)*d)*c \stackrel{(2)}{=} ((a*d)*c)*b \stackrel{(3)}{=} ((d*b)*c)*a$$
となることを示せばよい．

(1) は $((a*b)*c)*d = (a*b)*(c*d) = (a*b)*(d*c) = ((a*b)*d)*c$ より成立する．

(2) は $((a*b)*d)*c = ((a*d)*b)*c = (a*d)*(b*c) = (a*d)*(c*b) = ((a*d)*c)*b$ より成立する．

(3) は $((a*d)*c)*b = ((d*c)*a)*b = (d*c)*(a*b) = (d*c)*(b*a) = ((d*c)*b)*a = ((d*b)*c)*a$ より成立する．

演習 18-1 自然数 n に対して
$$P(n): n! \geq 2^{n-1}$$
とおく．すべての $n \in \mathbb{N}$ に対して $P(n)$ が成り立つことを数学的帰納法で証明する．

I. $P(1)$ が成り立つこと：$1! = 1 \geq 1 = 2^0$ であるから，$P(1)$ は成り立つ．

II. $k \in \mathbb{N}$ とし，$P(k)$ が成り立つと仮定する．このとき，帰納法の仮定より，
$$(k+1)! = k! \cdot (k+1) \geq 2^{k-1} \cdot (k+1) \geq 2^{k-1} \cdot 2 = 2^k = 2^{(k+1)-1}$$
が成り立つ．ゆえに，$P(k+1)$ も成り立つ．

数学的帰納法により，すべての $n \in \mathbb{N}$ に対して $n! \geq 2^{n-1}$ が成り立つ．

演習 18-2 有限集合 I のすべての元 i にわたって a_i たちの和をとると言った場合，どのような順番で和をとればよいのかわからない．しかし，実数の和は結合法則と交換法則を満たすので，いかなる順番で和をとったとしても，和をとった結果は最終的に同じ実数になる．このことが，$\sum_{i \in I} a_i$ という記号が許される根拠である．積に関しても同様に根拠を説明することができる．

演習 18-3 $\sum_{j=1}^{n} \left(\sum_{i=1}^{n} a_{ij} \right)$ は各 j について和 $\sum_{i=1}^{n} a_{ij}$ を計算してから，$j = 1, \cdots, n$

にわたって足し上げたもの ("横" に並ぶ点たちをひとかたまりとして "縦" について足し上げたもの) である。一方，$\sum_{i=1}^{n}\left(\sum_{j=1}^{n}a_{ij}\right)$ は各 i について和 $\sum_{j=1}^{n}a_{ij}$ を計算してから，$i=1,\cdots,n$ にわたって足し上げたもの ("縦" に並ぶ点たちをひとかたまりとして "横" について足し上げたもの) である。両者は足し算の順番は違うが，どちらも集合 $\{(i,j)\mid i=1,\cdots,n,\ j=1,\cdots,n\}$ に属するすべての元 (i,j) にわたる a_{ij} たちの和になっているから，$\sum_{j=1}^{n}\left(\sum_{i=1}^{n}a_{ij}\right)=\sum_{i=1}^{n}\left(\sum_{j=1}^{n}a_{ij}\right)$ が成り立つ。

演習 18-4 $\sum_{j=1}^{n}\left(\sum_{i=1}^{j}a_{ij}\right)$ は下図左で図示された順番で足し，$\sum_{i=1}^{n}\left(\sum_{j=i}^{n}a_{ij}\right)$ は下図右で図示された順番で足した結果を表わしている．

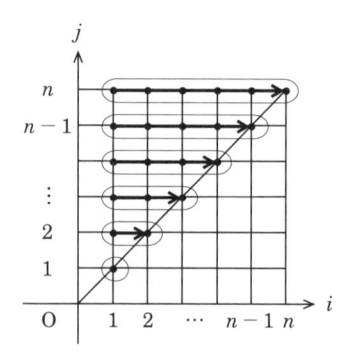

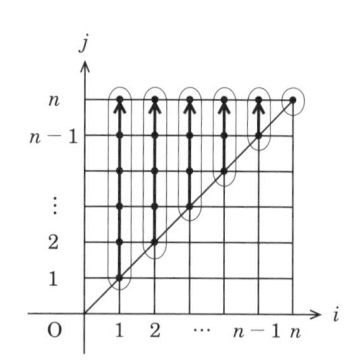

どちらも集合 $\{(i,j)\mid i=1,\cdots,n,\ j=1,\cdots,n,\ j\geq i\}$ に属するすべての元 (i,j) にわたる a_{ij} たちの和になっているから，両者は等しい．

演習 18-5 $\prod_{i\in I}\alpha a_i=\prod_{i\in I}a_i\alpha=\alpha^m\prod_{i\in I}a_i,\ \prod_{(i,j)\in I\times J}a_ib_j=\left(\prod_{i\in I}a_i\right)^n\left(\prod_{j\in J}b_j\right)^m$ (ただし，m,n はそれぞれ I,J の元の個数)．

演習 19-1 (1) $n=8$ のとき命題 R は真である．(2)「n は 2 の倍数だが，4 の倍数でも 6 の倍数でもない」つまり，「n は $n=2k$ (k は 2 とも 3 とも互いに素) の形をした自然数である」

演習 19-2 (1) R の対偶：$AB\neq O$ ならば "$A=B=O$ ではない"

"$A=B=O\iff A=O$ かつ $B=O$" であるから，"$A=B=O$ ではない $\iff A\neq O$ または $B\neq O$" となる．よって，R の対偶は「$AB\neq O$ ならば A,B の少なくとも一方は O ではない」と言い換えることができる．

(2) R の逆：$AB=O$ ならば $A=B=O$ である．

（3）対偶は真，逆は偽である．（理由は略）

演習 19-3 （1）2乗が整数にならないような X の元が存在する．（2）X のどの元を 2 乗しても整数にはならない．（3）全称命題の否定は真である．なぜならば，$x_0 = \dfrac{1}{2}$ は 2 乗しても整数でない有理数だからである．一方，存在命題の否定は偽である．なぜならば，$x_1 = 2$ は有理数だが，2 乗すると整数になるからである．

演習 19-4 （1）偽である．$x = 1$ が反例を与える．（2）偽である．$x = \dfrac{1}{e}$ が反例を与える．

演習 20-1 P は偽の命題である．$a = 1$ に対して命題 "$\exists x \in \mathbb{R}$ s.t. $x^2 + x + a = 0$" は成り立たないから．

Q は真の命題である．$a = 0, b = 2$ とすれば，命題 "$\forall x \in \mathbb{R}, ax + b = 2$" は成り立つから．

演習 20-2 $\overline{P}$：「すべての実数 y に対して $xy < 1$ を満たす」正の実数 x が存在する．

$\overline{Q}$：任意の実数 x に対し，「$x \leq y$ となる正の実数 y が存在する」．

演習 20-3 $\overline{P}$：$0 \leq x \leq 1$ を満たす $x \in \mathbb{R}$ の中に，条件「$x^2 \geq 2$ かつ $x^2 \leq 4$」をみたすものが存在する．

$x \in \mathbb{R}$ が $0 \leq x \leq 1$ を満たすとき，$x^2 \leq 1$ となるから決して $x^2 \geq 2$ は満たされない．したがって，$\overline{P}$ は偽の命題である．

演習 20-4 $\overline{P}$：「どんな $r > 0$ に対しても，閉区間 $[a-r, a+r]$ の中に整数が含まれる」ような実数 $a \in \mathbb{R}$ が存在する．

演習 21-1 α, β を $\{a_n\}_{n=1}^{\infty}$ の極限とする．任意の $\varepsilon > 0$ に対して
$$\exists N_1 \in \mathbb{N} \text{ s.t. } n > N_1 \Rightarrow |a_n - \alpha| < \frac{\varepsilon}{2},$$
$$\exists N_2 \in \mathbb{N} \text{ s.t. } n > N_2 \Rightarrow |a_n - \beta| < \frac{\varepsilon}{2}$$
が成り立つ．$N = \max\{N_1, N_2\} + 1$ とおくと，$|a_N - \alpha| < \dfrac{\varepsilon}{2}$ かつ $|a_N - \beta| < \dfrac{\varepsilon}{2}$ が成り立つ．このとき，
$$|\alpha - \beta| \leq |a_N - \alpha| + |a_N - \beta| < \frac{\varepsilon}{2} + \frac{\varepsilon}{2} = \varepsilon$$
となる．$\varepsilon > 0$ は任意だから，演習 13-3 より，$\alpha - \beta = 0$ を得る．

演習 21-2 任意に $\varepsilon > 0$ をとる．1 と ε に対してアルキメデスの公理を使うと，$1 < N\varepsilon$ となる $N \in \mathbb{N}$ の存在がわかる．このとき，$n > N$ なるすべての $n \in \mathbb{N}$ に対して
$$\left|\frac{1}{n} - 0\right| = \frac{1}{n} < \frac{1}{N} < \varepsilon$$

となる．これは $\lim_{n\to\infty} \dfrac{1}{n} = 0$ を意味する．

演習 21-3 $\alpha = \lim_{n\to\infty} a_n$, $\beta = \lim_{n\to\infty} b_n$ とおく．$\varepsilon > 0$ を任意にとる．$\{a_n\}_{n=1}^{\infty}$, $\{b_n\}_{n=1}^{\infty}$ はそれぞれ α, β に収束するから，$\varepsilon_0 := \dfrac{\varepsilon}{2} > 0$ に対して
$$\exists N_1 \in \mathbb{N} \text{ s.t. } n > N_1 \Rightarrow |a_n - \alpha| < \varepsilon_0,$$
$$\exists N_2 \in \mathbb{N} \text{ s.t. } n > N_2 \Rightarrow |b_n - \beta| < \varepsilon_0$$
が成り立つ．$N = \max\{N_1, N_2\}$ とおくと，$N \in \mathbb{N}$ であり，$n > N$ なるすべての $n \in \mathbb{N}$ に対して $|a_n - \alpha| < \varepsilon_0$ および $|b_n - \beta| < \varepsilon_0$ が成り立つから，
$$|(a_n + b_n) - (\alpha + \beta)| \leq |a_n - \alpha| + |b_n - \beta| < \varepsilon_0 + \varepsilon_0 = \varepsilon$$
となる．よって，$\{a_n + b_n\}_{n=1}^{\infty}$ は収束し，$\lim_{n\to\infty}(a_n + b_n) = \alpha + \beta = \lim_{n\to\infty} a_n + \lim_{n\to\infty} b_n$ となる．

演習 21-4 $\lim_{n\to\infty} b_n = \beta$ より，$\varepsilon_0 = \dfrac{|\beta|}{2} > 0$ に対して
$$\exists N_1 \in \mathbb{N} \text{ s.t. } n > N_1 \Rightarrow |b_n - \beta| < \varepsilon_0$$
が成り立つ．ここで，三角不等式により，
$$|\beta| - |b_n| \leq |\beta - b_n| < \varepsilon_0 = \dfrac{|\beta|}{2}$$
であるから，$n > N_1$ となるすべての $n \in \mathbb{N}$ に対して $|\beta| - |b_n| \leq \dfrac{|\beta|}{2}$，すなわち，$\dfrac{|\beta|}{2} \leq |b_n|$ となる．

演習 22-1 3 や 4 など．

演習 22-2 $\beta = \sup B$ とおくと，β は B の上界である．$A \subset B$ より，β は A の上界でもある．$\sup A$ は A の上界の中で最小の元であるから，$\sup A \leq \beta = \sup B$ を得る．

演習 22-3 （1）$\Longrightarrow$ を証明する．A は下に有界であるから，
$$\forall a \in A, \ a \geq \alpha$$
を満たす $\alpha \in \mathbb{R}$ が存在する．このとき，$-\alpha \in \mathbb{R}$ は任意の $a \in A$ に対して $-a \leq -\alpha$ を満たす．このことは $-\alpha$ が $-A$ の上界であることを意味する．よって，$-A$ は上に有界である．$\Longleftarrow$ の証明も同様．

（2）$\alpha = \inf A$ とおく．このとき，$-\alpha = \sup(-A)$ となること示す．まず，(1) の解答から，$-\alpha$ は $-A$ の上界であることがわかる．β を $-A$ の上界とすると，
$$\forall a \in A, \ -a \leq \beta$$
が成り立つ．これは，任意の $a \in A$ に対して $a \geq -\beta$ が成り立つことと同値である．よって，$-\beta$ は A の 1 つの下界である．下限の定義より，$-\beta \leq \alpha$ を得る．これは，$\beta \geq -\alpha$ と同値である．以上より，$-\alpha$ は $-A$ の上界の中で最小であることが示さ

た．ゆえに，$-A$ の上限は存在し，それは $-\alpha$ により与えられる．

演習 22-4 命題 22-7 (1) の証明において，$\sup A$ を $\inf A$ に，最小元を最大元に，$\sup A - \varepsilon$ を $\inf A + \varepsilon$ に，$\alpha - \beta$ を $\beta - \alpha$ におきかえて，不等号の向きを逆にすれば命題 22-7 (2) の証明になる（詳細は略す）．

演習 23-1 $\bigcap_{n=1}^{\infty} \left(0, \dfrac{1}{n}\right) \neq \varnothing$ であると仮定する．$\bigcap_{n=1}^{\infty} \left(0, \dfrac{1}{n}\right)$ から元 x を 1 つとる．x は

(∗)   任意の $n \in \mathbb{N}$ に対して $x \in \left(0, \dfrac{1}{n}\right)$ を満たす．

一方，アルキメデスの公理より，$1 < Nx$ を満たす $N \in \mathbb{N}$ が存在する．この N に対して $\dfrac{1}{N} < x$ となるから，$x \notin \left(0, \dfrac{1}{N}\right)$ となる．これは，(∗) に矛盾する．よって，$\bigcap_{n=1}^{\infty} \left(0, \dfrac{1}{n}\right) = \varnothing$ と結論される．

演習 23-2 $1 \leq a_n \leq 3$ とすると，
$$1 = \frac{1}{4}(1+3) \leq \frac{1}{4}(a_n^2 + 3) \leq \frac{1}{4}(3^2 + 3) = 3$$
となるので，$1 \leq a_{n+1} \leq 3$ となる．$1 \leq a_1 = 2 \leq 3$ であるから，数学的帰納法により，すべての自然数 n に対して $1 \leq a_n \leq 3$ であることがわかる．特に，$\{a_n\}_{n=1}^{\infty}$ は下に有界である．

任意の自然数 n に対して
$$a_{n+1} - a_n = \frac{1}{4}(a_n - 1)(a_n - 3) \leq 0$$
となるので，$\{a_n\}_{n=1}^{\infty}$ は単調減少である．$\{a_n\}_{n=1}^{\infty}$ は下に有界な単調減少列であることがわかったので，収束する．$\alpha = \lim_{n \to \infty} a_n$ とおくと，$\alpha = \dfrac{1}{4}(\alpha^2 + 3)$ を満たすから，$(\alpha - 1)(\alpha - 3) = 0$，すなわち，$\alpha = 1$ または $\alpha = 3$ のいずれかである．$a_1 = 2 < 3$ であり，$\{a_n\}_{n=1}^{\infty}$ は単調減少列であるから，3 には収束しえない．こうして，$\lim_{n \to \infty} a_n = 1$ であることがわかる．

演習 23-3 I. $n = 1$ のとき，
(左辺) $= (a+b)^n = a + b$,
(右辺) $= \sum_{k=0}^{1} \binom{1}{k} a^k b^{1-k} = \binom{1}{0} a^0 b^1 + \binom{1}{1} a^1 b^0 = b + a$
となり，等号が成立する．

II. $n \in \mathbb{N}$ とし，$(a+b)^n = \sum_{k=0}^{n} \binom{n}{k} a^k b^{n-k}$ が成り立っていると仮定する．このとき，
$$(a+b)^{n+1} = (a+b)^n (a+b) = \sum_{k=0}^{n} \binom{n}{k} a^k b^{n-k} (a+b)$$

$$\begin{aligned}
&= \sum_{k=0}^{n}\binom{n}{k}a^{k+1}b^{n-k} + \sum_{k=0}^{n}\binom{n}{k}a^{k}b^{n-k+1}\\
&= \Big(\sum_{k=0}^{n-1}\binom{n}{k}a^{k+1}b^{n-k} + \binom{n}{n}a^{n+1}\Big)\\
&\quad + \Big(\binom{n}{0}b^{n+1} + \sum_{k=1}^{n}\binom{n}{k}a^{k}b^{n-k+1}\Big)\\
&= a^{n+1} + \sum_{k=1}^{n}\Big(\binom{n}{k-1}a^{k}b^{n-(k-1)} + \binom{n}{k}a^{k}b^{n-k+1}\Big) + b^{n+1}\\
&= a^{n+1} + \sum_{k=1}^{n}\binom{n+1}{k}a^{k}b^{n+1-k} + b^{n+1}\\
&= \sum_{k=0}^{n+1}\binom{n+1}{k}a^{k}b^{(n+1)-k}
\end{aligned}$$

となる．よって，$n+1$ のときにも補題 23-5 (2) の等式は成立する．

I と II により数学的帰納法は完成し，補題 23-5 (2) の等式はすべての $n \in \mathbb{N}$ に対して成り立つことが示された．

演習 24-1 （1）（i）n が N よりも大きければ，$a_n - \alpha$ の絶対値は ε よりも小さい．（ii）n は N よりも大きいけれども，$a_n - \alpha$ の絶対値は ε 以上である．

（2）（i）$\{a_n\}_{n=1}^{\infty}$ が発散するとは，どんな実数 α を与えても，うまく $\varepsilon > 0$ をとると，すべての自然数 N に対して適当な自然数 n を見つけて，$n > N$ かつ $|a_n - \alpha| \geq \varepsilon$ となるようにできるときをいう．

（ii）$\forall \alpha \in \mathbb{R}, \exists \varepsilon > 0$ s.t. $\forall N \in \mathbb{N}, n > N, |a_n - \alpha| \geq \varepsilon$ for some $n \in \mathbb{N}$．(s.t. が 2 回続くのを避けるために上記の表現をとったが，s.t. より以下の部分は $\forall N \in \mathbb{N}, \exists n \in \mathbb{N}$ s.t. $n > N, |a_n - \alpha| \geq \varepsilon$ と記述してもよい．)

演習 24-2 任意に $\varepsilon > 0$ をとる．

（i）$a = 0$ のとき：$n > 1 \Rightarrow |a^n - 0| = 0 < \varepsilon$ となる．よって，$\{a^n\}_{n=1}^{\infty}$ は 0 に収束する．

（ii）$a \neq 0$ のとき：$0 < |a| < 1$ より，$\dfrac{1}{|a|} > 1$ であるから，例 24-1 より，$\lim\limits_{n \to \infty}\left(\dfrac{1}{|a|}\right)^n = +\infty$ となる．したがって，$K := \dfrac{1}{\varepsilon} > 0$ に対して
$$n > N \Rightarrow \frac{1}{|a|^n} > K = \frac{1}{\varepsilon}$$
となる $N \in \mathbb{N}$ が存在する．よって，$n > N$ を満たすすべての $n \in \mathbb{N}$ に対して $|a^n - 0| = |a|^n < \varepsilon$ が成り立つ．これは $\lim\limits_{n \to \infty} a^n = 0$ を意味する．

演習 24-3 $N' := 2^{N+1}$ とおく．$\{S_n\}_{n=1}^{\infty}$ は単調増加であるから，$n > N'$ のとき $S_n > S_{N'} = S_{2^{N+1}}$ となる．"$m > N \Rightarrow S_{2^m} > K$" であり，$N+1 > N$ であるから，$S_{2^{N+1}} > K$ となる．したがって，"$n > N' \Rightarrow S_n > S_{2^{N+1}} > K$" となる．ゆ

えに，$\{S_n\}_{n=1}^{\infty}$ は $+\infty$ に発散する．

演習 24-4 （◇）で与えられる無限級数が収束することを示す．この無限級数は正項級数であるから，$S_n = \sum_{k=1}^{n} \dfrac{a_i}{m^i}$ $(n \in \mathbb{N})$ によって定義される数列 $\{S_n\}_{n=1}^{\infty}$ が上に有界であることを示せばよい．任意の $n \in \mathbb{N}$ に対して

$$S_n \leq \sum_{k=1}^{n} \frac{m-1}{m^i} = \frac{m-1}{m} \cdot \frac{1 - \left(\dfrac{1}{m}\right)^n}{1 - \dfrac{1}{m}} = 1 - \left(\frac{1}{m}\right)^n < 1$$

となるので，$\{S_n\}_{n=1}^{\infty}$ が上に有界であることは示された．

次に，$S = \lim_{n \to \infty} S_n$ が $[0, 1]$ に属することを示す．

上で示したように，任意の $n \in \mathbb{N}$ に対して $S_n < 1$ であるから，命題 22-2 より，$S = \lim_{n \to \infty} S_n \leq 1$ がわかる．また，任意の $n \in \mathbb{N}$ に対して

$$S_n = \sum_{k=1}^{n} \frac{a_i}{m^i} \geq \sum_{k=1}^{n} \frac{0}{m^i} = 0$$

であるから，$S = \lim_{n \to \infty} S_n \geq 0$ がわかる．よって，$0 \leq S \leq 1$ が示された．

演習 25-1 （1）A の元 a が B の2つの元 0 と 1 の両方に対応しているので，写像ではない．（2），（3）写像である．（4）A の元 b は B のどの元にも対応していないので，写像ではない．

演習 25-2 $f : \mathbb{R} \longrightarrow (0, \infty)$, $f(x) = |x| + 1$ $(x \in \mathbb{R})$ や $g : \mathbb{R} \longrightarrow (0, \infty)$, $g(x) = e^x$ $(x \in \mathbb{R})$ など．

演習 25-3 写像 $f : A \longrightarrow B$ を $(f(1), f(2), f(3))$ で表わすことにすると，全部で次の 8 個ある：$(1, 1, 1)$, $(1, 1, 2)$, $(1, 2, 1)$, $(2, 1, 1)$, $(1, 2, 2)$, $(2, 1, 2)$, $(2, 2, 1)$, $(2, 2, 2)$.

演習 25-4 $(g \circ f)(x) = 3x^2 + 6x - 8$, $(f \circ g)(x) = 9x^2 + 30x + 20$. また，$(g \circ f)(0) = -8 \neq 20 = (f \circ g)(0)$ より，$g \circ f \neq f \circ g$.

演習 25-5 $F = T_{-2} \circ S_2 \circ R \circ T'_1$.

演習 26-1 （1）f は単射でも，全射でもない．（2）g は単射でないが，全射である．

演習 26-2 （1）$a, a' \in A$ が $(g \circ f)(a) = (g \circ f)(a')$ を満たしているとする．合成写像の定義より，この等式は $g(f(a)) = g(f(a'))$ と書き直すことができる．g は単射なので，$f(a) = f(a')$ となり，f は単射なので，$a = a'$ を得る．よって，$g \circ f$ は単射である．

（2）任意に $c \in C$ をとる．g は全射なので，$g(b) = c$ となる $b \in B$ が存在する．f は全射なので，さきほどの $b \in B$ に対して $f(a) = b$ となる $a \in A$ が存在する．このとき，$(g \circ f)(a) = g(f(a)) = g(b) = c$ となる．ゆえに，$g \circ f$ は全射である．

（3）は(1)と(2)からただちに従う．

演習 26-3 ● f の単射性：$x_1, x_2 \in \mathbb{R} - \{1\}$ について $f(x_1) = f(x_2)$ であるとする．$f(x_1) = f(x_2)$ より，$\dfrac{2x_1 - 3}{x_1 - 1} = \dfrac{2x_2 - 3}{x_2 - 1}$ を得る．両辺を $(x_1 - 1)(x_2 - 1)$ 倍すると，$(2x_1 - 3)(x_2 - 1) = (2x_2 - 3)(x_1 - 1)$ を得る．両辺を展開して整理すると，$x_1 = x_2$ が得られる．よって，f は単射である．

● f の全射性：任意に $y \in \mathbb{R} - \{2\}$ をとる．このとき，$x = \dfrac{y - 3}{y - 2} \in \mathbb{R}$ を考える．$x = 1$ であるとすると矛盾が生じるので，$x \in \mathbb{R} - \{1\}$ であることがわかる．このとき，$f(x) = y$ となることが確かめられる．よって，f は全射である．

単射かつ全射であることが示されたので，f は全単射である．f の逆写像は，f の全射性の証明より，

$$f^{-1} : \mathbb{R} - \{2\} \longrightarrow \mathbb{R} - \{1\}, \qquad f^{-1}(y) = \frac{y - 3}{y - 2} \quad (y \in \mathbb{R} - \{2\})$$

によって与えられることがわかる．

演習 26-4 （1）$f^{-1} \circ f = \mathrm{id}_A$ を示す．$f^{-1} \circ f$ も id_A も定義域，終域はともに A であり，一致している．さらに，任意の $a \in A$ に対して，$f(a) = b$ とおくと，(26d) より，$a = f^{-1}(b)$ となる．したがって，

$$(f^{-1} \circ f)(a) = f^{-1}(f(a)) = f^{-1}(b) = a = \mathrm{id}_A(a)$$

となる．ゆえに，写像の相等の定義より，$f^{-1} \circ f = \mathrm{id}_A$ となる．$f \circ f^{-1} = \mathrm{id}_B$ も同様に示される．

（2）f^{-1} の単射性：$b, b' \in B$ とし，$f^{-1}(b) = f^{-1}(b')$ であるとする．この両辺に f を作用させると，$f(f^{-1}(b)) = f(f^{-1}(b'))$ となる．(1) より，これは $b = b'$ と同値である．よって，f^{-1} は単射である．

f^{-1} の全射性：任意に $a \in A$ をとる．このとき，$b := f(a) \in B$ を考えると，(1) より，$f^{-1}(b) = f^{-1}(f(a)) = \mathrm{id}_A(a) = a$ を得る．よって，f^{-1} は全射である．

以上より，f^{-1} は全単射であることが示された．最後に，$(f^{-1})^{-1} = f$ を示す．$(f^{-1})^{-1}$ は A から B への写像であるから，$(f^{-1})^{-1}$ と f の定義域と終域は等しい．さらに，任意に $a \in A$ をとり $b = (f^{-1})^{-1}(a)$ とおくと，

$$b = (f^{-1})^{-1}(a) \iff f^{-1}(b) = a \iff b = f(a)$$

が成り立つ．よって，$(f^{-1})^{-1}(a) = f(a)$ が成り立つ．以上より，$(f^{-1})^{-1} = f$ は証明された．

演習 26-5 f, g は全単射であるから，逆写像を持つ．そこで，それらの合成写像 $f^{-1} \circ g^{-1} : C \longrightarrow A$ を考える．このとき，
$$(f^{-1} \circ g^{-1}) \circ (g \circ f) = f^{-1} \circ (g^{-1} \circ g) \circ f = f^{-1} \circ \mathrm{id}_B \circ f = f^{-1} \circ f = \mathrm{id}_A,$$
$$(g \circ f) \circ (f^{-1} \circ g^{-1}) = g \circ (f \circ f^{-1}) \circ g^{-1} = g \circ \mathrm{id}_B \circ g^{-1} = g \circ g^{-1} = \mathrm{id}_C$$
となる．よって，$g \circ f$ は全単射であり，その逆写像は $(g \circ f)^{-1} = f^{-1} \circ g^{-1}$ で与えられる．

演習 27-1 $\begin{pmatrix} 1 & 2 & 3 \\ 1 & 2 & 3 \end{pmatrix}$, $\begin{pmatrix} 1 & 2 & 3 \\ 1 & 3 & 2 \end{pmatrix}$, $\begin{pmatrix} 1 & 2 & 3 \\ 3 & 2 & 1 \end{pmatrix}$, $\begin{pmatrix} 1 & 2 & 3 \\ 2 & 1 & 3 \end{pmatrix}$, $\begin{pmatrix} 1 & 2 & 3 \\ 2 & 3 & 1 \end{pmatrix}$, $\begin{pmatrix} 1 & 2 & 3 \\ 3 & 1 & 2 \end{pmatrix}$.

演習 27-2 $\begin{pmatrix} 1 & 2 & 3 & 4 & 5 & 6 \\ 1 & 3 & 2 & 4 & 5 & 6 \end{pmatrix}$.

演習 27-3 （1）$\begin{pmatrix} 1 & 2 & 3 & 4 \\ 3 & 2 & 1 & 4 \end{pmatrix}$, （2）$\begin{pmatrix} 1 & 2 & 3 & 4 \\ 2 & 3 & 1 & 4 \end{pmatrix}$.

演習 27-4 $\sigma = (3\,4)(2\,3)(1\,2)(4\,5)(3\,4)$ とおく．このとき，1 から 5 までの各数字は σ によって次のように写される：
$$1 \xmapsto{(34)} 1 \xmapsto{(45)} 1 \xmapsto{(12)} 2 \xmapsto{(23)} 3 \xmapsto{(34)} 4,$$
$$2 \xmapsto{(34)} 2 \xmapsto{(45)} 2 \xmapsto{(12)} 1 \xmapsto{(23)} 1 \xmapsto{(34)} 1,$$
$$3 \xmapsto{(34)} 4 \xmapsto{(45)} 5 \xmapsto{(12)} 5 \xmapsto{(23)} 5 \xmapsto{(34)} 5,$$
$$4 \xmapsto{(34)} 3 \xmapsto{(45)} 3 \xmapsto{(12)} 3 \xmapsto{(23)} 2 \xmapsto{(34)} 2,$$
$$5 \xmapsto{(34)} 5 \xmapsto{(45)} 4 \xmapsto{(12)} 4 \xmapsto{(23)} 4 \xmapsto{(34)} 3.$$

これらのことから，$(3\,4)(2\,3)(1\,2)(4\,5)(3\,4) = \begin{pmatrix} 1 & 2 & 3 & 4 & 5 \\ 4 & 1 & 5 & 2 & 3 \end{pmatrix}$ が示される．同様にして，$(3\,5)(1\,4)(2\,4) = \begin{pmatrix} 1 & 2 & 3 & 4 & 5 \\ 4 & 1 & 5 & 2 & 3 \end{pmatrix}$ が示される．

演習 28-1 （i）$A = \varnothing$ の場合，定義により，$A \sim A$ である．$A \neq \varnothing$ の場合，恒等写像 $\mathrm{id}_A : A \longrightarrow A$ を考えると，これは全単射である．よって，$A \sim A$ である．

（ii）$A \sim B$ とすると，（a）$A = B = \varnothing$ の場合と，（b）全単射 $f : A \longrightarrow B$ が存在する場合とに分けられる．(a)の場合は，定義により，$B \sim A$ である．(b)の場合，f は全単射なので，逆写像 $f^{-1} : B \longrightarrow A$ が存在し，これはまた全単射である．よって，$B \sim A$ である．

（iii）$A \sim B$, $B \sim C$ とする．（a）$B = \varnothing$ のとき，$A \sim B$, $B \sim C$ だから $A = \varnothing$, $C = \varnothing$ である．よって，$A \sim C$．(b) $B \neq \varnothing$ のとき，全単射 $f : A \longrightarrow B$ および $g : B \longrightarrow C$ が存在する．このとき，合成写像 $g \circ f : A \longrightarrow C$ は全単射である．

よって，$A \sim C$．

演習 28-2 写像 $f:(a,b) \longrightarrow (-1,1)$ を $f(x) = \dfrac{2}{b-a}(x-a) - 1$ $(x \in (a,b))$ によって定義する．f は全単射である．実際，写像 $g:(-1,1) \longrightarrow (a,b)$ を $g(x) = \dfrac{b-a}{2}(x+1) + a$ $(x \in (-1,1))$ によって定義すると，これが f の逆写像を与える．

演習 28-3 写像 $f:\mathbb{N} \longrightarrow 2\mathbb{Z}$ を
$$f(n) = \begin{cases} n-2 & (n \text{ が偶数のとき}), \\ -n-1 & (n \text{ が奇数のとき}) \end{cases}$$
によって定義する．f は全単射である．実際，写像 $g:2\mathbb{Z} \longrightarrow \mathbb{N}$ を
$$g(m) = \begin{cases} m+2 & (m \geq 0 \text{ のとき}), \\ -m-1 & (m < 0 \text{ のとき}) \end{cases}$$
によって定義すると，これが f の逆写像を与える．

演習 28-4 各 $k \geq 2$ に対し，分母と分子の和が k となる $\mathbb{Q}^+$ の元全体を Q_k^+ とおき，Q_k^+ の元を分母が大きいものから順に並べる．

$Q_2^+: \dfrac{1}{1}$

$Q_3^+: \dfrac{1}{2}, \dfrac{2}{1}$

$Q_4^+: \dfrac{1}{3}, \dfrac{2}{2}, \dfrac{3}{1}$

$Q_5^+: \dfrac{1}{4}, \dfrac{2}{3}, \dfrac{3}{2}, \dfrac{4}{1}$

$\vdots$

$\dfrac{1}{1}①\quad \dfrac{1}{2}②\quad \dfrac{1}{3}④\quad \dfrac{1}{4}⑥ \cdots$

$\dfrac{2}{1}③\quad \dfrac{2}{2}\quad \dfrac{2}{3}⑦\quad \vdots$

$\dfrac{3}{1}⑤\quad \dfrac{3}{2}⑧\quad \vdots$

$\dfrac{4}{1}⑨\quad \vdots$

$\vdots$

このように並べた $\mathbb{Q}^+$ の元を Q_2^+ の元，Q_3^+ の元，$\cdots$ の順に番号を振る．ただし，この順番で $\mathbb{Q}^+$ の元に番号を振っていくとき，$\dfrac{2}{2}$ や $\dfrac{2}{6}$ など，すでに番号を振られている有理数に出会ったら，それを飛ばして番号を振っていく（上図右参照）．この番号付けにより，正の有理数全体 $\mathbb{Q}^+$ から $\mathbb{N}$ への全単射 f が定義される．

次に，負の有理数全体からなる集合を $\mathbb{Q}^-$ とおく．$g:\mathbb{Q}^- \longrightarrow \mathbb{Q}^+$ を $g(r) = -r$ $(r \in \mathbb{Q}^-)$ と定める．これは全単射なので，$h := f \circ g : \mathbb{Q}^- \longrightarrow \mathbb{N}$ も全単射である．そこで，写像 $F:\mathbb{Q} \longrightarrow \mathbb{N}$ を
$$F(r) = \begin{cases} 1 & (r = 0 \text{ のとき}), \\ 2f(r) & (r > 0 \text{ のとき}), \\ 2h(r) + 1 & (r < 0 \text{ のとき}) \end{cases}$$
により定める．F は全単射であることがわかる．ゆえに，$\mathbb{Q}$ は可算集合である．

演習 29-1　a と b の最小公倍数を表わす.

演習 29-2　7.

演習 29-3　$d = 17$, また, $15640x + 1037y = 17$ を満たす x, y として $x = -12, y = 181$ がある.

演習 29-4　$\gcd(36, 100) = 4$ であり, $32 = 4 \times 8$ であるから, 不定方程式 $36X - 100Y = 32$ は解を持つ.
$$100 = 2 \cdot 36 + 28,$$
$$36 = 1 \cdot 28 + 8,$$
$$28 = 3 \cdot 8 + 4,$$
$$8 = 2 \cdot 4$$
であることを用いて, $4 = 4 \cdot 100 - 11 \cdot 36$ となることがわかる. よって, 不定方程式 $36X - 100Y = 4$ の 1 つの解として, $(X, Y) = (-11, -4)$ が見つかった. したがって, 不定方程式 $36X - 100Y = 32$ のすべての整数解は次で与えられる.
$$(X, Y) = (-88 - 25t, -32 - 9t) \quad (t \in \mathbb{Z}).$$

演習 30-1　$a \equiv a' \pmod{m}$, $b \equiv b' \pmod{m}$ なので, $a - a' = q_1 m$, $b - b' = q_2 m$ となる $q_1, q_2 \in \mathbb{Z}$ が存在する.

（ii）$(a - b) - (a' - b') = (a - a') - (b - b') = (q_1 - q_2)m$ と書かれ, $q_1 - q_2 \in \mathbb{Z}$ なので, $a - b \equiv a' - b' \pmod{m}$ が成り立つ.

（iii）$ab - a'b' = ab - ab' + ab' - a'b' = a(b - b') + (a - a')b' = (aq_2 + q_1 b')m$ と書かれ, $aq_2 + q_1 b' \in \mathbb{Z}$ なので, $ab \equiv a'b' \pmod{m}$ が成り立つ.

演習 30-2
$$11 \times 13 \times 19 \times 23 + 29 \times 31 \times 37$$
$$\equiv (-3) \times (-1) \times (-2) \times 2 + 1 \times (-4) \times 2 \pmod{7}$$
$$\equiv (-12) + (-8) \pmod{7}$$
$$= -20 \equiv 1 \pmod{7}$$
より, 求める余りは 1.

演習 30-3　$\gcd(36, 100) = 4$ であり, $4 \mid 32$ であるから, 合同方程式 $36X \equiv 32 \pmod{100}$ は解を持つ. この合同方程式を解くことと不定方程式 $36X - 100Y = 32$ の解を 100 を法として求めることとは同値である. 不定方程式 $36X - 100Y = 32$ を満たす X の値は演習 29-4 の解答例より, $X = -88 - 25t \; (t \in \mathbb{Z})$ により与えられる. したがって, 与えられた合同方程式の解は 100 を法として 4 つあり, 1 から 100 の間でそれを求めると, $12, 37, 62, 87$ である.

演習 30-4 （i）任意に $(a,x) \in X$ をとる．このとき，$ax = ax$ であるから，$(a,x) \sim (a,x)$ である．よって，$\sim$ は反射律を満たす．

（ii）$(a,x), (b,y) \in X$ が $(a,x) \sim (b,y)$ を満たしているとする．$ay = bx$ である．このとき，$bx = ay$ であり，したがって，$\sim$ の定義より，$(b,y) \sim (a,x)$ となる．よって，$\sim$ は対称律を満たす．

（iii）$(a,x), (b,y), (c,z) \in X$ が $(a,x) \sim (b,y)$ かつ $(b,y) \sim (c,z)$ を満たしているとする．すると，$ay = bx, bz = cy$ となる．このとき，$ayz = bxz = cyx$ を得る．$y \neq 0$ であるから，両辺を y で割ることができて，$az = cx$ を得る．ゆえに，$(a,x) \sim (c,z)$ である．よって，$\sim$ は推移律を満たす．

(i), (ii), (iii) より $\sim$ は X 上の同値関係であることが示された．

演習 31-1

+	$\bar{0}$	$\bar{1}$	$\bar{2}$	$\bar{3}$
$\bar{0}$	$\bar{0}$	$\bar{1}$	$\bar{2}$	$\bar{3}$
$\bar{1}$	$\bar{1}$	$\bar{2}$	$\bar{3}$	$\bar{0}$
$\bar{2}$	$\bar{2}$	$\bar{3}$	$\bar{0}$	$\bar{1}$
$\bar{3}$	$\bar{3}$	$\bar{0}$	$\bar{1}$	$\bar{2}$

×	$\bar{0}$	$\bar{1}$	$\bar{2}$	$\bar{3}$
$\bar{0}$	$\bar{0}$	$\bar{0}$	$\bar{0}$	$\bar{0}$
$\bar{1}$	$\bar{0}$	$\bar{1}$	$\bar{2}$	$\bar{3}$
$\bar{2}$	$\bar{0}$	$\bar{2}$	$\bar{0}$	$\bar{2}$
$\bar{3}$	$\bar{0}$	$\bar{3}$	$\bar{2}$	$\bar{1}$

演習 31-2 $\gcd(a,10) = 1$ となる $a \in \mathbb{Z}$ ($1 \leq a \leq 9$) を求めて，$\mathbb{Z}/10\mathbb{Z}$ における可逆元は $[1]_{10}, [3]_{10}, [7]_{10}, [9]_{10}$ の4つであることがわかる．また，$[1]_{10}, [3]_{10}, [7]_{10}, [9]_{10}$ の逆元は，順に，$[1]_{10}, [7]_{10}, [3]_{10}, [9]_{10}$ である．

演習 31-3
- $[x] \subset [y]$ の証明：$z \in [x]$ を任意にとると，$z \sim x$ である．今，(i) より $x \sim y$ であり，$\sim$ は推移律を満たすから，$z \sim y$ を得る．これは $z \in [y]$ を意味する．よって，$[x] \subset [y]$ が証明された．
- $[x] \supset [y]$ の証明：任意に $z \in [y]$ をとる．$z \sim y$ となる．今，(i) より $x \sim y$ であり，$\sim$ は対称律を満たすから，$y \sim x$ が成り立つ．よって，推移律により，$z \sim x$ が成り立つ．これは $z \in [x]$ を意味する．これで，$[x] \supset [y]$ も示された．

演習 31-4 （1）どんな行列 $A \in \mathrm{M}_{mn}(\mathbb{R})$ に対しても $\mathrm{rank}\, A$ は定まり，$0 \leq \mathrm{rank}\, A \leq k$ であるから，$r = \mathrm{rank}\, A$ とおくと，$A \in C_r$ となる．

（2）行列に対して階数は一意的に定まるから，$r \neq s$ なる $r, s \in \{0, 1, \cdots, k\}$ に対して $C_r \cap C_s$ に同時に含まれる行列は存在しない．よって，$C_r \cap C_s = \emptyset$ である．

（3）零行列 $O \in \mathrm{M}_{mn}(\mathbb{R})$ の階数は 0 であるから，$O \in C_0$．よって，$C_0 \neq \emptyset$ である．また，任意の $r \in \{1, \cdots, k\}$ に対して

$$F_{m,n}(r) = \left(\begin{array}{ccc|c} \overbrace{1 \cdots 0}^{r} & \overbrace{}^{n-r} \\ \vdots \ddots \vdots & O \\ 0 \cdots 1 & \\ \hline O & O \end{array} \right) \begin{array}{l} \left.\vphantom{\begin{array}{c}1\\ \vdots\\ 0\end{array}}\right\}r \\ \left.\vphantom{\begin{array}{c}O\end{array}}\right\}m-r \end{array}$$

とおくと,この行列の階数は r である.よって,$C_r \neq \varnothing$ である.

(1), (2), (3) より,$\mathcal{S} = \{C_0, C_1, \cdots, C_k\}$ は $M_{mn}(\mathbb{R})$ に類別を定める.

演習 32-1 $[a,x] = [a',x']$, $[b,y] = [b',y']$ であるとき,$ax' = a'x$, $by' = b'y$ が成立する.

和について:
$$\begin{aligned}(ay+bx)x'y' &= ayx'y' + bxx'y' \\ &= (ax')yy' + (by')xx' \\ &= (a'x)yy' + (b'y)xx' \\ &= a'y'xy + b'x'xy \\ &= (a'y' + b'x')xy\end{aligned}$$

となるから,$(ay+bx, xy) \sim (a'y' + b'x', x'y')$ を得る.よって,和は矛盾なく定義されている.

積について:
$$(ab)(x'y') = (ax')(by') = (a'x)(b'y) = (a'b')(xy)$$

となるから,$(ab, xy) \sim (a'b', x'y')$ を得る.よって,積も矛盾なく定義されている.

演習 32-2 $r \leq s$ も $s \leq r$ も成り立たないと仮定する.$r = [a,x]$, $s = [b,y]$ ($x > 0$, $y > 0$) とおく.このとき,$r \not\leq s$ より,$ay > bx$ が成立し,$s \not\leq r$ より,$bx > ay$ が成立する.整数において $ay > bx$ と $bx > ay$ は同時に起こりえない.ここに矛盾が生じた.ゆえに,$r \leq s$ か $s \leq r$ の少なくともいずれか一方が成り立つ.

演習 32-3 (ⅰ) 任意に $(a_1, a_2) \in X$ をとると,$a_1 = a_1$ かつ $a_2 \leq a_2$ が成り立つから,$(a_1, a_2) \preceq (a_1, a_2)$ である.

(ⅱ) $(a_1, a_2), (b_1, b_2) \in X$ が $(a_1, a_2) \preceq (b_1, b_2)$ かつ $(b_1, b_2) \preceq (a_1, a_2)$ を満たしているとする.このとき,(a) $a_1 < b_1$ か (b) $a_1 = b_1$ かつ $a_2 \leq b_2$ のいずれかが成り立ち,(a') $b_1 < a_1$ か (b') $b_1 = a_1$ かつ $b_2 \leq a_2$ のいずれかが成り立つ.(a)と(a'), (a)と(b'), (b)と(a') は同時には起こりえないから,(b)と(b') が成り立つことになる.すると,$a_1 = b_1$ かつ $a_2 = b_2$ が成り立つから,$(a_1, a_2) = (b_1, b_2)$ となる.

(ⅲ) $(a_1, a_2), (b_1, b_2), (c_1, c_2) \in X$ が $(a_1, a_2) \preceq (b_1, b_2)$ かつ $(b_1, b_2) \preceq (c_1, c_2)$

を満たしているとする．このとき，(a) $a_1 < b_1$ か (b) $a_1 = b_1$ かつ $a_2 \leq b_2$ のいずれかが成り立ち，(a') $b_1 < c_1$ か (b') $b_1 = c_1$ かつ $b_2 \leq c_2$ のいずれかが成り立つ．

(a)と(a')，(a)と(b')，(b)と(a') のいずれかが成り立つとき，$a_1 < c_1$ となるから，$(a_1, a_2) \preceq (c_1, c_2)$ を得る．

(b)と(b')が成り立つとき，$a_1 = c_1$ かつ $a_2 \leq c_2$ となるから，$(a_1, a_2) \preceq (c_1, c_2)$ を得る．いずれにしても，$(a_1, a_2) \preceq (c_1, c_2)$ が成り立つ．

以上，(i), (ii), (iii)により，$\preceq$ は X 上の順序であることが示された．

演習 A-1 (i) $A \cap B = \varnothing$ のとき，$\sharp(A \cup B) = \sharp A + \sharp B$ となること：

$m = \sharp A$, $n = \sharp B$ とおくと，全単射 $f : A \longrightarrow N(m)$ と $g : B \longrightarrow N(n)$ が存在する．このとき，写像 $h : A \cup B \longrightarrow N(m+n)$ を

$$h(x) = \begin{cases} f(x) & (x \in A), \\ g(x) + m & (x \in B) \end{cases}$$

によって定義する．h は全単射であることがわかる．よって，$\sharp(A \cup B) = \sharp A + \sharp B$ は示された．

(ii) $B \subset A$ のとき $\sharp(A - B) = \sharp A - \sharp B$ であること：

$(A - B) \cap B = \varnothing$ であり，$A = (A - B) \cup B$ であるから，①より，$\sharp A = \sharp(A - B) + \sharp B$ を得る．移項すれば，$\sharp(A - B) = \sharp A - \sharp B$ となる．

(iii) 一般の場合を示す．$A \cup B = (A - A \cap B) \cup B$ と書くことができ，$(A - A \cap B) \cap B = \varnothing$ であるから，(i)と(ii)より

$$\sharp(A \cup B) = \sharp(A - A \cap B) + \sharp B = \sharp A - \sharp(A \cap B) + \sharp B$$

を得る．

演習 A-2 ●「f が単射 $\Longrightarrow$ f が全射」の証明

f は単射なので，$\sharp A = \sharp f(A)$ となる．仮定より，$\sharp A = \sharp B$ なので，$\sharp f(A) = \sharp B$ を得る．$f(A) \subset B$ であるから，定理 A-3 (2)より，$f(A) = B$ とわかる．よって，f は全射である．

●「f が単射 $\Longleftarrow$ f が全射」の証明

$n = \sharp A = \sharp B$ とおくと，全単射 $g : A \longrightarrow N(n)$ および全単射 $h : B \longrightarrow N(n)$ が存在する．f は全射であるから，$k := h \circ f \circ g^{-1} : N(n) \longrightarrow N(n)$ も全射である．したがって，各 $b \in N(n)$ に対して $\{x \in N(n) \mid k(x) = b\}$ は空集合でない．自然数の整列性により，

$$j(b) := \min\{x \in N(n) \mid k(x) = b\}$$

が存在する．j の定義より，j は単射であり，$k \circ j = \mathrm{id}_{N(n)}$ を満たす．すでに示され

ている「$\Longrightarrow$」を j に適用すると，j は全射であることもわかる．したがって，j は全単射である．$k \circ j = \mathrm{id}_{N(n)}$ より，k も全単射（具体的には $k = j^{-1}$）であることがわかる．したがって，$f = h^{-1} \circ k \circ g$ も全単射，特に，単射である．

第 2 刷への追記 (2021) 　おかげさまで，このたび第 2 刷を発行していただけることになりました．今回，初刷における誤植の修正と表現の軽微な変更を施させていただきました．それらの多くは，同僚の藤岡敦氏をはじめ，多くの方からのご指摘や問い合わせを受けて気がついたものです．熱心に読んでくださった皆様に，感謝申し上げます．

参考文献

[1] 近田政博『学びのティップス』, 玉川大学出版部, 2009 年.
[2] 専修大学出版企画委員会 編『知のツールボックス——新入生 援助集（改訂版）』, 専修大学出版局, 2009 年.
[3] 世界思想社編集部 編『大学生学びのハンドブック』, 世界思想社, 2008 年.
[4] 佐藤文広『これだけは知っておきたい数学ビギナーズマニュアル』, 日本評論社, 1994 年.
[5] 日本大学文理学部数学科 編『数学基礎セミナー』, 日本評論社, 2003 年.
[6] ゲアリー・チャートランド, アルバート・D・ポリメニ, ピン・チャン（鈴木治郎 訳）『証明のたのしみ・基礎編』, ピアソン・エデュケーション, 2004 年.
[7] 中内伸光『数学の基礎体力をつけるためのろんりの練習帳』, 共立出版, 2002 年.
[8] 田中一之, 鈴木登志雄『数学のロジックと集合論』, 培風館, 2003 年.
[9] 松村英之『集合論入門』（基礎数学シリーズ 5）, 朝倉書店, 1966 年.
[10] 廣瀬 健（難波完爾 校閲）『数学・基礎の基礎』, 海鳴社, 1996 年.
[11] Daniel J. Velleman "How to prove it (Second edition)", Cambridge University Press, 1994, 2006.
[12] 田島一郎『解析入門』（岩波全書）, 岩波書店, 1981 年.
[13] 田島一郎『イプシロン・デルタ』（数学ワンポイント双書 20）, 共立出版, 1978 年.
[14] 宮島静雄『微分積分学 I——1 変数の微分積分』, 共立出版, 2003 年.
[15] 彌永昌吉『数の体系（上・下）』（岩波新書）, 岩波書店, 1972, 1978 年.
[16] 酒井榮一『数』（現代数学レクチャーズ A-8）, 培風館, 1986 年.
[17] ピーター・M・ヒギンズ（吉永良正 訳）『数学がわかる楽しみ』, 青土社, 2003 年.

索引

● 記号

$\leq, \geq$（不等号）................ 23, 218
□, ■,（Q.E.D.）（証明終了）........ 23
$\in, \ni$（属する）.................... 28
$\varnothing, \emptyset$（空集合）.................... 29
$\subset, \supset$（含まれる）.................... 30
$\mathbb{N}$（自然数全体からなる集合）.... 31, 99
$\mathbb{Z}$（整数全体からなる集合）........ 31
$\mathbb{Q}$（有理数全体からなる集合）.... 31, 215
$\mathbb{R}$（実数全体からなる集合）.... 31, 220
$\mathbb{C}$（複素数全体からなる集合）.... 31, 86
$\mathbb{R}^2$（$\mathbb{R}$ の直積集合，平面）....... 56, 86
$\mathcal{P}(X), 2^X$（べき集合）............ 57
$[a, b]$（有界閉区間）.................. 32
(a, b)（開区間または順序対）.... 32, 56
$[a, b), (a, b]$（半開（閉）区間）....... 32
$\wedge$（かつ）....................... 35, 121
$\vee$（または）..................... 35, 121
$\Longrightarrow$（ならば）................... 36, 121
$\Longleftrightarrow, \underset{\text{iff}}{\Longleftrightarrow}$（必要十分）..... 40, 46
$:=, \underset{\text{def}}{=}, \underset{\text{def}}{:=}$（定義する）............ 47
$\underset{\text{def}}{\Longleftrightarrow}$（定義する）.............. 47
$\exists$（存在する）................... 48, 121
$\forall$（任意の）.................... 48, 121
s.t.（such that）................... 49
$\exists!, \exists1$（一意的に存在する）........ 50
$\because$（なぜならば）.................. 50
$\cap$（共通部分）................... 53
$\cup$（和集合）.................... 53
$|a|$（絶対値）................... 82, 88
min（最小元）.................... 83
max（最大元）.................... 83

$n!$（階乗）..................... 113
$\sum_{i=1}^{n} a_i$（和の記号）................ 115
$\prod_{i=1}^{n} a_i$（積の記号）................ 115
$\lim_{n \to \infty}$（極限）................... 137
sup（上限）..................... 146
inf（下限）..................... 146
$\binom{n}{k}$（二項係数）................ 155
$\sum_{n=1}^{\infty}$（無限級数）................ 161
id_A（恒等写像）.................. 167
$g \circ f$（合成写像）.................. 169
$f(S)$（像）..................... 173
f^{-1}（逆写像）................... 175
$\mathfrak{S}_n$（n 文字の置換全体のなす集合）.. 180
$\sharp A, |A|$（濃度）.................. 186
$a \mid b$（約数）.................... 194
gcd（最大公約数）................ 194
$\equiv \pmod{m}$（m を法として合同）... 200
$[a]_m$（m を法とする剰余類）........ 207
$\mathbb{Z}/m\mathbb{Z}$（m を法とする剰余集合）.. 207
$[a]$（同値類）.................... 211
$X/\sim$（商集合）.................. 213

● アルファベット

m 進記数表示..................... 228
m 進小数表示..................... 164
n 乗......................... 113
n 乗根....................... 93, 96
well-defined..................... 209

● あ行

あみだくじ...................... 179

アルキメデスの公理 25, 134, 220
一意的 50
1対1の写像 172
上に有界 143
上への写像 172
写す・写される 166

● か行

外延的記法 27
開区間 32
階乗 113
解の公式 92, 94
ガウス平面 89
下界 143
可逆元 210
下限 146
可算（集合） 188
（定理の）仮定 39
（三角関数の）加法公式 91
関係 204
関数 166
カントール-シュレーダー-
　　ベルンシュタインの定理 .. 191
カントールの公理 150, 220
完備性 221
簡約法則 210
偽 21
基数 186
帰納的に定義されている ... 113
帰納法の仮定 100
帰納法の原理 100
（命題の）逆 124
逆元 210
逆写像 175
級数 161
共通集合 53, 60
共役複素数 88
極形式 90
極限（値） 137
極座標 90
虚軸 89

虚数単位 87
（複素数の）虚部 88
ギリシア文字 16
空集合 29
空でない（集合） 29
区間 32
区間縮小法の原理 150
（写像の）グラフ 170
系 22
結合法則 107
（定理の）結論 39
元 27
交換法則 109
恒真式 42
合成写像 169
合成数 77, 102
合同 200
恒等写像 167
合同方程式 202
公約数 194
公理 25
コーシー列 221
互換 182

● さ行

（集合の）差 55
最小元 83
最大元 83
最大公約数 194
索引 8
三角不等式 83, 89
三段論法 22
始域 166
自然数 31
下に有界 143
実軸 89
実数 31
実数体 80
実数の連続性 156, 220
（複素数の）実部 88
写像 166

終域	166	素因数分解	103, 105
集合	27	像	166, 173
集合族	57	（写像の）相等	168
収束する	137, 161	（集合の）相等	52
主張	20	属する	28
順序	218	素数	77, 102
順序関係	218	存在する	48
順序体	220	存在命題	68, 128
順序対	56		
上界	143	●た行	
条件	21	体	80, 219
上限	146	対角線論法	191
上限公理	151	対偶	124
商集合	213	大小関係	81, 205
証明	21	対称律	205
剰余集合	207, 213	代数学の基本定理	97
剰余類	207	対等（な集合）	187
（数列の）初項	114	代表元	211
除法の原理	193	互いに素	195
真	21	（大学における）単位	4
真部分集合	224	単元	210
真理集合	131	単射	172
真理表	33	単調減少数列	153
推移律	205, 218	単調増加数列	153
推論	22	値域	173
数学的帰納法	100	置換	180
数列	114, 167	稠密性	135
すべての	48	調和級数	161
正項級数	162	直積（集合）	56
整数	31	定義	24
整数論の基本定理	99, 103, 105	定義域	166
正の無限大に発散する	160, 161	定値写像	167
（自然数の）整列性	84, 99	定理	22, 74
絶対値	82, 88	デデキントの切断	157
漸化式	114	動径	90
全射	172	等号（関係）	47, 205
全順序	219	等差数列	114
全称命題	68, 128	（命題の）同値	39
全体集合	55	同値関係	205
全単射	172, 176	同値類	211
素因数	103	トートロジー	42

等比級数 161
等比数列 115
特徴付けられる 46
ド・モアブルの定理 91
ド・モルガンの法則 40, 63, 121, 124

●な行
内包的記法 28
ならば 36
二項演算 106, 167
二項係数 155
二項定理 155
任意 48
ネイピアの数 154, 155
濃度 186

●は行
排中律 22
背理法 22, 42
反射律 205, 218
反対称律 218
反例 126
非可算 190
筆記体 18
必要十分条件 40
（命題の）否定 33, 121, 128
（集合が）等しい 52
（濃度が）等しい 187
複素数 31, 86
複素数平面 89
含む・含まれる 28, 30
不定方程式 198
部分集合 30
部分集合族 57
閉区間 32
平方根 24
べき集合 57
偏角 90
ベン図 53
包含関係 219
法として合同 200

補集合 55, 62
補題 22

●ま行
無限級数 161
無限集合 185
矛盾 22, 42
矛盾なく定義されている 209
無理数 55
命題 20, 22
命題関数 67

●や行
約数 74, 194
有界 138, 143
有界閉区間 32
ユークリッドの互除法 196
有限 m 進数 165, 229
有限集合 116, 185, 222
有限体 211
有理数 25, 215
要素 27
予想 24

●ら行
累乗 113
累乗根 93, 96
累積的帰納法 102
類別 214
連続性の公理 220
論理式 42
論理積 35
論理和 35

●わ行
ワイエルストラスの定理 151
和集合 53, 60

和久井道久（わくい・みちひさ）

1967 年生まれ．
1992 年　九州大学大学院理学研究科数学専攻修士課程修了．
現在　関西大学システム理工学部教授．博士（理学）．

著書に
　『量子不変量——3次元トポロジーと数理物理の遭遇』
　（日本評論社，分担執筆）
がある．

大学数学ベーシックトレーニング

2013 年 3 月 20 日　第 1 版第 1 刷発行
2024 年 4 月 10 日　第 1 版第 3 刷発行

著　者	和 久 井 道 久
発行所	株式会社 日本評論社
	〒170-8474 東京都豊島区南大塚 3-12-4
	電話　（03）3987-8621［販売］
	（03）3987-8599［編集］
印　刷	藤原印刷株式会社
製　本	株式会社難波製本
装　幀	海保 透

JCOPY 〈(社)出版者著作権管理機構 委託出版物〉
本書の無断複写は著作権法上での例外を除き禁じられています．複写される場合は，そのつど事前に，(社)出版者著作権管理機構（電話 03-5244-5088，FAX 03-5244-5089，e-mail:info@jcopy.or.jp）の許諾を得てください．また，本書を代行業者等の第三者に依頼してスキャニング等の行為によりデジタル化することは，個人の家庭内の利用であっても，一切認められておりません．

Ⓒ Michihisa WAKUI 2013　　　　Printed in Japan
　　　　　　　　　　　　　　　ISBN978-4-535-78682-0

日評ベーシック・シリーズ

大学で始まる「学問の世界」．
講義や自らの学習のためのサポート役として基礎力を身につけ，
思考力，創造力を養うために随所に創意工夫がなされたテキストシリーズ．

大学数学への誘い　佐久間一浩＋小畑久美[著]
高校数学の復習から始まり，大学数学の入口へ自然と導いてくれる教科書．演習問題はレベルが3段階設定され，理解度がわかるよう工夫を凝らした．　　　　　　　◆定価2,200円（税込）

線形代数——行列と数ベクトル空間　竹山美宏[著]
連立方程式や正方行列など，概念の意味がわかるように解説．証明をていねいに嚙み砕いて書き，議論が見通しやすくなるよう配慮した．　　　　　　　◆定価2,530円（税込）

微分積分——1変数と2変数　川平友規[著]
例題や証明が省略せずていねいに書かれ，自習書として使いやすい．直観的かつ定量的な意味づけを徹底するよう記述を心がけた．　　　　　　　◆定価2,530円（税込）

常微分方程式　井ノ口順一[著]
生物学・化学・物理学からの例を通して，常微分方程式の解き方を説明．理工学系の諸分野で必須となる内容を重点的にとりあげた．　　　　　　　◆定価2,420円（税込）

複素解析　宮地秀樹[著]
留数定理および，その応用の習得が主な目的の複素解析の教科書．例や例題の解説に十分なページを割き，自習書としても使いやすい．　　　　　　　◆定価2,530円（税込）

集合と位相　小森洋平[著]
大学で最初に学ぶ，集合と位相の入門的テキスト．手を動かしながら取り組むことで，抽象的な考え方が身につくよう配慮した．　　　　　　　◆定価2,310円（税込）

ベクトル空間　竹山美宏[著]
ベクトル空間の定義から，ジョルダン標準形，双対空間までを解説．多彩な例と演習問題を通して抽象的な議論をじっくり学ぶ．　　　　　　　◆定価2,530円（税込）

曲面とベクトル解析　小林真平[著]
理工系で学ぶ「曲線・曲面」と「ベクトル解析」について，両者の関連性に着目しつつ解説．微分形式の具体例と応用にも触れる．　　　　　　　◆定価2,530円（税込）

代数学入門——先につながる群，環，体の入門　川口周[著]
大学で学ぶ代数学の入り口である群・環・体の基礎を理解し，つながりを俯瞰的に眺められる一冊．抽象的な概念も丁寧に解説した．　　　　　　　◆定価2,530円（税込）

群論　榎本直也[著]
「群の集合への作用」を重点的に解説．多くの具体例を通じて，さまざまな興味深い現象を背後で統制する群について理解する．　　　　　　　◆定価2,530円（税込）

日本評論社
https://www.nippyo.co.jp/